U0016700

1. 兒時。
2. 行動圖書館。
3. 我的母親伊蓮．舒茲。
4. 十三歲時的麥克．納道爾（左上）、我與比利．布拉克。
5. 1975年，北密西根大學畢業典禮。
6. 我的父親弗瑞德．舒茲，二戰老兵。
7. 九歲時於灣景公寓。
8. 我和妹妹羅妮。

3

2

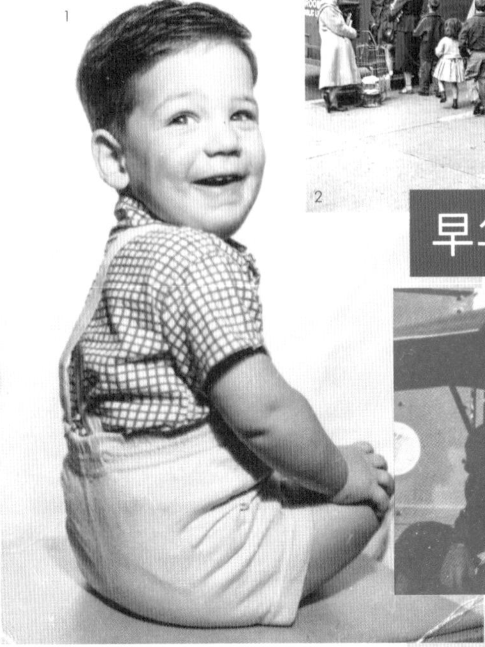

1

早年

6

4

7

8

5

前進西雅圖

1

2

3

5

4

1. 婚禮當天和雙親合影。
2. 1982年開車前往西雅圖途中，總統山前。
3. Il Giornale的菜單。
4. 我的父親與弟弟，於第一家Il Giornale前。
5. 雪莉與喬納。

6

7

11

8

6. 1992年，瓜地馬拉，我與戴夫．歐森。
7. 位於西雅圖派克市場的第一家星巴克。
8. 霍華．畢哈、歐林．史密斯與我。
9. 2008年，帶領改革。
10. 2008年，八千名店長齊聚在紐奧良體育館。
11. 1982年，我首度造訪米蘭。

9

10

1

2

創意公民參與

7

1. 將請願書送至國會山莊。
2. 2013年，計算請願書的簽名，呼籲終結政府停擺。
3. 販售八千條手環，協助資助小型企業招募。
4. 在國家廣場舉辦的退伍軍人節演唱會。
5. 收到貸款的辛西亞・杜佩與她的書店。
6. 俄亥俄州東利物浦的美國馬克杯及啤酒杯工廠。
7. 我們在店裡販售的「不可分裂」馬克杯。

6

3

4

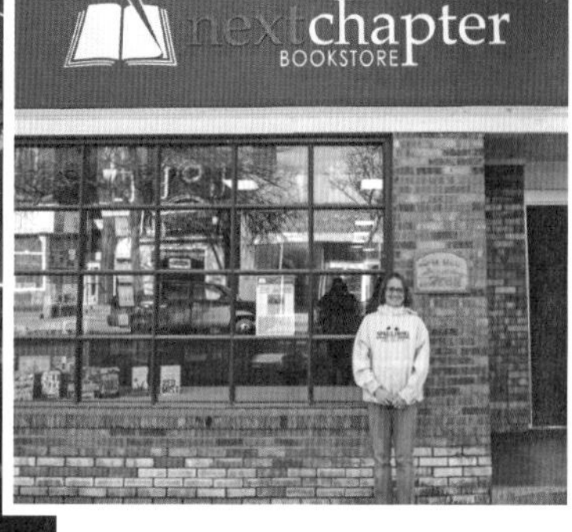

5

8

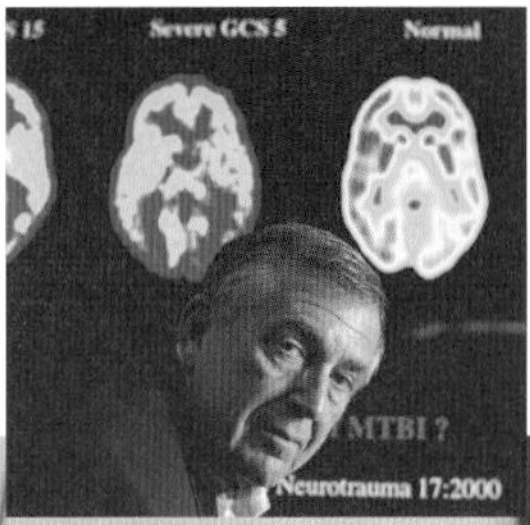

9

10

13

11

向英雄致敬

8. 與前國防部長及董事羅伯特．蓋茨合影。
9. 退休的彼得．齊亞瑞里將軍。
10. 造訪位於喬治亞州的本寧堡基地。
11. 許多退伍軍人與他們的配偶穿上繡有美國國旗的綠圍裙。
12. 我與拉吉夫．錢德拉斯克蘭為《愛國之心》簽名。
13. 希德瑞克．金士官長。

12

1

通往大學之路

2

5

1. 與亞利桑那州州立大學校長，麥可．克洛合影。
2. 瑪凱勒．柯玲—賀比森於 2017 年畢業。
3. 畢業典禮上正在慶祝的夥伴們。
4. 於太陽魔鬼體育場舉辦的畢業典禮。
5. 星巴克的亞利桑那州州立大學畢業生裝飾學士帽。

3

4

嚴肅的對話

6. 與夥伴在公開的討論會中討論種族議題。
7. 董事梅樂蒂・霍布森在我們的年度股東大會上，發表TED演説：「色勇」。
8. 於2013年股東大會上發表演説。
9. 朗尼・海因斯與科戴爾・路易斯，在密蘇里州的非加森開設星巴克。
10. 在我們的店裡利用咖啡杯來開啟對話。

1

2

5

3

人人有機會

4

1. 華府十萬個機會博覽會及討論會的入口。
2. 在忙碌的就業博覽會中，求職者撰寫履歷以及與招募人員見面。
3. 雪莉與招募人員的一場模擬面試。
4. 協助年輕人著裝參加面試。
5. 好幾千人等待進入洛杉磯的就業博覽會。

6

攜手團結

11

7

10

8

12

9

6. 年度會議上的現任及前任董事成員，前排左起：傑米爾．德魯、史宗瑋、薩蒂亞．納德拉、奎格．威瑟普、前國防部長羅伯特．蓋茨、梅樂蒂．霍布森，以及參議員比爾．布拉德利。
7. 韋威克．沃瑪，公共事務執行副總裁。
8. 彩虹旗在西雅圖總部的樓頂飄揚。
9. 舒茲家族基金會執行長丹尼爾．皮塔斯基（左）以及雪莉。
10. 南西．肯特和提姆．堂蘭和我一起合作了三十九年。
11. 星巴克的夥伴及朋友，莉莉安．卡米卡茲。
12. 莉茲．穆勒，創意天才以及我打造咖啡工坊的夥伴。

1

2

挺身而出

3

6

4

1. 在川普總統發出旅遊禁令之後，我和夥伴們談論移民議題。
2. 與西維吉尼亞的舊礦場礦工談話。
3. 與安置在西雅圖的難民見面。
4. 2018年，和我們的中國夥伴們齊聚道別。
5. 煤田開發集團的共同創辦人，布蘭登．丹尼森。
6. 與軟著陸密蘇拉創辦人瑪麗．普爾合影。

5

7

8

9

10

11

7. 與阿里巴巴創辦人馬雲在中國的一場夥伴家庭討論會上。
8. 與星巴克中國總裁黃靜瑛合影。
9. 和10. 三萬平方呎的上海臻選咖啡烘焙工坊內部及外觀。
11. 中國星巴克夥伴的家人們。

咖啡在中國

1

2

1. 2017年，與參議員約翰·麥肯合影。
2. 2017年，在國家憲法中心發表紀念麥肯的談話。
3. 在莫爾豪斯大學閱讀馬丁·路德·金恩博士的文件。
4. 2018年，夥伴們齊聚在店裡參加反偏見訓練。
5. 造訪莫爾豪斯大學。

3

更完美的聯邦

5

4

6

新篇章

10

9

7

8

6. 在我的最後一天和星巴克執行長凱文．強森自拍，數千名夥伴驚喜現身，和我道別。
7. 和友人普拉西多．雅朗哥造訪米蘭。
8. 米蘭的群眾沿著街區大排長龍，等待進入咖啡工坊。
9. 雪莉和我在米蘭慶祝。
10. 位於科爾杜西奧廣場的米蘭咖啡工坊盛大開幕。

家庭

1

2

3

4

6

5

1. 1990年代早期，和喬登及艾蒂森合影。
2. 共度感恩節。
3. 我和高中時期的艾蒂。
4. 2018年，與我的此生摯愛雪莉參加友人婚禮。
5. 喬登與他的妻子布里安娜、我、雪莉、艾蒂和她的丈夫塔爾。
6. 2018年，喬登與我。

7

8

9

11

回到過去

10

7. 我們家在布魯克林灣景公共住宅區的公寓大樓。
8. 回到樓梯間。
9. 7G 公寓外的走廊。
10. 和我的國小母校校長達珂塔．凱斯合影。
11. 在卡納西看小孩打球。

1

1. 2017年，雪莉和我造訪奧馬哈海灘
2. 諾曼第美軍紀念墓園。

2

平地而起

星巴克與綠圍裙背後的承諾

霍華・舒茲、瓊安・戈登／著
簡秀如／譯

From the Ground Up

A Journey to Reimagine the Promise of America

By Howard Schultz, Joanne Gordon

國際一致肯定與讚譽

霍華・舒茲的故事提醒我們，成功並非透過個人的決心，而是合作及社群而達成。霍華對這兩方面的付出協助他打造了全世界最知名的品牌之一。我迫不及待想看看他接下來會完成什麼。

——比爾・蓋茲（Bill Gates）

本書能喚起曾經克服逆境的人心中的共鳴。霍華・舒茲試圖讓這世界成為一個對每個人都能更公平、更溫馨的地方，這樣的夢想著實令人耳目一新。

——美國網球選手，小威廉斯（Serena Williams）

霍華・舒茲寫下一個激勵人心又感人的故事，描述他的艱困童年如何促使他創立星巴克，並啟發他建立一家具有社會意識的公司。舒茲提出有力的例證，說明企業能協助突顯社會問題，以及社會上的每個人都能團結合作，確保每個美國人都能擁有和那個卡納西的貧窮男孩一樣的機會，不要以這世界過去的模樣來看待它，而是看到它的未來潛力。

——美國前國防部長，羅伯特・蓋茨（Robert Gates）

我們難得見到財富雜誌五百大企業CEO及創業家能開誠布公，分享個人脆弱的一面以及面對的問題。霍華・舒茲在本書中便分享了這一切。更重要的是，他記錄了這些歷程如何驅使他面對巨大挑戰，立下榜樣，展現資本主義不僅能成為一個實現夢想的平台，也是傳達憐憫之心。這部佳作帶來啟發，讓我們更努力為那些有需要的人付出。

——NBA達拉斯獨行俠隊老闆，馬克・庫班（Mark Cuban）

霍華・舒茲在本書中分享一趟獨特的美國之旅，從布魯克林的一處公共住宅展開，最後來到全世界最令人欽羨的公司董事會之一。這不僅是一部回憶錄或文集，這是一個激勵人心的故事，說明特質與價值能如何激發人們生活中的正向改變。

——退役美國海軍上將，威廉・麥克雷文（Admiral William H. McRaven）

獻給我的妻子，雪莉，她教會我帶著熱情與愛生活的真諦

目次

平地而起

星巴克與綠圍裙背後的承諾

From the Ground Up

A Journey to Reimagine the Promise of America

前言

給台灣讀者的話

樓梯間是我逃離一切的地方。

公寓裡的大多數住戶都搭電梯，除非是電梯壞了。而就算電梯壞了，也沒人會走上通往屋頂的樓梯。所以當家裡太亂了，我會去那裡坐著。從我的房間可以看到一座停車場，但我不會選擇待在房裡。那是我和弟妹共用的房間，而我們住的公寓好小，我爸媽的聲音好大，就算我躲在床單底下，還是躲不開那些聲音。但是坐在樓梯間時，我覺得很安全。那裡是我的避難所，一個都市裡的小窩。

樓梯間並不全然安靜。我還是聽得到有人在吵架，重重地甩門聲，或是低樓層的小孩乒乒乓乓地在樓梯跑上跑下。那些噪音在空蕩的走廊混凝土牆之間反彈，在我的耳際迴響，但是我在樓梯間找到了一絲的平靜。後來年紀大了些，我會坐在樓梯上，幻想著離開家裡，想像脫離孩提時期之後的生活藍圖。我很難想像出真實的模樣，但我知道我想要怎樣的感受。我想擺脫在轉動7G公寓的門把時，那種會將我撕裂的焦慮。

在我三歲那年，我們搬進了這間擁擠的兩房公寓。這裡是灣景公共住宅區，位於布魯克林東南邊上的卡納西。一九五六年，紐約市房管局興建了這批磚造建築，而我們是符合入住資格的一千多戶低收入家庭之一。這是一個全新的解決方案，取代市內傾頹的貧民窟。像灣景這樣的公共住宅區不是要帶你走進死胡同，而是展開新生活。我不太確定這番話是什麼意思。我母親努力灌輸我的觀念是，在卡納西之外有更好的生活，而我有能力去過那樣的人生，不過這實在太難想像了。我每天所看到的是，我父親大部分的時間都躺在沙發上，以至於我母親給他取了一個綽號，叫做「地平線先生」。他的不滿與挫折感，包括對他自己、對我們、對那些我從沒見過的老闆，還有我不懂的體制，深深地滲入了我們家庭生活中的每個角落。

在樓梯間，我在自己與令人喘不過氣的家庭氛圍之間，打造出一點點的距離，但是我卻難以看見圍繞著四周的混凝土牆以外的世界。

慢慢地，我開始不再以這世界呈現的樣貌來看待它，而是看見它的可能性。這就是我在這本書裡頭想要講的故事：我們每個人，包括我們領導及服務的企業，如何能為我們自己、家人，以及我們生活的這個世界打造更美好的未來。

改變的種子源自內在。對公司而言，它始於文化。打造文化和養育小孩很類似。一個組織的價值觀早在創立初期便已留下印記，它的創立者和領導人每天所做的選擇成了公司集體記憶及現行表現的一部份。

我在一九八〇年代中期開始創業。當時的我是年輕的創業家，啟發我的是咖啡沒錯，但還有人類對於連結及社群的需求。那種長期普遍存在的精神深植於星巴克的DNA裡，這也是星巴克五十年來與時俱進，並且在全世界一直廣受歡迎的主要原因。

一九九八年，星巴克在台灣開了第一家分店。現在我們在這座島嶼上有四百八十二個據點。我們提供獨特的在地風味，包括臺玖號花生仙草星冰樂及芝麻抹茶那堤等飲品。但是我們真正的力量，我們在台灣及其他地方能經營成功，源自於某種比咖啡、餐點及服務品質更強大的特質。這要追溯到我們的DNA，以及我們的員工對於開店地點的社區，還有除了自身之外的他人所承擔的責任。

尤其在現在這個時期，公司不可自我侷限為創造利益的實體，而是人們要求對多重利害關係人，包括員工、顧客、供應商、社區，甚至是我們的地球負起責任的企業。

從西雅圖到台北，社會面臨著複雜的挑戰，諸如與日俱增的遊民問題、收入不平等、氣候變遷，以及COVID-19等疾病大流行。這些及其他危機讓更多人的健康和經濟福祉陷入危機，企業不分大小都要扮演協助解決問題及減輕痛苦的角色。

在台灣，星巴克夥伴（這是我們對員工的稱呼）投入社區志工服務。為了強調永續議題，我們打造環保商店，為自備可重複使用容器的顧客提供十元折扣、使用大豆油墨印刷，並且推廣咖啡渣的運用。

自一九九九年起，台灣星巴克及台灣世界展望會攜手舉辦「原住星希望」活動，籌募款項建造課後照顧兒童中心、籃球場、進行課業輔導及職業規劃。二〇〇四年起，我們也在店內販售限量版商品。這二十一年來的義賣活動一共籌募了超過新台幣二億六千八百萬元。

除了捐款，公司也能運用獨特的資源，例如專業知識、產品、關係，甚至是實體空間來為社會做出意義重大的改變。員工在金融、科技及行銷等方面的敏銳度，也能協助非政府及非營利組織提升效率及生產力。

對企業家及高級主管而言，面對社會問題不該是與強化財務表現的決策無關的附帶努力，兩者應該合而為一。人性及繁榮不需要爭奪優先順序。當兩者並生共存，企業將獲利更多。現代顧客想消費的會是以富有意義的方式採取行動的品牌，而且雇主若是能讓員工感受到自己是某種遠大理想的一份子，他們會工作得更賣力。

我們誰也無法獨自存在，就算是在全球大流行導致數百萬人足不出戶的時刻。健康幸福的社群向來倚賴其中成員的相互依存。這意味著企業同樣無法獨自運作。當私人、公家及非營利部門攜手團結，為了社會利益而進行創意合作，他們就能讓每個人提升到更高的層次。

我此生都在激勵星巴克和其他公司扮演革新積極的角色，推廣社會正義、經濟平等、永續及社會福祉。這份工作永遠沒有完成的時候。未來依然要由我們決定如何回應可能是當今時代最重要的問題：我們能如何帶來深具意義的改變？

霍華・舒茲

二〇二〇年四月

自序

在我的一生中，兒時記憶不斷地糾纏著我，也帶給我力量。我在父親身上看到的是，當一個人的尊嚴被剝奪後，人生會變得怎樣。從母親身上，我獲得了堅定的信念：地鐵的最後一站不會是我人生的終點站。我可以藉由工作、學習、計畫和夢想，帶自己離開這個出生的地方。一個得不到自己預期生活的父親，以及一個希望兒子得到更多的母親，在這樣的對照下，我深深受到激勵，最終為自己構想出一個不同的未來。我看到的不是眼前的這個世界，而是它的可能性。這成了我此生的習慣。在某些方面來說，這就是我在這本書裡頭想要講的故事：我們要如何重新想像一個更美好的未來，盡力運用明確又明智的態度從過往中汲取經驗，並且付出堅強的意志及努力來實現那個未來。這就是我的人生旅程。

我的想像力在樓梯間開始發酵，並且逐漸起飛。當我在一九八〇年代中期開始創業，啟發我的是來自更早、甚至可說是古老年代的影響：人們飲用了幾百年的咖啡，以及深植在我們的DNA裡頭，人類對於連結及社群的需求。我構想一個不一樣的方式把這些元素結合起來：星巴克咖啡店。在我創立第一家濃縮咖啡吧時，我的想法是打造一個地方，讓人們能逃離一整天的混亂，得到某種的歸屬感。四十多年後，在全球七十多個國家，數百萬的人們心目中，去星巴克成了一種例行公事，一個讓他們喘息的空間。除了在家及上班，星巴克咖啡店成了人們最常待的「第三生活空間」。

對我來說，「第三生活空間」的概念不只是一個有四面牆圍繞的地方。這是一種心態，生存於世上的一種方式。因此我打造一個可獲利的事業，同時也傳達出一種核心價值：各式各樣的人能夠聚集在一起，激勵彼此向上提升。

就這方面而言，星巴克這一路走來，在各方面都反映出美國建國以來的歷程。不光是因為這個國家堪比一個大企業，也因為它總是在人性及繁榮不斷爭奪優先地位之際，努力保持平衡。我深信星巴克想成為一種不同的公司，一個我父親那樣的勞動階級勞工從不曾有過機會服務的公司，並且值得共享我們國家歷史上的這個脆弱但充滿希望的時刻，讓真相及尊嚴強勢回歸的時刻。

就某種意義來說，本書的重點不在討論星巴克及我的童年，而是我們出生的這個地方：美利堅合眾國。那些來自我的年少時期，以及在星巴克的最後幾年所產生的交織敘述，要訴說的是一個更偉大的故事；一個關於改造及革新的故事；一個關於可能性，關於有力量改變自己及他人生活的故事。這個故事述說我們能為自己和彼此做些什麼，以及我們每個人對於重新構想共享的未來要負起哪些責任。而且我們非得重新構想不可。

我們建國的理念，包括人人平等及自由，尚未完全實踐。在某些角落，這些理念的存在受到威脅，美國民主的延續也並非必然的結果。事實上，我置身其中也依舊深信的美國夢，也就是人人都應有平等機會能白手起家的理念，現在來到了十字路口。有更多人需要公平的機會去追求他們的夢想，無論那些夢想有多渺小或偉大，現在是該談談那些機會在人們眼中呈現什麼模樣的時候了。在大家同心協力之下，我們擁有潛能去重新構想並傳遞我們國家的承諾，這就是我希望本書能傳達的目標。

說到底，我寫這本書是因為我對未來抱持樂觀的態度，想和大家分享我從過去學到了什麼。這不是一本回憶錄，而是誠實地反映出我的早期經驗，包括一些我從未公開分享過的內容，它們是如何充斥並影響了我日後的生活。在我離開了那個樓梯間之後，前往西岸，超越我所知的一切，去尋找在我想像中不可能存在的未來。這也不是一本討論企業的書籍，而是對一個企業的歷程進行幕後的探索，設法回答一個在我們這個年代很重要的問題：我們能如何對有意義的改變做出影響，並且打造出每個人都渴望的公平、正義及安全的未來？

我希望本書能引發你心中的某些感受，甚至是啟發一場運動，擁抱我們國家正當的一切，面對需要修正的部分，並且找出我們要如何採取新方法來運用廣大的資源及個人資產，把我們自己以及彼此提升到更遠大的高度。我們不僅要調配我們的金錢、時間和聲音，更要發揮專業、天分、影響力、同理心、社會網絡、合作精神、勇氣、科技，並且把共同的實體及虛擬空間，轉變成大家能帶著文明及尊重的態度來交流的地方。我們都無法孤立生存，健康又快樂的社群需要其中成員的相互依賴，而我們都是這其中的一員。

有時你很難看到眼前以外的世界，尤其當混亂蒙蔽了我們的視野。重新構想未來的意願及能力是我們建國之初的核心理念，也是在我小時候慢慢潛入心中的一個概念。我為何要緊緊擁抱這個信念，以及它在這些年來是如何自我展現，這是兩件平行發展的事。而我終於準備好要說這個故事了。

第一部

開端

第一章

衝突

我們對父母的記憶是殘缺的剪貼簿。小時候，我們只能得知父母生活中的些許片段。至於那些在我們的聽力或視力範圍之外發生的事，就和空氣一樣無法捉摸，因此卸下父母身分之後的那個人，經常成了一個謎。

然而他們生而為人的影響力卻強大無比。我們的父母把價值觀、理念、渴望及舉止深深銘刻在我們的身上。在我回顧年少時光，把過去和現在的點滴連結起來時，那些一一浮現的畫面帶給我平靜與慰藉。我看得出來我的決定，包括對自己、我所愛的人以及星巴克，是如何受到我並不真正認識的那兩個人的影響。

小學時，每次打開我們家公寓的門，便會心跳加速。要是看到廚房餐桌上鋪了桌巾，而且桌邊擺放了不只平常的五張椅子時，我就知道我們那個已經夠擁擠的家，很快就會充斥著外婆頤指氣使的聲音、羅宋湯的強烈氣味，以及陌生人的喧鬧笑聲。

在那樣的夜晚，我的父親弗瑞德會從他當時從事的工作下班回來，躺在沙發上，而我的母親會餵我的小妹、襁褓中的弟弟和我早早吃完晚餐。然後她會帶我們到共用的臥室去睡覺，並且提醒我們要安靜，把房門關上。我在她的聲音及眼中，聽到並看到一種平靜的順從感。她和我一樣希望能結束這個夜晚。

我們被趕上床睡覺之後，有時我會爬起來，從房門口探頭出去，或者是偷窺廚房，看看裡頭在忙些什麼。到了晚上八點左右，各路人馬會開始走進我們家。他們三三兩兩地抵達，如果是冬天的話，他們會把舊外套脫在客廳的沙發上，然後拖著腳步走進廚房。他們一屁股坐在椅子上，點起了當天晚上的第一支菸。接下來的幾個小時裡，這些三教九流的人物便會發發牢騷、打牌下注、高聲笑鬧。有些時候，他們會咕嘟喝起了外婆用現宰雞肉熬煮的雞湯。

這種嘈雜的撲克牌賭局可能一個禮拜會有好幾次。在布魯克林的悶熱夏天裡，這些人圍坐在一起，身上穿著破舊的汗衫，鬍渣卡著水煮蛋的殘跡。至於女士們，有些會把髮捲包在頭巾底下，就這麼過來了。她們會脫掉身上的家居服，穿著束腹和棉布胸罩坐在那裡，拿手上的紙牌給自己搧風消暑。這些賭客高談闊論、彼此叫嚷，犀利的言詞滿天飛。我會動也不動地盯著看，睜大眼睛納悶著，我們家的廚房怎麼會成了這群布魯克林人唇槍舌劍的背景。他們口無遮攔的戲謔聲充斥了我們的小公寓，取代了通常是冰冷的沉默及大人爭吵的時刻。這令我感到不知所措，這些大人顯然在享受某種喧譁的樂趣。對他們來說，這是一個歡樂的外出夜晚，暫時擺脫平淡的生活，不必待在自己的家裡，而且還有機會贏點錢。但是他們的那種樂趣讓我感到不安，我感覺到我爸媽不是在熱情地招待客人，而是聽從家裡的老大，我外婆的命令行事。我在自己的家裡感到卑微，默默回到了自己的房間，彷彿被驅逐到邊陲地帶。就算拉起被單蓋住頭，快速的洗牌聲還是會傳進我的耳裡，讓我知道這個夜晚距離結束還早得很。

「給錢啦，你們這群蠢蛋！」

隨著時間過去，更多酒精下肚，說話的音量也越來越大。

「你要跟注嗎，布雷夏夫斯基？」

「最好是啦，你這個非猶太的娘兒們。」

「嘿，再給我來一杯蘭姆酒加可樂。」

有些連輸了好幾把的人會為了手氣背而詛咒那副牌，我可能會聽到金屬椅子滑過油地氈，接著撞上爐灶，然後是一陣腳步聲朝我們的浴室走去。賭客在那裡解放自己，就在我刷牙的洗手台旁。

那群人坐在我們的廚房裡，彷彿那是他們的私人俱樂部，而就某種意義來說，確實是如此。每個人都要付費才能玩，費用包括桌邊的一個座位，再加上一頓飯。他們坐定了之後，就會照著自己的那一套老規矩走。

我爸媽是服務這群人的幫手，要是牌局引發爭議，賭客可能會把挫折發洩在他們身上。當我母親用我們家的餐盤送上成堆的食物，把我們的牛奶杯重新倒滿烈酒時，有些人會咒罵她。我父母逆來順受。他們的地位比不上付錢的客人，還有我外婆。我的外婆絕對是老大無誤。她會用惡劣又粗魯的態度對我父親大吼大叫，而且以羞辱的言詞謾罵我母親。天底下沒有哪個女兒或孫子該聽到那種話，但我全都聽見了。

最後我整夜都睡不好。而到了某個時候，屋子裡再度安靜了下來。當我隔天早晨走進了廚房，我會看到歪七扭八的空椅子，而且裡頭的菸味臭得要命。我在塞滿菸蒂的菸灰缸旁吃我的玉米穀片。我母親也總是已經起床，替我包好午餐。我帶了午餐，昏沉沉地加入了其他孩子的行列。我猜想他們在比我家更安靜的公寓裡，應該是一夜好眠到天亮吧。我從不知道那些賭客什麼時候會再來，直到下次我打開我們家的公寓大門時，看到廚房裡的桌椅又重新擺放了為止。

我的外婆莉莉安和我的外公沃夫離婚後，開始舉辦這種非法的牌局。多年來，外婆謀生的方法就是在她位於東紐約的簡樸住處開設賭局，後來也在我們家裡舉行，找了一群來來去去的賭客。他們聚在一起，把微薄的薪資和政府補助金都拿出來賭，或者我外婆會借現金給他們，但是收取極高的利息。

外婆是銀行兼女主人。她會安排司機去接賭客，通常是派我父親去。牌局開始後，她找來的女服務生（這角色往往由我母親擔任）會端上飲料及家常料理。有時外婆會加入牌局，但就算她沒有，最後的大贏家也會是她，因為她每一局都會抽頭。到了賭局結束後，我父親會載那些十之八九都已經醉醺醺的賭客回家。

在外婆家開辦牌局的夜晚，我父母會把我妹妹羅妮、襁褓中的弟弟麥可和我丟在家裡好幾個小時，然後兩人出門去上工。

外婆的顧客不是有錢人，但這些聚會值得他們付那個錢來參加。對他們來說，這些牌局是重要的娛樂；對我外婆來說，這是一門生意；對我來說，它帶給我創傷。

當牌局在我們家進行，我從未感受到實質上的危險，但也不覺得安全。我是個瘦巴巴的男孩，有棕色的頭髮和大大的笑容，仰賴的是禮貌規矩而非肌肉來度過危機。在公共住宅區，我很早就領悟到，我的最佳防禦之道是聰明地進擊：我要有規矩、受歡迎，然後設法拿到控制權。我和許多小孩一樣，尤其是那些來自不穩定環境的孩子：由於本身的脆弱及無力感，我受到秩序及穩定的吸引。我深受吸引的事物似乎是在家裡缺少的那些，例如可預期性、透明性及仁慈，尤其是來自大人。我想要的生活就是那樣，我認為生活該有的平常模樣。牌局違背了那種理想。這種經歷帶給我難以承受的焦慮及羞愧，我只希望沒人會發現我們這種不正常的家庭生活。

設法對其他人隱瞞這件事，包括我住在對門的朋友比利，真的好累人。假如有任何人問起我們家在深夜裡傳出的喧鬧聲，或是在奇怪的時段有陌生人出現在走廊，我會窘得想找個地洞鑽。

我長大之後，發現我爸媽在家裡開設外婆的賭局是為了賺錢。外婆付錢雇用他們當服務生和司機。但是我在那時候並不知情。我父母從來沒對我解釋過什麼。去你的房間就是了，霍華，關上門，別出聲。

我父親沒念完中學，一輩子都在不固定又低薪的工作之間打滾。除了開車之外，他沒有多少專業的工作技能。雖然勞動一整天滿足了他的自尊心，但父親不曾從工作中得到一絲的驕傲或意義。「爸爸累了，讓他睡吧。」要是我們接近躺在沙發上的父親，我母親會這麼提醒我們。不過就算是醒著，他也是一臉倦容，自我封閉而無法親近。在過去的某個階段，我外婆稱之為「廢物」的那名男子，他的野心和意志都被剝奪了，彷彿生命的本身就已經讓他疲累不堪。

我父親也入不敷出。即便我們住在政府補助的公共住宅區，每個月的租金不到一百美元，父親的錢總是不夠用。他會去廢棄場買二手輪胎來自己換，但是他又跑去修容，花大錢剪頭髮。我父母經常在餐桌上爭吵錢的事，計算他的微薄薪資還剩多少、粗略的借款數目，以及各種檯面下的收入來源，包括牌局等。這種戲碼不斷上演，而我會設法逃避。幸好我有樓梯間可去。

我也會設法避開我父親的脾氣。他很容易對羅妮、麥可和我大吼大叫，搧我耳光更是家常便飯，偶爾還會臨時想出其他體罰的方式。有天晚上在吃晚飯時，他將我的臉一把推到一盤熱騰騰的義大利麵上。

電話鈴響是另一個焦慮的來源。當掛在牆上的轉盤電話鈴鈴作響，我的瘦削身形就變得僵硬。我母親常要我替她接電話，以免是債主打來的。「抱歉，我爸媽不在家。」我會在他們之中的一個或兩人的注視之下這麼回答。我掛斷電話，為了撒謊而滿心羞愧。後來，我父母會派我去跟我們認識的人借錢。我聽話照做，低垂著頭，為了說實話而滿心羞愧。

我很怕我父親，有時候我會厭惡他，因為他的行為舉止帶給我這樣的感受。不過在某些時刻，即便我是個小孩，我還是能夠感受到他的痛苦。

一九六一年冬天，當時我七歲。某一天天氣很冷，我們在公寓大樓的後面打雪球仗，這時我母親從我們位於七樓的公寓窗口探出來，拚命叫我快回家。

「你父親出了意外，」當我跑進家門時，我母親對我說。「我要趕去醫院。」

當時我父親的工作是開卡車，運送乾淨的布尿布到別人家裡，然後收回髒尿布。有好幾個月，他下班回家後會抱怨那種臭味和髒亂，有時我會聞到他的衣服飄散出他說的那種氣味。他說那是天底下最糟的工作，而我相信他說的話。

在那個又濕又滑的冬季氣候裡，他正要去送尿布，結果在薄冰上滑了一跤。這一跤摔斷了他的髖部和腳踝。接下來的一個月，我每次打開家門都會看到父親癱在沙發上，那個五呎八吋高的身形動彈不得，禁錮在石膏裡。他的指間夾著萬寶路香菸，帥氣的臉龐疼得齜牙咧嘴。

在一九六〇年代的美國，一個沒受多少教育又沒有一技之長的工人，像我父親這樣，在工作時受了傷，一般來說都會在沒有通知的情況下遭到解雇。這場意外害我父親沒了收入，沒有健保、沒有勞保。而且因為我父母親沒有儲蓄，他們沒有退路。我母親無法去找工作；意外發生時，她的肚子裡懷著麥可，已經七個月了。要不是當地的一家慈善機構，猶太家庭服務中心，我們家就會斷糧了。

多年以後，我試圖從我父親的觀點去想像這個情況。這個被困在石膏裡，一場意外的受害者，是如何改變對生命的觀點？他有足夠的責任感，為了人口漸增的家庭去從事「天底下最糟的工作」來養活我們。不過他得到了什麼？那家公司的工作把他給害慘了，結果卻解雇了他。或許那個事件起了決定性的作用。一名男子原本以為他或許有一絲機會能在這輩子闖出點名堂，卻在這個又長又冷的冬天發現，摔了一跤可能會帶他走進煉獄。我永遠不會知道他當時的腦袋和心裡在想些什麼，不過我那無助的父親癱躺在沙發上的景象，永遠牢牢地烙印在我的意念裡。

在那起意外之後的幾年裡，我的家庭生活變得甚至更無趣。樓梯間不再是我唯一的避難所，我的另一個逃避去處是公共住宅區的操場。在那裡的混凝土場地上，我發現了一個充滿可能性和歸屬感的鮮明天堂。

第二章
連結

我們家的公寓籠罩著濃重的焦慮及羞愧感，但是我在外面卻有截然不同的體驗。我在公共住宅區的操場和球場找到了我自己。

在夏天和週末，或者是放學和晚餐之間的絕佳空檔時間，幾百個住在灣景的小孩會推開住家大樓的金屬和玻璃前門，跑到那個三十三英畝大的後院。我們會在沒有大人管的情況下成群結隊，玩棍球、口水球、拳球、彈力球，或是捉迷藏。但我最喜歡的應該是史卡利遊戲。[1]灣景的小樹不夠高，沒辦法達成原本栽種時想要的遮蔭目的。於是我們在盛暑的豔陽下，彎著瘦骨嶙峋的膝蓋，皺起額頭，瞇著眼，設法計算要用多少力道，才能把壓扁的瓶蓋彈到畫在柏油地上的十三個遊戲格子裡。彈進去最多的人就贏了。為了取得優勢，我會用母親的烤箱把蠟筆融化在有凹痕的瓶蓋裡，這樣能增加瓶蓋的重量，比較好控制。只要能贏得分數，就算是母親在發現烤箱裡有彩色污漬之後大發怒火，我也覺得值得。

我和朋友們會聚在一起玩上幾小時，黏呼呼的手臂碰在一塊兒，絲毫不在意我們這些小孩子汗水裡的洋蔥氣味。我們每次把瓶蓋彈出去，都會彼此互嗆。要是有人宣稱自己贏了，我們就會再玩一次，或是走開去玩別的遊戲。有時候誰家的爸爸，甚至是我父親，也會加入我們。我們的遊戲玩得很認真，大家都覺得有必要證明自己的實力，而最低的底線是希望不要輸。不過我們也覺得彼此的關係緊密。我們如此貼近地坐著，心思放在相同的目標上，某種親密感油然而生。一張友情之網把我們維繫在一起。

操場不是我們唯一發現這種感情連結的地方。我們家在一九五六年搬到灣景公共住宅區，我們的大樓是這一區二十三棟一模一樣的公寓大樓之一。光是我們這棟樓就有二十個和我年紀相仿的男孩，我們一起長大，在走廊跑來跑去，隨意跑進跑出彼此的公寓，大部分人家的公寓大門都沒鎖。因為每扇紫紅色大門看起來都一樣，常常有人不小心走錯門，以為那是自己的家。當你意識到自己的錯誤——咦，我們什麼時候換了新家具？怎麼會有包心菜的氣味呢？——你會一笑置之，那間公寓裡的住戶也是，沒人會擔心闖進來的人。

在灣景發生的爭執通常不會演變成致命的暴力，但是他們有自己的強悍風格。多年後，我的朋友比利提起我們小時候住的公共住宅區，說在那個地方的小孩如果不夠強壯、速度不夠快或不夠有趣，他們就撐不久。那或許是真的，因為就算我們的感情很好，大家依然是住在一個堆疊起來的空間裡，遠離布魯克林的其他社區。當我告訴其他地方的人，我住在灣景，我能感受到他們把我視為那些窮人家的小孩，住在政府補助的住宅區成了判斷我的標準。在灣景裡頭，大家都很窮，你要付出努力才能贏得不同的地位，尤其是男孩和男人。透過遊戲、運動、辱罵、玩笑和打架，我們向彼此證明自己的價值。不過即便如此，在我長大的城市戶外感覺再安全不過了。這是我認識的第一個社區。

現在回想起來，我能明白那些公共住宅區本身就是某種大範圍的第三生活空間。不是住家、

---

1 譯註：史卡利（Skelly）是在一九五〇到八〇年代，盛行於紐約及附近地區的一種兒童遊戲。玩家拿粉筆在地上畫方格，然後輪流把瓶蓋彈到格子裡，積分最高者獲勝。

辦公室或學校。這些戶外空間不是非去不可，這是我們選擇想待的地方。在這些地方，我們的生活和其他人產生交流，然後成了朋友，或者至少是熟悉的面孔。那些設置了長椅和遊戲區的空地讓鄰居有機會建立感情，然後成了某種的社交寄託。

在國中及高中時期，我的熱情從史卡利之類的遊戲轉換到更刺激的團隊運動。公共住宅區的孩子跟場地的比例懸殊，以至於孕育出一種具有真正利害關係的競爭文化。任何人想參加即興的籃球賽或觸身式橄欖球比賽，只要來現場就可以了；不過想待在場上的話，你非贏不可。這是無情的功績主義。要是你們那一隊輸了，你就會被踢出場外，乖乖地去旁邊排隊，等著下次輪到你上場。你可能要等上好幾個小時才會輪到。對我來說，站在一旁，覺得沒用又無聊，或是回去家裡，感到不安又無聊，這都是令我無法接受的結果。假如贏球意味著要撲倒在硬得要命的混凝土地面上，磨掉一層皮，那麼我會毫不遲疑地去做。我很少在天黑之前回家。當我在午餐時間覺得餓了，會站在我們家的窗戶底下，往上大聲呼喊我母親，她會從七樓把一份鮪魚三明治扔到我張開的手裡。我會在趕著回去參加球賽的途中，分成四口把它解決掉。

在春天和夏天，籃球場是我設法證明自己價值的地方。我會跳下床，敲比利家的門，然後沒一下子，我們就會跑出大樓，來到球場上。我對那些戲謔、哼唧、擊掌以及有系統的運球聲浪深深著迷。當一名球員突破重圍，一大群人穿著廉價鞋底的球鞋在場上追著他跑，這時能順利阻擋或成功得分好像決定了我們的未來。為了獲勝，你要打得夠狠。喊犯規是懦弱的象徵，而且有時會爆發肢體衝突。我愛死了這一切。不過大多數時候，我愛的是和其他小孩在中央球場上的感覺，不斷爭取留下來打球的權利。

到了秋涼時節，男孩們改打美式足球。因為附近沒有大型球場，所以我們在柏油籃球場上打。我們沒有擒抱摔倒，不過布魯克林的觸身式橄欖球還是會讓小孩狠狠地撲倒在地上，尤其是四分衛，也就是我通常打的位置。當我在中學打觸身式橄欖球，我的鼻梁斷過，也發生過幾次腦震盪。我的頸部還有線性骨折，而且是直到多年後才發現。但是運動的激烈程度並沒有打消我的參加欲望。而且過了一年又一年，歷經無數次的傳球和攔截，我承受了不斷在冰冷堅硬的地面摔倒而來的挫傷及擦傷。我從小住到大的公共住宅區或許沒有犯罪的問題，但是摔倒時也只能硬碰硬。

有時我會安排即興球賽，挨家挨戶去找球員，或是看到可能的控球後衛或前鋒經過院子裡，就大喊邀請對方。我能輕而易舉地找到足夠的小孩，組成一支進攻組和一支防守組。所有想玩的人都可以參加，他們只需要在拿到球時證明自己的實力。

每次上場打球，我就會站得更挺一些，有部分是因為我比同年齡的小孩要高出幾吋，不過也因為我當運動員時，比當學生或兒子還要有自信。我有些與生俱來的運動潛力，但我上場打球或比賽的真正原因是，當手上拿著球時，我總是覺得自己有資格站在這裡。

我不必用太多言語和隊友培養感情。當我們圍在一起磋商戰術，或者在我傳球給隊友達陣或在罰球區外投籃得分，有人揚起下巴表示贊同時，我會有一種堅不可摧的歸屬感，那是我在家裡很少有的感受。這些時刻似乎在我的孩提時期一直都在，但是太快從我的生命中消失了，那份社群的感受也一併消失無蹤。經過了好多年，我才又找回了那份感受。

「早安！」

一名年紀較長的高瘦男子在櫃檯後面招呼我，彷彿我是鄰居，剛打開了他們家的大門，沒有事先通知卻受到歡迎。我沉醉在現磨咖啡的香氣裡，同樣微笑以對，然後走到櫃檯前。這是在義大利米蘭的一大早，我初次造訪這座城市，出差來參加貿易展。在前往展場的路上，我臨時走進了這家濃縮咖啡吧。

那是一九八三年，我滿三十歲的那一年。

我悄悄走到櫃檯前，無法將眼神從站在後面的那名男子身上移開。他以敏捷精準的手法研磨咖啡豆、量好深色粉末，填裝到一只短柄濾杯裡，然後把濾杯插入一個閃閃發亮的鉻合金機器中。那部機器先是汩汩作響，然後他才拉下手柄，琥珀色的液體陣陣滴落到一只白色的小瓷杯裡。在這個過程中，他快速吐出幾句義大利文，和其他三名並肩站在咖啡吧的顧客聊天。我窺探他的工作空間，心想：「這個人是誰？」他彷彿受到某種無形的暗示，放了一杯飲料在我面前。我雙手捧著那只小巧的杯子，覺得彷彿自己收到一份貴重的禮物。我啜飲了那濃郁的滋味。

「謝謝！」我說。

他準備及送上咖啡的方式，和我在美國的餐廳裡見過的完全不同。那裡的咖啡是裝在重新加熱的咖啡壺，然後隨便倒進髒兮兮的馬克杯裡。不過這個啊！這是一場演出！

這是什麼地方呢？這場在當地人眼中常見的咖啡吧景象，我卻看得如痴如狂。我想留下來。

當時我在西雅圖的一家小型咖啡烘焙及零售公司擔任行銷總監。公司的商標是一隻誘人的美人魚，名稱則取自作家赫曼・梅爾維爾（Herman Melville）的小說，《白鯨記》（*Moby-Dick*）裡亞哈船長（Ahab）的大副之名，斯達巴克（Starbuck，星巴克）。星巴克咖啡公司（Starbucks Coffee Company）專門烘焙咖啡豆，並銷售到世界各地。在星巴克，我已經學到咖啡不只是一種有效的咖啡因傳遞系統，更是一種精緻又風味十足的飲料，需要細細品味及欣賞。

這家公司是在一九七一年由傑拉德・鮑德溫（Gerald Baldwin）、戈登・波克（Gordon Bowker）及契夫・席格（Zev Siegl）所創立。我在一九八一年初識傑瑞和戈登，他們告訴我，大部分美國人喝的咖啡是來自一種叫做羅布斯塔（Robusta）的咖啡豆，和星巴克進的較高檔阿拉比卡（Arabica）豆子比起來，價格較便宜，風味也略遜一籌。星巴克的咖啡豆是經過深烘焙，這是歐洲的傳統，許多咖啡迷相信這能帶出更多豆子的風味；大多數的美國人，包括我自己在內，喝的是淺烘焙的咖啡豆。所以當我第一次品嘗星巴克的咖啡時，那種風味令我為之驚豔。我父母只喝即溶咖啡，或者在有客人來的時候，我母親會拿罐裝的研磨咖啡粉，用錫製電動咖啡壺去煮。我在念大學時為了提神而猛灌，或是在早上通勤時所喝的那玩意兒，和我在星巴克喝的第一口深烘焙咖啡相比，簡直有著天壤之別。

在星巴克工作了一年後，我以為我已經知道了所有和咖啡相關的知識。然後我走進了這家位於米蘭的咖啡吧。

喝完了我的濃縮咖啡，我迫不及待想品嘗更多、知道更多，所以我謝謝櫃檯後面的那名男子，付錢給收銀員。在我前往貿易展的路上，經過的每個街區都會見到濃縮咖啡吧。接下來的那一週，我更進一步地探索這座城市的每個角落。許多咖啡吧都省去了裝潢，單純就是提供濃縮咖啡的休憩小站。在那些菸味瀰漫的狹窄店內，大部分都是男性的顧客們站在櫃檯前，慢條斯理地喝咖啡，用義大利文彼此戲謔打趣。有些咖啡館比較高雅、時尚又寬敞，招徠的是不同的客群：隻身前來或帶著小孩的婦女、穿著制服的孩子、帶著書本的學生、退休人士等。朋友會來這裡小聚，也有顧客單獨坐在那裡閱讀、寫字或發呆。就算店裡安靜無聲，還是存在著一股活力。在許多咖啡店裡，喋喋不休的交談聲中會夾雜著義大利歌劇的樂聲。那種環境和我熟悉的那些餐具哐啷作響、燈光明亮的紐約餐館很不一樣。

我學到煮咖啡的工作人員叫做咖啡師（baristas）。我坐在濃縮咖啡吧，發現他們有許多人會說英文，所以我問了一大堆問題。我發現要「製作」濃縮咖啡需要正確組合水流、溫度、壓力及時間，才能以分量恰到好處的精細研磨咖啡豆萃取出最飽滿、最濃烈的風味。這種複雜的製法包含傾倒、研磨、秤重、填實、等待、滴漏，然後是清洗器具，這樣下一杯才有機會和前一杯一樣好喝。這場演出和舞蹈一樣精心設計、和橄欖球賽一樣充滿活力、和宗教儀式一樣神聖，就在眼光敏銳的顧客前面上演，一次煮出一小杯。有人告訴我，濃縮咖啡上面的那層濃密泡沫叫做咖啡脂。當濃縮咖啡攙了打了奶泡的熱牛奶，這就成了義大利人口中的拿鐵咖啡。我啜飲第一口，口中便響起了甜味及滑順口感組成的交響曲。我從未品嘗過像這樣的東西。

我搬到西雅圖，進入星巴克工作之後，認識了許多咖啡專家，但沒有一個跟我介紹過濃縮咖啡的演出及浪漫。

義大利人明白人們和咖啡之間可能擁有的情感關係，並且以這個主題打造出生氣勃勃的文化，把商品提升為一種藝術，建立了溫暖又熱情的空間，讓咖啡師和其他人知道你的名字。咖啡能讓人們聚集在一起。它和葡萄酒一樣是社交飲品，但是不同處在於它是一種刺激物。無論是在交談或一個人的時候喝，咖啡都能助長對話或強烈的內省。這些聚會場所是人們日常生活的一部分，一個提供簡單、隨興又熟悉的舒適感及社群的空間。

我去過的咖啡店和濃縮咖啡吧，和我從小到大的那些操場及運動場截然不同，但是引發出我遺忘已久的少時情懷：那份歸屬感。

這種頓悟引起了我發自肺腑的震顫。我的身體感受到電流，心思浮現無數的想法。就我所知，美國沒有類似義大利的那種咖啡店，但我憑直覺相信人們對濃縮咖啡吧的體驗，會產生和我一樣的反應，充滿好奇及滿足之情。我深信星巴克的下一步就是把那種體驗轉化到美國本土。

在那時候，星巴克不提供飲品。我們只是在五家店面分裝烘焙好的咖啡豆，忠實的客戶就會上門了。我們的小公司以販售優質咖啡豆聞名，而這是將濃縮咖啡吧的演出及友好社群引進美國的絕佳地點。

我不能讓這個念頭溜走。在飛回西雅圖的路上，我草草記下我的規劃。我甚至畫了設計圖，看要如何把咖啡吧和我們現有的店面結合在一起。我興高采烈地回到星巴克的辦公室。

星巴克的創辦人並未分享我的熱情。他們想專心追求他們的目標：販售咖啡豆，就這樣。我尊重他們的單一目標，但我的心拉著我往另一個方向前進。我說服了傑瑞，讓我在西雅圖第四街和春日街口新開的那家星巴克店面，開設一個小小的濃縮咖啡吧。儘管咖啡吧藏在店裡的角落，依然吸引了很多客人上門。許多人第一次品嘗到拿鐵咖啡，然後每天都回來喝一杯。成功，我心想。不過傑瑞和戈登沒興趣擴展這個理念。

我心碎不已。「星巴克可以是一個美妙的體驗，不光是很棒的咖啡烘焙商及零售店而已。」我這麼說。我不屈不撓，但是他們從未流露一絲的興趣。他們看不到我的願景。值得讚許的是，傑瑞和戈登尊重我的熱情，即使那不是他們要的。這兩位歷經驚滔駭浪，打下他們的江山，因此他們明白熱愛某個想法以至於無法放手，會是一種什麼樣的感受。

我在星巴克又待了一年，然後離職去開創我自己的事業，並且把命運掌握在自己的手中。

第三章

不一樣的公司

「霍華，我們去走走吧。」

我的岳父輕拍我的肩膀，朝我們家大門點頭示意。當時不過下午五點鐘，但是天色已經黑了。這是西雅圖十二月的典型天候，陽光暗淡又短暫地露臉。

那是一九八五年。雷根總統擔任第二屆任期，微軟成立十年，道瓊指數即將首度衝破一千五百點大關，那年我三十二歲。我套上風衣，把我們的狗兒喬納繫上牽繩，我們三個就這樣留下我的妻子雪莉和她母親芮兒看家。

雪莉和我是在七年前認識的，當時我們倆的工作及住家都在曼哈頓。一九七八年，我完成了很多住在紐約市的年輕人想做的事：我和一群好友在長島東端，俗稱漢普頓的海濱小鎮區合租了一間房子。我們會在週末聚在一起，逃離城裡熱烘烘又臭兮兮的街道。我的收入不錯，但是付不起同等分的租金。所以我的朋友答應讓我少付一些，前提是房子要由我負責，也就是說我要用我的名字去承租，跟大家收押金，然後準時交租。我們共同分擔煮飯和採買雜貨的工作，也在一群大男生同住的情況下，盡量打掃家裡。

某個七月初的週末，我們一群人在沙灘上玩橄欖球，附近有一群年輕女生在大太陽底下閒聊。我特別受到其中一位吸引。她有著一頭美得驚人的金色鬈髮，以及溫暖的開朗笑容。我走向她，兩人聊了起來。除了美麗動人之外，她也很平易近人，而且會逗我笑。但吸引我的不只這些而已。當天晚上我就打電話給她。隔天交談時，我說等我們回到市內之後，她是否願意跟我共進晚餐。

我想知道關於雪莉・克許的一切。我很快得知她是在俄亥俄州的一個中產階級的小城市，利馬長大的，後來去丹佛大學念政治學及心理學，並且進了法律學院，但是選擇在紐約市念室內設計。我並不意外，她很有個性。

打從第一次約會起，我們倆都深受彼此吸引。我們只想待在彼此的身旁，而且我不久便發現，雪莉擁有我希望能在終身伴侶身上發現的特質，包括廣闊的世界觀、聰明，以及注重家庭價值。她有冒險精神，但也有理智的一面；她既安逸又充滿活力，讓人同時感到自在又刺激。雪莉滿懷抱負，但不會爭權奪利。她的自信尤其令我傾心。她很有主見，而且會為她認為是對的事挺身而出。在我認識的女生之中，她比我們這年紀的人更成熟，但不會自以為是。她和我一樣，夢想擁有更美好的人生，即便她不知道那種人生會是什麼模樣。

我們認識不久後，我邀請雪莉到我位在格林威治村的公寓，參加一場生日派對。那天晚上，我母親打電話給我，為了家裡的事憂心忡忡。她經常打給我，尋求情感及金錢方面的支持。我走進房間，避開嘈雜的聲音，這樣才能設法安撫她。當時的我並不知道，雪莉在無意間聽到了我們的對話片段。是到後來她才告訴我，我承諾幫我母親的忙，讓她留下了好印象。

雪莉說她在我身上看到的是一個負責任的年輕人。我很嚴肅，或許就一個二十五歲的人來說，有點嚴肅過頭了，但是我努力工作謀生，而且有個習慣在情緒紛亂時打電話給我的母親。我從小就扮演她的定心丸角色，而且從來不曾逃避。認識雪莉為我的生命帶來了令人愉快的變化，這種開朗的特質成了我愛上她的諸多原因之一。

一九八二年，我們步上紅毯。我們在漢普頓舉行一場小型儀式，只有雙方家人出席觀禮，接著是邀請親朋好友同歡的派對。這場婚禮很簡單，沒花多少錢，但是雪莉用心讓它顯得高雅。對我而言，這真是不可思議。我不敢相信我在海灘認識的那位美麗動人、聰慧又善良的女子，現在成了我的妻子。

我們結婚後，我對雪莉的父母也滿懷敬愛與敬重。克許家質樸的中西部牧場式住宅及溫馨的晚餐，和我自己的家相比，感覺「正常」多了。不過當然家家有本難念的經。

雪莉的母親芮兒家裡有六個小孩，但是很小就成了孤兒。她的母親死於難產，父親後來因車禍身亡。芮兒和她的手足分離，搬去和她的姨婆同住，結果被迫輟學在家洗衣燒飯。後來芮兒搬出來，在底特律找到工作，養活自己。她在那裡認識了哈利・克許，然後嫁給他。

哈利在加拿大出生，家裡有五個小孩，青少年時期念完中學後，搬來了美國。他在一家清洗制服的工廠做了很多年。後來在他三十多歲的時候，那時芮兒懷了雪莉的哥哥，哈利在報紙上看到一則小小的廣告：俄亥俄州的一個小鎮上，有一家洗衣店要出售。哈利找了兩個人一起投資，買下了那家小店。有一整年的時間，他在週間就睡在店裡，週末搭火車回底特律，回去看芮兒和他們的兩個兒子。

一九五四年，雪莉出生，哈利和芮兒買下了他們的第一個家，一間位於利馬的單層牧場式房屋。接下來的三十年，他都在打拼事業，把小店擴展成企業。新方式洗衣及俄亥俄工作服服務公司（New Method Laundry and Ohio Coverall Service）出租制服給那一帶的許多工廠，把乾淨的送過去，髒的收回來。工業洗衣生意和光鮮亮麗沾不上邊。工廠悶熱黏膩，哈利經常親自駕駛運送卡車，開了上百哩的路，去那個地區的大型汽車鋼鐵製造業工廠，收回工人穿過沾染油漬及化學物的工作服。

雪莉和兩個哥哥長大後，也到公司幫忙。雪莉十二歲時，開始在公司的乾洗部門負責收銀。公司生意興隆，哈利和芮兒得以在單純又舒適的生活型態下，養育雪莉和她的兩個哥哥。他們供三個小孩念完大學，在兩人六十幾歲時賣掉了新方式公司。哈利的活力及努力奮鬥的精神令我大為震撼。他提供了勤奮工作、負責及創業精神的榜樣，這些都是我父親不曾給過我的。現在哈利心情愉快，享受著努力的果實。

我們安靜地走著，我能感覺到我的岳父不是要講一些親切的話來激勵我。

我已經離開了星巴克，要追求在義大利時蠱惑了我的濃縮咖啡吧夢想。這八個月來，我企圖募集將近一百七十萬美元，資助資本密集的零售新創公司。我把公司取名為Il Giornale，也就是義大利文的「報紙」，同時也有「每日」的意思。我的商業模式奠基的前提是，Il Giornale咖啡店及濃縮咖啡吧將成為西雅圖人的一種每日儀式，然後逐漸擴及其他的城市。

我不支薪，我們幾乎沒有存款，而且我們的第一個小孩再過不到一個月就要報到了。我們依照先前的規劃，靠雪莉當室內設計師的收入過日子，直到Il Giornale募到足夠資金，付得起我的薪水為止。

一開始，籌募資金看似簡單。我的前東家，傑瑞及戈登雖然對於替星巴克打造濃縮咖啡吧興趣缺缺，但是他們說對我有信心，投資了十五萬美元。他們甚至讓我在星巴克的辦公室工作，並且提供有用的建議，我萬分感激他們的資金和指導。我的第一批投資者原本是雪莉的朋友。卡蘿・波波（Carol Bobo）也是室內設計師，她的丈夫朗恩・馬哥利（Ron Margolis）是婦產科醫生，也投資各項新興事業。卡蘿跟朗恩提過我們的事，於是他們邀請我們過去共進晚餐，進一步了解我們的計畫。我對朗恩的認識不如雪莉和卡蘿那麼熟，但我們的家庭有很多共通點。卡蘿和朗恩是新手父母，養了一隻溫和的大狗。那隻愛爾蘭獵狼犬喜歡和喬納沿著附近的湖畔小徑開心地奔跑。

我坐在他們的餐桌旁，準備發揮我的三寸不爛之舌。我帶了建築草圖，餐盤旁還擺放了一疊文件，上頭記載了縝密的商業計畫，說明我會如何妥善運用投資人的每一分錢，開辦一百間分店。不過一開始，我跟卡蘿及朗恩談起了我的義大利之旅，我是如何深受濃縮咖啡吧的吸引，以及我深信咖啡店的體驗在美國文化擁有一席之地。我說得越來越慷慨激昂。

當我開始攤開文件，朗恩阻止了我。「霍華，我們很會看人，」他說。「你需要多少？」那天晚上，朗恩和卡蘿開了一張十萬美元的支票給 **Il Giornale**。他們投資的不是我的計畫，而是我和雪莉本身。我興高采烈地離開了他們的家，同時意識到我的口袋裡揣著新朋友的錢。我不想失去他們的錢，或是他們的友誼。

我愚蠢地假設，從個別投資者的身上募集剩下的一百四十萬美元，會跟一開始的這二十五萬一樣輕而易舉。我沒料到接下來的路會走得這麼辛苦。

我對於向創投公司籌款的事一無所知。在八〇年代後期，這類型的公司無論是數量或接觸管道，都無法和接下來的十年相比。

銀行貸款不列入我的考慮。我的父母爭吵著該如何支付帳單，以及當他們要我去跟電話裡的債主談，或是找朋友借錢時的羞愧感，對我來說記憶猶新。我面對他們的財務困難，對債務深惡痛絕，即便身為商務人士，我知道，假如妥善管理，債務並不危險，而且信用是創立小型事業的基礎。取得資本讓公司得以購買設備、支付租金及聘僱人力。但是因為債務這個念頭本身依然刺痛我的心，要是我拿銀行貸款為Il Giornale挹注資金，我想我晚上是睡不著了。

在我的西裝領帶和友善的外表底下，我是一位年輕的生意人，無法擺脫孩提時期陷入財務不安全的焦慮感。

因此我並沒有設法取得銀行貸款，而是要求個人投資金錢，換取公司的持股比例。擁有投資者會稀釋我的個人股份，但我情願做出這種犧牲，也不願背負債務。

在傑瑞、戈登、卡蘿和朗恩答應投資之後的好幾個月，我遭到上百位的潛在投資者以各種方式拒絕我。他們不回我的電話、掛我的電話，在我們碰面時，以懷疑的眼神或多疑的心態對待我。他們說會再和我聯絡，但是從來都沒有。有些人會訓我一頓，說他們比我更懂零售業，而且毫不隱諱地暗示，我想開濃縮咖啡吧，販售沒聽過的紙杯裝飲品，真是個好笑又愚蠢的點子，所以想出這點子的我也是如此。有些在西雅圖較成功的商業領袖嘲笑這個主意，並且降貴紆尊地說明我為何會失敗。這些拒絕帶來了傷害。有時和潛在的投資者碰面之前，我會在附近先來回走個幾遍，讓自己冷靜一下。

有好多個夜晚，我垂頭喪氣地回家，回到雪莉的身邊。但是因為她懷孕了，我設法不要把自己的壓力加諸在她身上。我在隔天醒來，帶喬納去散步，並且再次打好領帶。這會是美好的一天，我告訴自己，然後我便出門了。我和潛在的投資客共進早餐及午餐。我來到辦公大樓，眺望要花大錢才能享有的西雅圖絕美海景，一個人坐在長型會議桌的孤單盡頭。我一而再、再而三地重複著我的那套說詞，再次喚起我在米蘭咖啡館感受到的那種熱忱，企圖傳達我對那份雄心大志的商業企劃所抱持的深刻信念。

我得到的拒絕令人氣餒，相信那些批評的話語要容易得多了。但我不會就此罷手。只因為別人看不到你的願景，不代表那個願景無法達到。然而對企業家來說，往前衝和放棄之間僅有一線之隔，很容易就跨越過去。尤其是當你的岳父在一個冷冽的十二月晚上提議說，這是你該放棄的時候了。

「霍華，」哈利開口，打斷了我的思緒。「我尊重你在過去這一年來，努力嘗試做的事，但是我們面對現實吧。雪莉在工作，有一份薪水。你有一份嗜好，但是沒收入。而我女兒再過一個月就要生了。」他停下腳步，帶著父親的慈愛面向著我。「孩子，你需要找份工作。」

他帶著極為尊重的態度，以及同為企業家的同理心，說出了這番話。我覺得很糗。我非常敬重哈利，還有雪莉，而且當然了，同樣的念頭也曾經在我的內心浮現過。但是聽到有人說出了我的恐懼，也就是我打造的家庭生活，在各方面都很類似我童年遭遇的財務困頓及不負責任，我簡直崩潰了。他跟雪莉談過了嗎？她是否贊成呢？我心中尋求穩定的那個部分知道哈利說得沒錯。然而我感覺有如看著一個明亮又美麗的泡泡破滅了。我站在我敬愛的岳父面前，點點頭，然後我哭了。他把手放在我的肩上。

我沒有跟雪莉提起我們的對話，直到那天的深夜裡。

「我今天和你父親聊了一番有趣的對話。」我在我們獨處時對她說。我跟她說了他說過的每句話，我知道假如雪莉告訴我，她要我停止籌錢，去找份工作，甚至是回去星巴克上班，我都會照做。

「霍華，」她說：「我們絕不可能放棄這件事。」

一九八六年一月，我們的兒子喬登（Jordan）誕生了。

到了夏天接近尾聲時，這時我已經找了二百四十二個人談過，其中約有三十個人答應投資Il Giornale。其中有位好心人叫傑克・羅傑斯（Jack Rodgers），他在他的投資集團拒絕我之後，居然還資助我。另一位善心人叫阿尼・普尼特斯（Arnie Prentice），他不只自己投資，還把我介紹給他金融服務公司的客戶，而他們也投資了。我收過兩張最大的支票是來自一位名叫哈洛德・果立克（Harold Gorelick）的男士。他從事消音器的生意，而他的姪子就是赫赫有名的薩克斯風手，肯尼G（Kenny G）。像傑克和阿尼這樣的人，不惜賠上他們的名聲來支持我，而且因為他們願意出手相助，我得以籌措到一百六十五萬美元，足夠我開始進行我的計畫了。

我開始招募員工，想找到有能力又友善的人，就像我在義大利見過的咖啡師。我聘僱的人會想從事他們能樂在其中的工作，替一家他們喜歡的公司做事。我的商業計畫之中的一部分，正如我向投資者說明的，是致力打造絕佳的工作場所。我們公司會盡力保障員工能展現出自己最好的一面，有機會過著最好的生活。事實上，我在一九八六年以新公司領導人的身分，寫下的第一份使命宣言，其中包括了這段文字：「我們期待我們的咖啡吧能強化工作人員的環境。我們認同獎勵應該包括心理及財務層面，並且力求做到每個人都能共享這份成長的氛圍……。」

假如我們想打造的企業是以咖啡店裡的社群為核心理念，那麼我們的公司必須存在人與人的連結感。我的身邊聚集著對我們販售的產品懷抱熱情，有抱負又善良的人。

在這個階段，我也認識了許多職場生涯和我父親截然不同的人。從雪莉到星巴克的共同創辦人，以及我的同事們，我認識許多男男女女接受了我父親從未得到的職場薰陶。我希望星巴克能成為這樣的地方，我想徹底打造出我父親不曾有過機會服務的那種公司。或者呢，如同我在多年後的說法，我要努力在獲利及社會意識之間保持平衡。我們的價值是人類的價值：道德、正直、分享、支持、團隊合作、關懷、尊重及忠誠，這些理想都囊括在我的第一份使命宣言裡。我也想灌輸一種友誼情懷：「我們要訂下積極的目標，驅策自己達標，」宣言裡這麼說。「這是一場歷險，而我們都置身其中。」

從公司目前的規模看來，你很難想像星巴克曾經是一家小零售商，擁有屈指可數的幾家分店，許多人不相信它會拓展到西雅圖以外的地區。我在我的第一本書《Starbucks咖啡王國傳奇》（*Pour Your Heart Into It*）寫到這家公司的早期發展。

在那些日子裡，我們經常每天要忙上十二個小時，開著笑聲不斷的會議，以及在我家一面吃著披薩，一面激烈地討論。在那些日子裡，我們花時間找更多人來投資、招募員工，並且認識了一些人，後來成為一輩子的朋友和導師。我每天都學習如何帶領大家，透過考驗和錯誤而變得更成熟。

同樣在那段期間，Il Giornale買下了星巴克。現在的星巴克股份有限公司其實是我在一九八五年創立的Il Giornale。在一次出乎意料的轉折中，Il Giornale於一九八七年取得星巴克咖啡公司，把新公司重新命名為星巴克股份有限公司。這個新實體的成立以星巴克的許多原有資產為基礎，包括烘焙設備、公司名稱及商標，以及當時已有的地點及人手。濃縮咖啡吧的概念、拓展的抱負以及價值則是來自於我，再加上我對Il Giornale抱持的構想。

不過在公司成長的同時，我們從不曾稍忘我們的初衷。我們展現價值的第一個地方，當然就是在我們的員工身上。打從一開始，我就希望能打造出一種商業模式，完全不同於我父親勞動的那個年代，那種雇主和員工之間的命令與控制關係。我永遠忘不了那個無法抹滅的景象，我父親在冰上摔了一跤後，動彈不得地躺在沙發上，無助地遭到事發當時服務的公司拋棄。員工和他們協助建立的公司應該要有不一樣的關係，建立在信任、互相照顧及誠實的基礎上。這種信念影響了我們在星巴克最早做出的兩項決定。

第一項是我想讓兼職的員工也能享有醫療照護的福利。很少有公司，尤其在零售業，會提供這項福利；就算公司提供了，也傾向於把資格限制在每週工作不得低於三十小時的員工，但是星巴克有三分之二的員工每週大約工作二十小時。讓兼職員工也能享有醫療保險是違反當時趨勢的做法，在八〇年代末期，公司開始嘗試大幅縮減醫療照護的成本，而不是增加。

我們的大部分投資者拒絕接受這種做法。星巴克尚未開始獲利。我主張這麼做是對的，這是個聰明的商業決定。讓兼職員工享有醫療照護的福利可以產生忠誠度，減少員工流動的成本。假如有一位咖啡師辭職，徵人加上訓練的成本大約三千美元。提供一名咖啡師一年的完整福利，只需要花一半的成本，大約一千五百美元。再者，有些客人已經成了熟面孔，咖啡師會知道他們最喜歡的飲料。要是那些咖啡師離職了，這種顧客連結就斷了。而那種連結對我們的商業模式來說很重要。

在美國有一些私人企業，率先提供全面醫療保險給每週工作二十個小時或以上的兼職員工，而星巴克在一九八八年也加入了這個行列。這是我們做過最棒的決定之一。

隨著時間過去，我們為了因應顧客需求，不斷擴大展店的範圍。

一九九一年，在星巴克服務年資最久、貢獻最多的員工之一，吉姆・柯林根（Jim Korrigan）來到我的辦公室，告訴我他罹患了愛滋病。我根本不知道吉姆生病了，當他告訴我，他的病已經進入了一個新階段，無法繼續工作時，我感到極度震驚。我們倆在我的辦公室裡哭了起來，我想辦法說些話來安慰他。

在當時，星巴克的醫療保險並未納入罹患末期疾病的員工，醫療照護涵蓋的範圍是從他們無法繼續工作，一直到能夠領取政府保險計畫為止，在當時大約是二十九個月。

吉姆在一年內便過世了。在最後幾個月裡，我經常過去安寧病房，找他說說話。他走了以後，他的家人寄了一封信給我，表達感謝之意，說要不是有星巴克的保險，吉姆不會有錢去照顧自己。我依然想念他。

一九九一年九月，我針對公司及員工之間的關係，做出下一個重大決定。星巴克成為我們所知的唯一私人企業，以股票選擇權的型態發行股份，不只是給全職員工，也包括兼職員工。這是我們在早期所做的最佳決定第二名。我們把這項計畫稱為「咖啡豆股」，而且因為它賦予每位員工公司的部分所有權，於是我們開始把員工稱為「夥伴」。

「有一段影像模糊的錄影帶，錄製了當我在我們位於華盛頓肯特的烘焙廠宣布咖啡豆股的那一天。我站在一個黑色的講台前，向聚集的人們說明我們在做什麼。」

「無論你在公司的哪個部門，是烘焙廠、咖啡店或辦公室都一樣，每個人都和公司的成功休戚相關。」這項計畫花了一年多的時間才規劃完成，因為我們沒有任何公營或私人公司提供股票選擇權給所有在職員工的範例可循。這種事從來沒人做過，而一家尚未開始賺錢的公司做這樣的事更是罕見。我必須再一次向心存疑慮的投資者說明，和自家員工共享成功的果實是我們企業的核心理念。和擴大醫療照護的範圍一樣，這不單是正確的做法，同時也會讓員工對公司產生忠誠度及敬重感，提升公司日後的財務表現。

把所有權分給員工，不分任何職務，這對我來說也和個人因素有關。我父母從來不曾擁有過什麼，他們沒有房子，更別說是公司的股權了。咖啡豆股有機會提升人們的生活。當公司的價值成長，我們的股票價值及夥伴們的安全感也會提升，他們對自己和家人的選擇權也隨之增加了。

起初人們不明白，擁有咖啡豆股為何可能為他們的生活帶來重大改變。最初的股票選擇權是六美元一股。從那時起，咖啡豆股為咖啡師及值班主任、店長和地區經理帶來了十五億美元的稅前收益，增加了基本薪資和時薪。股票遞增的市場價值幫助人們儲蓄退休金、繳交房屋頭期款、支付大學學費、清償債務、去度假或開創自己的生意。從一九九二年六月到二〇一八年十一月，星巴克的股東總報酬率是百分之二萬一千八百二十六。換句話說，在首次公開募股時投資一萬美元，現在價值二百一十八萬二千六百二十美元。

到目前為止，當我在店裡第一次和夥伴見面，我經常會問他們是否有關於咖啡豆股的故事，許多人也把他們的故事放在網路上。莎拉・史旺生（Sarah Swanson）用她的股票來辦婚禮、買新車，而且還付了她買第一間房子的頭期款。一位兼職的咖啡師及護士選擇拿股票替尼泊爾的病患支付洗腎治療費用。就在不久前，我參加一項活動，那家外燴公司的女老闆向我走來。「我以前在星巴克工作，」她說。「咖啡豆股讓我買下這家公司。」

我最喜歡的咖啡豆股故事是關於肯尼・克蘭寧（Kenny Kraning）。他在一九九〇年加入了星巴克，當時他二十七歲。肯尼是唐氏症患者，他在星巴克的第一項職務是在烘焙廠，把輸送帶送過來的一包包咖啡豆貼上標籤。當烘焙廠搬遷到另一個城市，距離遠到肯尼無法通勤時，我向他和他的家人保證，肯尼在星巴克永遠找得到事做。這二十年來，肯尼在公司總部的各個角落，協助許多廚房和咖啡室補充庫存。他和他載了玻璃杯、咖啡豆和茶的推車是走廊上大家都樂於見到的固定景象。肯尼總是自豪地完成他的工作，認識肯尼的人都愛死他了。

每年會有幾次，他和我會在公司的自助餐廳或我的辦公室裡共進午餐，而且經常是在他的生日當天。肯尼在印第安納州出生，就在甘迺迪總統遇刺的那天。他特別喜歡談摔角，所以我會問起他最愛的摔角選手，他的臉整個亮了起來。在我眼裡，肯尼永遠興高采烈。有時我的心情不好，我會沿著走廊去找他。和肯尼聊個三、四分鐘，我一整天的節奏都不一樣了。

這些年來，肯尼的咖啡豆股價值大幅成長，因此他有能力在一九九〇年代買下一間兩房公寓，至今依然一個人住在那裡。現在肯尼五十五歲了，他也有一份非常豐厚的養老金。事實上，每天的下午兩點，他會順道過來，看看星巴克監督咖啡豆股的團隊。肯尼會在那裡查看公司的目前股價，這不是為了計算個人的投資組合價值，而是因為他真心熱愛這家公司，希望它能表現得好。

創業不只是要投資新產品，或是為顧客打造新鮮的體驗。對於替公司服務的員工來說，幕後的創新也必不可少。創新要能夠長久持續的話，就必須反映並增進我們的價值，而不光是增加商業利益。我們一開始的嘗試不見得總是成功，需要改進的時候，我們要仰賴夥伴們來告訴我們。比方說，協助店長替咖啡師安排班表是一個複雜的程序。它必須配合每家店的生意需求，以及各式各樣的夥伴人數，特別是兼職員工，他們必須在工作和外務之間保持平衡。我們竭盡所能要把班表排好，有一段期間，我們安排了軟體和政策，想讓店長能更有效率地執行這個程序，結果卻產生反效果，讓某些夥伴的日常生活變得更辛苦，尤其是那些單親家長，最後可能找不到臨時托育，或者連續工作的時間變得太長。我們花了一些時間，改善我們的軟體和政策，確保能得到更能預期、具一致性又有彈性的結果。創業意味著你會遇到挫敗，你只需要聆聽別人告訴你，哪裡行不通，然後著手修補。

為全體員工預想像是咖啡豆股及醫療保險等政策，需要的創意堪比構思在店裡提供客製化飲料的過程。而且和我們的產品一樣，我們是在以不損害公司的前提下提供這些福利。雖然對某些人來說，這些福利似乎給得太大方了，或者至少和最大化獲利有所牴觸，不過這其實是讓我們的商業模式成功的動力。星巴克的成功是來自我們的主要產品：咖啡及店裡的顧客體驗。這意味著在一個令人愉快、溫馨又友善的零售環境中，採買及提供優質咖啡。為了達成這個目標，我們需要的夥伴不但能全心投入並以工作為榮，而且能樂在其中，喜歡學習咖啡相關的知識，而且熱情服務顧客。投資我們的夥伴，讓他們和企業的成功休戚相關，這一來他們就會成為全心投入公司使命的合作者。

就廣義上來說，醫療照護和咖啡豆股也是我的一種方式，要把我在創業之初從某些人身上獲得的支持，好好傳遞下去。我想對和我在這條路上一起努力的人，提供那種支持，向他們展現相同的信任感及信心。我希望藉由把員工的福利從最小化轉變到稱得上公平的程度，甚至是超乎預期，夥伴們能看到公司全力支持它的員工。

星巴克在一九九二年上市之後，我們擁有一百六十五家分店，市場價值高達二億五千萬美元。在接下來的十年之中，星巴克展店到更多的城市，為美國人創下一套新規矩，例如中午的咖啡休息時間，人們開始把每天要喝的濾泡式咖啡換成了拿鐵咖啡和卡布奇諾。我們也向美國人介紹全新的咖啡用語，我們的飲品容量大小是以short（小杯）、tall（中杯）和grand（大杯）代表。依照顧客的口味客製化飲料也是獨一無二的做法，而且成了我們的競爭優勢。在星巴克，你可以點一杯其他地方都喝不到這種風味的飲料。在往後的日子裡，星巴克提供了超過十七萬種各式的飲品。

一家店一次只賣一種飲料，星巴克正以我在義大利那一段奇妙的日子裡所夢想的，以及我從未想像過的各種方式，改變美國的社會及文化。

無論在城市或鄉鎮，我們的咖啡店成了年長者晨間聚會的場所，以及學生放學後的去處。一天之中不斷會有媽媽們推著嬰兒車上門。在晚上和週末，單身的人會過來店裡，和陌生人攀談，有些伴侶會在他們相識的星巴克店裡訂婚或結婚。住在郊區的人也會來到星巴克，原因和住在都市的人一樣：在一個熟悉、安全又熱情友好的地方，聊天、閱讀、創作、工作、討論、出門走走、看人，或是和朋友見面。

當我創立Il Giornale時，我感受到我們想在店裡營造的體驗，也就是讓大家在享用優質咖啡時能培養彼此感情，這一點會吸引各式各樣的人。然而我們在國內許多不同角落的成功，促使我們更認真地思考，我們的顧客對於哪些事情會有所回應。

星巴克咖啡店提供的體驗，在美國的許多社區並不存在：一個擁有罕見的友好氛圍、人人都能共享的聚會場所。我們的店面裝潢設計是為了讓人們逃離日常生活的混亂與壓力，不管是五分鐘或幾個小時都可以。柔和的色調及燈光、平和又振奮人心的音樂、交談低語聲、撫慰人心的現磨咖啡香氣。香甜又超乎預期的義大利風味飲品，每一杯都由專業的咖啡師精心特調。無論你是點一杯黑咖啡，或是製法繁複的濃縮咖啡飲品，服務人員都會帶著友好的問候及親切笑容，現場為你準備。有時他們甚至記得你的名字。這些感覺整合在一起，打造出祥和寧靜及融入人群的片刻。

當時的潮流助長了我們的人氣。在九〇年代，隨著網際網路及遠距工作的興起，更多人從事自由業，或者是可以在家上班的工作，也就是說他們不必進辦公室。在星巴克，他們可以單獨坐在那裡，但依然感覺像是社群的一分子。我們的咖啡店和連鎖速食店不同，目的不在於快速消費；我們也不像餐廳，核心產品不是供餐。我們全天不分時段服務顧客，讓他們在消費完畢後能隨意逗留。

我們的咖啡價格比你在甜甜圈店、麥當勞或街角攤車所點的還要高。但是我們的豆子品質也比較好，飲品獨一無二，還能客製化，而且享用咖啡之際還附帶了情緒體驗。

在媒體報導上，我聽過有人把星巴克咖啡稱之為負擔得起的奢侈品。這些年來我見過的人之中，也有人形容我們的咖啡店是一股民主化的力量，讓更多人能享用特別的時刻以及乾淨又舒適的空間。

除了開設更多分店，我們也探索其他能增加營收的方式。我們開設了第一個得來速的點；我們發明了一種新產品，星冰樂綜合飲料，在超市及我們的店內以瓶裝販售；星巴克還買下了一家茶葉公司。

星巴克試圖在店裡實踐的理想不只發生在美國。一九九六年，星巴克在日本開設了北美以外的第一家分店。開幕的當天，排隊的人龍延伸到街角。接下來我們前進新加坡，然後到了紐西蘭、馬來西亞及英國。一九九九年，我們來到了中國。

我們的成功不是由某一件事或某個人推動的，每天都是團隊努力，我的用意是希望身邊圍繞著專業和經驗都超越我的人。這些年來對星巴克的成長做出貢獻的人，我若把名單一一列出，可以再出一本書了。然而，其中特別要提到三位，他們從星巴克的早期發展便協助打造它的文化。

戴夫・歐森（Dave Olsen），我們的第一位首席尋豆師，體現了他對咖啡的熱情。他的知識令人敬重又讚嘆，而在他和我們攜手努力的這二十七個年頭，他的謙遜及幽默讓公司充滿歡樂的氛圍。戴夫原本在西雅圖經營一家小咖啡店，到一九八六年才加入了我和Il Giornale的行列。他比任何人都還要了解我的願景：打造出以咖啡為中心的社群。

霍華・畢哈（Howard Behar）自從一九八九年加入我們的團隊，負責咖啡店的營運開始，就是一股強大的力量。他比我大了快十歲，擁有零售業的背景，而且有多方面的影響力。畢哈制定我們需要的系統和程序，讓營運更流暢。但他的另一項可貴貢獻是，他在公司刻畫出直率的力量及說實話的價值。面對我這個從小到大設法在自己的家裡得到平靜的小子，他教導我意見相左並非不尊重的表示，激烈衝突也不是需要避免的事，事實上正好相反。假如畢哈有意見，他會說出來，而且鼓勵其他人也如法炮製。他會毫不猶豫地和別人爭執，尤其是我。我從他的領導風格看到了誠實的溝通，即使情緒上會感到刺痛，但卻是有效解決問題的根本之道。

畢哈開始舉辦公司內部的公開討論會。每一季，資深經理會和所有有心參加的員工會面，討論公司的表現，提供想法或發牢騷。畢哈希望大家能勇於挑戰彼此，不要害怕被嘲笑，或是有人會做出回應。一開始，公開發言對很多人來說有些尷尬，但是經過一段時間之後，我個人對直接衝突感到比較自在了。要是有人對某件事不高興，但是避而不談，最有效的解決辦法就是直接攤開問題來談。公開討論以及這些討論所培養出來對誠實的期望，最後成了公司內部的招牌儀式。

二〇〇〇年，我卸下了執行長的職務，改任董事長及首席全球策略師，把重心從日常營運轉移到國際擴張方面。星巴克的表現極為出色。我們在全球十五個國家共有二千八百家分店，營業額逼近二十億美元。

在一九九二年首次公開募股之後的八年內，我們的年均成長率高達百分之四十九。

接任執行長職位的是歐林・史密斯（Orin Smith），星巴克廣受喜愛及尊敬的營運長。歐林比我年長十一歲，而且和畢哈一樣，他是我的導師和同儕。我們三個人攜手共同為公司打拼十年，合作無間，夥伴們因此給了我們三人（兩個Howard加上Orin）一個封號，H2O。

我把歐林當成我的大哥，而且很感激他同意在退休之前，擔任了五年的執行長。身為執行長，他帶給公司更好的營運紀律，同時也強化我們的關懷文化。在我最初的使命宣言中包括了這項抱負：「希望在我們營運地點的社區裡，我們能成為一項經濟、智識及社會的資產。」歐林的領導進一步實踐了這項抱負。在他的任期內，星巴克加強了對社會議題的承諾。二〇〇〇到二〇〇五年之間，公司提供給青少年、讀寫計畫，以及天災受害者超過四千七百萬美元。我們逐步減少我們的咖啡店給環境帶來的衝擊，選購再生能源，設定目標以減少水消耗量並節約能源。我們也訂定採購準則，確保我們採購的咖啡豆是來自道德栽種及責任交易。

二〇〇五年，歐林依計畫離開了公司。他的職務由吉姆‧唐諾（Jim Donald）接手。吉姆自二〇〇二年以來便領導我們的北美營運，他帶著零售業的背景，以及和公司如出一轍的價值觀，加入星巴克的行列。他有一種討人喜歡的領導風格，大家都喜歡替他工作。在吉姆的領導下，公司繼續拉高成長的標準，華爾街認為我們要為達標負責。我們在全美各地較小型的城市，以及都柏林、開羅和布加勒斯特等地展店。我們也開始在雜貨店販售我們的咖啡豆，在餐廳及飯店提供星巴克咖啡。我們把品牌擴展到非咖啡市場，例如娛樂業，在店裡銷售CD、書籍和遊戲。到了二〇〇七年年底，星巴克的市場估值攀升到一百四十九億美元。我們在全球四十九個國家有一萬七千家分店，全美的分店數目成長到超過一萬一千家。

公司這二十年來的歷程感覺像是坐了一趟飛天魔毯，直到它停止飛翔。成長經常會掩蓋錯誤。

第四章

從根本做起

我父親熱愛棒球，研究起球賽孜孜不倦。他對統計數據和先發陣容如數家珍，而且對我小時候的洋基隊經理，卡西・史丹吉（Casey Stengel）或勞夫・侯克（Ralph Houk）相當不滿。

每一季有三、四回，我們兩個會從卡納西搭地鐵到布隆克斯，去原本的洋基棒球場看球。在右外野的露天看台坐定後——你看，是羅傑・馬里斯（Roger Maris）！——我父親會一邊看球，一邊仔細地把每個打席結果記在隨著當日賽程表發送的空白計分卡上。他拱背拿著計分卡，記錄每位球員的表現。假如裁判大喊三振，他會在空格用鉛筆仔細地寫個「K」，要是有人盜壘，他就寫個「SB」。他對自己的筆跡感到很自豪，而令我驚訝的是，他寫得的確無可挑剔！他把所有填寫過的記分表存放在一只鞋盒裡。就我所知。我父親的收藏除了黑膠唱片外，就是那些計分卡了。

我承接了他的熱愛，而且清楚記得自己走進通往球場的那條又長又暗的通道，然後出現在通道的另一頭時，看到舊洋基棒球場有多壯觀。我不敢相信自己置身在那座球場裡。在接下來的四個小時，一切都會完美無比，因為在那個米奇・曼托是大家心目中的英雄的年代，我坐在父親的身旁，一邊吃熱狗、一邊看球賽。十八年來，這位破紀錄的中外野手像大男孩般的咧嘴笑容、手肘朝外的奔跑，以及轟隆作響的全壘打，讓數萬人起立歡呼。大家都愛米奇，好像我們私底下都認識他似的，而且也因為他的出身並不特別。然而他在場上，再次奔過三壘了。他的背號七號幾乎出現在我的每樣東西上頭。

我父親和我去洋基球場參加了兩次米奇・曼托日。第一次是在一九六五年九月十八日，我記得很清楚；第二次是在一九六九年，七號球衣在六萬多名球迷的面前正式退役。那場四十分鐘的儀式一開始，就連賣可樂的小販也停了下來，觀看這個歷史性的時刻。

在一陣「我們要米奇」的大合唱之後，這位貴賓身穿深灰色西裝及藍色條紋領帶，從球員休息區走出來。接下來整整九分鐘的時間，數萬名有幸能買到票進場的球迷們站起來，瘋了似地歡聲雷動，不管司儀高喊要大家安靜。

頭髮花白的狄馬喬（Joe DiMaggio）頒給米奇一面獎牌，上面列出來的成就對於一個在貧困中長大、在沙地練球的小孩來說，可說是卓越超凡。米奇的職業生涯敲出五百三十六支全壘打、二千四百一十五支安打、有十年達三成以上的打擊率、三次獲選為最有價值球員，同時也是世界大賽中，全壘打、得分、打點、長打以及壘打數的世界紀錄保持人。一九五六年，他在單季中的打擊率、全壘打及得分位居聯盟之冠，因此贏得棒球界非常難達到的三冠王。

當米奇終於對著麥克風說話時，他的奧克拉荷馬腔迴盪在整座球場。「棒球給我的真的很多。在洋基球場為各位打了十八年的球，這是一位球員能擁有的最棒經歷。」

那是父親節的前一週，我不管在腦海或心理都很清楚，棒球是我和父親能擁有的最棒經歷，而其中最重要的原因就是米奇。他的退休是一個世代的結束。

星巴克在二〇〇八年的衰退，不能責怪任何一個錯誤的決定、策略或是人。就像一個鬆掉的線頭會一吋一吋地扯散整件毛衣，公司的損害也是日積月累而成。即便我不再監督每日營運，對於公司逐漸走下坡，我依然難辭其咎。

二〇〇七年，公司的衰退在我眼中變得更明顯，尤其是當我進了店裡。現磨蘇門答臘或哥斯大黎加咖啡豆的濃郁香氣變得微弱到幾乎聞不到了。有時候當我走進了一家店，只聞到我們的新產品早餐三明治傳出的燒焦起司味。我們為了提高效率而安裝的全新濃縮咖啡機太高了，顧客看不到咖啡師製作他們的飲料，而咖啡師也無法以我在米蘭深受吸引的那種方式，和顧客輕鬆交流。

公司在營運方面做出了許多差勁的決定，例如開店的地點、在店裡除了咖啡還要賣什麼產品、如何培訓咖啡師，以及要如何包裝及儲藏自家烘焙的咖啡豆。有許多選擇在當時看起來似乎是對的，而且就實質上來說不成問題，但是總合在一起卻削弱了店內體驗以及我們的品牌。

那年的情人節當天，我在發給資深主管的機密郵件中，表達了我的擔憂：「我們迫切需要做出必要的改變，喚醒我們心中對真正星巴克體驗的傳承、傳統及熱情，」我寫道。「讓我們找回核心精神。積極創新、採取必要手段，再次讓星巴克和所有其他的咖啡店有所區別。」

有個人，我至今仍然不知道是誰，把我的備忘錄洩漏給媒體，以至於原本應該是私底下承認失敗，卻演變成一場丟臉的公開新聞事件。網路充斥了批評我的評論，陳腔濫調的頭條宣稱星巴克危機四起。

接下來的幾個月，我們的財務表現顯示出我的擔憂成真。零售公司營運狀況的指標之一是單店業績同期比較，也就是現有商店每年收益的成長或虧損率。將近二十年來，我每天都很早起。

自己煮好咖啡後，我會去電腦看看前一天的單店業績數據。那些數字通常傳來好消息。在我大部分的職場生涯中，單店業績同期比較成了慶祝的理由。過去十六年來，星巴克的單店業績同期比較成長高達百分之五以上，在零售業是令人刮目相看的成績。

然而在二〇〇七年秋天，我開始坐在電腦螢幕前，失望地搖頭。單店業績同期比較不斷下滑，其中的含意令我坐立難安。銷售減緩的情況比螢幕顯示的數據更甚，這可能會影響到人們的生計。身為星巴克的執行長，我每天都背負這個重責大任。現在身為董事長，我覺得自己像是一艘船的前任船長，這艘船快沉了，但我卻沒有多少力量能解救它。

到了那年年底，我們的季單店業績同期比較跌到剩下一個百分點，這是我們自從一九九二年以來最糟的表現。

我從沒打算回任執行長，但我對公司的熱愛以及對員工和他們家人的責任，促使我在二〇〇八年一月重返這個崗位。我回到駕駛座之後，勇敢面對公司的全面挑戰。

除了我們自己造成的問題之外，我們也面臨了消費行為的重大轉變，速食連鎖店及獨立咖啡店與日俱增的競爭，經濟方面即將爆發金融危機，摧毀上兆美元的個人財富，刺激信貸緊縮、房市崩盤及高失業率，然後快速發展為全面性的全球經濟大衰退，結果帶來的不確定性循環將會在未來掌控這個國家許多年。

星巴克的主管和我必須在這場經濟風暴中找到方向，同時解決我們自己的麻煩。

我在成長的過程中，跟一群來自四面八方的人士學會下西洋棋。他們固定在一大片公共住宅區及附近公園裡處處可見的長椅上下棋。

我想不起最初是怎麼被那一群穿著皺巴巴，年紀及背景各異的下棋人士所吸引，我大部分的朋友都不感興趣。不過當我開始觀察這些下棋的人，我發現他們默不作聲的投入、內心的運籌帷幄以及彼此競爭的情誼，就和史卡利遊戲及棒球一樣迷人。

我父親不喜歡下棋。我想是它令人沉迷的特質引起他的反感。雖然他研究棒球的策略，但他不是一個沉思型的人。或許他兒子喜歡和他的本性這麼不同的東西，讓他覺得不自在，或者感覺受到威脅。無論他的理由是什麼，他討厭西洋棋的程度足以教他禁止我在公園或家裡下棋。但我實在太喜歡了，不想遵守他的規矩；只是我也不想挨揍，所以我偷偷跑去公園的某些區域，從我們家的公寓大樓走路可以到，但是距離夠遠，所以被認識的人看見的機會微乎其微。

對我而言，下棋不單是為了贏棋，也是要想辦法精進棋藝。下棋需要的深謀遠慮及複雜性令我驚嘆不已，我藉由觀戰和提問來學習規則。你為什麼把你的城堡移到那個方格？你要怎麼吃掉他的皇后？我的老師就是那些下棋的人，他們是公園裡經常出現的熟面孔，我猜想他們都沒工作，然而他們的才智是無可否認的。他們耐心地回答我的問題，把知道的都告訴我。我全神貫注地聽取他們的指導，有幾個甚至給我和西洋棋有關的破爛小冊子及折角的書籍。我會藏在我的床底下，不被我爸瞧見，然後趁他不在家的時候拿出來看。

有一天，我坐在某個固定來下棋的人對面，走了一步顯然令他大感失望的棋。他皺起了雜亂的雙眉，俯身看著棋盤，然後低聲地說：「孩子，好的棋士知道怎麼跟對手和棋盤下棋。」

「這是什麼意思？」我問。

「對手是單向的，」他說：「不過棋盤有這麼多角度，而好的棋士知道怎麼對付所有的角度，在棋盤上走出有力的棋步。」他建議透過更寬廣的多向度鏡頭來檢視棋盤，對我的棋藝有如神助。

現在回想起來，這也幫助我領導星巴克，特別是在我回鍋擔任執行長時。當時有好多角度需要考慮。

星巴克的衰退不是單一的過失所造成的，所以要改造公司回到良好的狀況，同樣需要許多步驟的組合。在公司內部，我們把星巴克歷史上的這段期間稱為「大改造」。我把這段緊繃又刺激的時期寫進了我的第二本書，《勇往直前：我如何拯救星巴克》（*Onward: How Starbucks Fought for Its Life without Losing Its Soul*）。

我們採取的步驟將會把公司塑造為期望中的樣貌。

我總是說，在我們促進人與人之間的聯繫，包括在我們的店裡、社群及辦公室時，這就是星巴克最美好的狀態。要達成這種無形的目標，需要無數的細節加總在一起：友善的咖啡師以專業手法為你準備飲料，讓人感覺新鮮又熟悉的店內裝潢，飲料能反映出顧客的多變生活風格，店長擅長帶領團隊並監督預算，工作夥伴得到照顧和公平的報酬。這些要件和公司的收益及利潤沒有直接關係，但是當它們結合在一起，便能為顧客打造出我們內部所說的星巴克體驗。

我們在這些年來不斷背離這些元素，造成了微妙的傷害。我們失去了讓星巴克變得特別的願景，也逐漸不在乎細節。

我一回任執行長，立刻召集了包含新進及資深夥伴的小組，展開腦力激盪高峰會。創意公司SYPartners精心策畫，把這場會議設計成一種體驗活動，就像我們的咖啡店一樣。SYP團隊引導我們進行練習，帶動音樂、藝術及商業的談話，並且激發個人對話。我們個別省思夢想，誠實面對公司的狀況。我們為何失敗？要如何以不同的角度去看市場？我們能如何重新構想星巴克，但是仍堅守我們的價值及傳承？

這場高峰會是啟發及想法的衝撞。不久前，我們用心寫下一頁備忘錄，清楚表達了一個全新的願景，以及達成目標的步驟。我們把名稱訂為「轉型議程」，並且發送給辦公室的每一位夥伴，以及每家店的店長。

備忘錄中提到，我們的目標是成為「全世界最有組織及值得敬重的品牌，以啟發及培育人文精神聞名」。

接下來在備忘錄中總結出七大優先步驟：受到大眾認同為無庸置疑的咖啡權威、以更好的訓練及全新福利雇用及啟發我們的工作夥伴、重新激起顧客對我們品牌的情緒依附、在世界各地展店，但設法讓每一家店感覺像是當地社區的核心、在道德採購及環境衝擊努力方面成為領導者、打造適當的全新產品，幫助收益成長、實行效率及獲利更高的商業模式。

夥伴們把備忘錄貼在辦公桌旁，還有店裡。這項任務為他們之中的許多人帶來一種全新的使命感。星巴克再次把目標提升到超越咖啡及獲利。我們有理由超越自己的高度。這七個步驟也帶來一種安全感，因為這是一份藍圖，引導夥伴如何花用他們的時間及公司的錢。

接下來的兩年，星巴克引進新產品，例如星巴克ＶＩＡ即溶咖啡；我們更新店內裝潢，展示咖啡豆並強化社群情感；我們在牆上掛著出色的巨幅咖啡農場照片，或是出自當地藝術家之手的畫作；許多店面都在公共座位區設置了長桌；我們升級店內的技術，讓夥伴為顧客的餐點結帳時變得更容易；我們汰換濃縮咖啡機，改用較低矮又美觀的款式；我們開始在社群媒體上和顧客溝通；我們提高對世界各地咖啡農的支持；我們的咖啡店裡再次瀰漫了現磨咖啡豆的香氣。

二〇〇八年二月的某一天，我們在全美同時關閉七千一百家分店，以便重新訓練我們的咖啡師製作濃縮咖啡的手藝。同時關閉分店達到兩項目的：這一來能有效地教導十三萬五千名咖啡師如何正確傾倒濃縮咖啡和蒸熱牛奶，立刻改善數百萬份飲料的品質；大舉關閉分店也成為一種公開說明：星巴克是認真想要變得更好。

在所有的步驟之中，最有價值的一項是在我們的咖啡店內，把重心放在夥伴身上。

當你創立一家公司時，你不能高高在上地指揮運作。你沒本錢這麼做，你要考慮到每個細節。在星巴克歷史上風雨飄搖的這段時期，我們需要讓自己回歸到細節上。星巴克的主管，包括我在內，停止從三萬呎的高度來管理價值一百億美元的事業，而是單純從零售商的角度去思考。「這件事至關重要，我們必須回到事業的根本，從根本做起，」我在某一場會議上這麼說。

「讓我們從根本做起吧！」我是真心懇求，舉起了雙手。從根本做起後來成為我一再重複的口號。事實上，有天當我穿越星巴克店面建築師及設計師的辦公區，有一張海報吸引了我的目光，我忽然停下腳步。那是一雙沾染泥濘的手，掌心朝上，框住一句話：「世界屬於不怕弄髒手的少數人。」我借用了這張海報，把它拿去八樓，掛在會議室的牆上，這樣每次開會時，星巴克的執行團隊就會看到它。

置身泥濘中也意味著我們事業成功的強大力量，究竟存在於何處。不是在會議室裡，而是在基層、在店裡，和我們的店長及咖啡師一起。

星巴克咖啡店的每一位店長，實際上都是監督價值百萬美元事業的企業家。要改善公司的財務表現，我們需要全美將近一萬名店長能增加他們單店的業績和獲利、我需要每位店長都能覺得自己該為各自店裡的表現負責。每個人都需要明白自己需要付出什麼，以及公司的生存處於危急關頭。他們也需要實體上在相同的空間裡共處。店長們肩並肩圍坐在桌旁，聊聊他們聽到些什麼，交換故事、彼此學習，感受夥伴之間的情誼。我需要成為他們之中的一分子。

我想把數千位店長聚集在同一座城市裡，每次花費三千萬美元，但是公司正在設法削減支出，我的想法遭到反對。一場為期四天的領導階級會議似乎像是白白地把錢扔到水裡。我力勸董事會要理解，這場會議是一種值得的投資。經過一番熱烈討論之後，我得以說服他們，讓他們明白在這個時候投資在我們的夥伴身上，是我們所能做的最重要的事。

許多城市想要接待我們，但我們選擇紐奧良。雖然當時是二〇〇八年，但這座城市依然尚未從二〇〇五年卡崔娜颶風的摧殘中復原。這場會議是在會議中心舉行。我們裝飾了兩層樓高的展示館，讓我們的店長都能沉浸在咖啡的故事裡。現場有將近一千株咖啡樹，代表我們採購的咖啡豆生產國。夥伴們走進仿造的咖啡農場，成排的綠咖啡豆散布在長長的露台，彷彿是在太陽下曝曬。他們參觀一座仿製的烘焙廠，裡面有一座現場組合的大型咖啡烘焙機。他們參加咖啡杯測，溫習他們所知的內容。

我們把重點放在基礎訓練上，比方說咖啡教育，以及加強顧客服務、提升管理技能。不過我也希望這場會議能鞏固我們的價值，確保我們的夥伴不只是把星巴克當作一門賺錢的生意。

在展開關於咖啡的會議之前，我們先重新喚起公司的價值。每位與會者都要當一日志工，前往紐奧良遭受卡崔娜颶風摧殘最甚的社區，包括住家及店面都殘破不堪的九衛區。颶風走了三年，那一帶依然是剛遭遇洪水摧殘的模樣。許多房屋依舊無法住人、公園長滿雜草，裡面的長椅殘破生鏽地棄置在那裡。傾倒的建築不曾重建，關門的店家從來不曾重新開張。

星巴克的夥伴們搭乘巴士，在公園及社區下車，聽從我們抵達之前便聯絡好的當地非營利組織指示，進行粉刷、清理、種植及建造。這些團體從不曾一次接待數千名志工，他們的指導人力或鏟子都不足。所以我們自己買了價值一百萬美元的物資，分量足以裝滿兩部租來的卡車。在會議期間的每一天，我們的夥伴都會花五小時為紐奧良盡點心力。在一座公園裡，我們種植了六千五百株沿海草、裝設十張野餐桌，並且鋪了四部傾卸卡車承載量的護根物。在一座舉辦中學美式足球賽的體育場，我們的夥伴刮除並粉刷一千二百九十六個階梯、十二個入口坡道、數百碼的扶手，還有半哩長的圍欄。

我的志工時間用來幫忙粉刷我們在那一週修補的八十六間房屋之一，讓那些家庭能搬回去住。有很多人花時間和歷經卡崔娜的男男女女交談，聽到的不只是關於個人犧牲和損失故事，還有鄰里的相互照應。在紐奧良，社區的力量及復原力是如此鮮明。

我們正在替一名較年長的消瘦男子整理他家時，他開口說：「你要是放棄的話，不如乾脆躺下來等死算了。」我們不只把人們的家還給他們，同時也幫助找回他們的尊嚴。

我們做了大約五萬小時的志工服務，為這座城市帶來一點幫助，不過這也提醒了我們的店長，他們能為自己的社區做出哪些正向的影響。

到了最後一天，我們把大家聚集在超大型的紐奧良巨蛋體育館。我想誠實談論公司面對的問題內容，以及該如何加以修補，同時樂觀面對我們的處理潛力。在我沒有準備講稿便走上舞台之前，有幾位同事力勸我不要揭露銷售業績有多低，或是公司對外在影響是如何缺乏招架能力，以免嚇到大家。假如店長們知道情況有多糟，他們可能會離開公司，或是失去對領導者的信心。

我回想起我從一些精神導師的身上，例如霍華・畢哈，學到以真相的力量來克服挑戰。面對這群有能力翻轉公司命運的人，我不能放棄誠實。他們需要了解更多，才能做好他們的工作。我也相信，真相能讓他們對我們的信任，以及他們對公司的承諾，更加堅定不移。因此我也相信，與其害怕得跑掉，他們會抱持希望，為我們的目標團結努力。

「我們在此齊聚一堂，歌頌我們的傳承及傳統，同時也針對我們身為領導人該負起哪些責任，做出一場誠實又直接的對話，」我上了台之後這麼說。「我們不是一家完美的公司。我們每天都會犯錯。」我解釋我們正面臨了或許是打從經濟大蕭條以來，最困難的經濟狀況。「這是真的，不是鬧著玩。」我說明人們不如以往那麼有錢，星巴克更常成了一種權衡性的購買。

我們的店長需要明白，他們如何能成為解決方案的一部分。「把它當作是你自己的事，這是什麼意思呢？」我問在場的每個人。「當你知道，你遞給顧客的飲料並未達到濃縮咖啡的最佳標準，這又代表了什麼呢？對於我們所觀察、體驗的事情，還有學習到的事，我們每個人都要負起義務及責任。」

假如拿鐵不夠完美，我允許他們把它倒掉，重新製作一杯。

我要求他們選擇做出對顧客來說是正確的事，也等於是給了他們當領導者的許可。我也要求他們把工作當成是自己的事，對自己、彼此、家人，以及那些來到他們面前、仰賴我們保存並提升星巴克體驗的人，都負起一份責任。

我強調說，我們過去享受的成功果實，並不是應得的權利。我們必須每天付出努力，一次一杯地累積而來。

最後，我請求他們不要只是提高業績而已。假如星巴克不是營利事業，我們就不會存在；假如我們不存在，我們就無法繼續打造人際連結，追求我們的核心目標，也就是我們一直努力想達到的，在獲利及社會責任之間保持微妙的平衡。

每位顧客都應該得到完美的飲料，並且在這個可能感覺失去人性的世界上，得到人性的對待。提醒我們的夥伴別忘了這個雙重角色，這就是我們這次紐奧良體驗的目的。

「星巴克品牌的力量並不是某種外在的力量，」我在結尾時說。「這力量來自於你。」

會議結束後，數千位店長帶著全新專業技能及更多的體驗，回到了分布在全美各地的門市裡。許多人相信，他們擁有潛力能翻轉公司的未來。他們也渴望這麼做。

耗資數百萬美元的會議得到的結果無法量化，但如果不是這樣聚在一起，我深信星巴克不會從谷底翻身。

在這段轉型期間，有一天星巴克的股價跌到每股不到七美元，從二〇〇六年的高點跌了超過八成。在那段期間，我接到一位焦慮不安的股東來電，他把錢交由一家大型金融機構管理。

「霍華，我們持有這檔股票一段時間了。我們知道你承受莫大的壓力，我們深深感覺到，現在該砍掉員工的醫療照護福利了。」多年來，星巴克花在工作夥伴身上的醫療保險費用，遠超過咖啡部分的錢。在二〇〇〇到二〇〇九年間，每位夥伴的醫療照護花費高達將近百分之五十。「大家都會明白，你別無選擇。」他告訴我。這是一通簡短的來電。

我們當然有選擇。沒錯，刪除或減少夥伴的醫療照護可以立即提升收益，華爾街會大聲歡呼。但是這對數千人和他們的家人來說太不公平了，而且瀕臨不人道的界線。這麼做也會打擊士氣，破壞信任。我知道我們絕不可能再有機會恢復。

一家公開上市的公司要對投資者負起信託責任。為了替他們獲取長期價值，我向來抱持的信念是，公司必須首先替它的員工以及顧客創造價值。不幸的是，華爾街並非總是以相同的態度來看待這一切，而且往往把醫療保險，或者比方說紐奧良會議這類的投資，當成是減損利潤的事。這種短視的觀點會減損公司的價值。

華爾街無法辨別目前支出的未來獲利，而且亟欲見到每一季的成長。這是短視心理的一部分，也成了現代資本主義的一貫問題。在維持公司成功的必須投資、風險承擔及不可避免的錯誤方面，都缺乏耐心及容忍。假如公司成了華爾街的共犯，害怕改造與改變、甚至是失敗的短期成本，絕對無法通過時間的考驗。

然而我也明白，星巴克所做的決策，不是每一個都會令人開心。有時候一個組織要存續下去，需要做出會導致個人或組織本身犧牲或損失的抉擇。

翻轉星巴克需要修正這些錯誤，而這會帶來痛苦。舉例來說，因為我們開設了太多咖啡店，我們必須關閉其中六百多家績效不佳的店。因為我們在西雅圖的企業太過龐大，我們在總部進行裁員。為了獲利及維持企業，這些措施是必須的。這些措施帶給我的情緒耗損，和那些丟了工作、看著同事清掉辦公桌，或是把綠圍裙交出去的人所受的影響，根本無法相提並論。我收到夥伴們的電子郵件，說他們感覺遭到背叛，並且質疑我們是否信守我們的價值。我看到一張簡短的紙條寫著：「要提供令人振奮的體驗，豐富人們每天的生活。你是否記得這句話還算數的時候呢？我記得。」我從來沒有如此深刻地感受到，自己有責任要確保公司的成功能長長久久。

正因為如此，當股東打電話給我時，我才不去考慮刪除醫療保險的這個選項。儘管這麼做的話，可以立即獲得財務改善，但我們做的每個決策不可能都和經濟有關。

二〇一一年，星巴克開始創下連續三十個財政季度的最高營收及收益紀錄。以二〇〇七年一份外洩的備忘錄非正式啟動的轉型行動，變成了星巴克歷史的一部分，我們從重建過渡到了成長模式。

對我來說，轉型期是一個意外的發現：我見證了當每個人同心協力，實踐共同的目標時，可能會有什麼樣的結果。我們違抗倒閉的預期，而且蓬勃成長。

我擺脫這場困境，感覺自己獲得力量，心中納悶或許星巴克不該發展到超出我最初的設想。更進一步，也許我們能以從未想像過的方式，來善用星巴克的成功經驗與企業規模。這只是一個想法，直到它變成勢在必行為止。

第五章

無能為力

我母親踩著快到不行的步伐前進，對我七歲的細瘦雙腿來說，感覺似乎走了好幾百個街區的距離。我們經過我念的P.S.272小學，穿越最熱鬧的大街，經過我小時候的零售店：華德堡（Waldbaum's）、蓋布斯坦熟食店（Grabstein's Deli），還有賣猶太餡餅的魯比，他在那台有凹痕的推車上販售一個十美分的熱騰騰馬鈴薯猶太餡餅。然後我們會搭上一輛往北行駛的公車。

我們經過的一些布魯克林社區和卡納西不一樣。它們的老舊公寓大樓建造時間，比我們公共住宅群裡一九五〇年代的單調高樓早了幾十年。不過我也看到熟悉的景象。女人推著推車或拉著裝滿雜貨的金屬購物籃。男人輕鬆友好地成群結隊，聚集在街角和餐廳前面。不只一家電影院的遮簷看板上宣告說約翰・韋恩（John Wayne）主演的《邊城英烈傳》（*The Alamo*）「即將上映」，速食店窗口的標誌宣示它們對可口可樂或百事可樂的忠誠。

母親和我下了公車後，我們又走了一小段路，加入了人群中。他們塞滿了人行道和街道，摩肩擦踵地站著。我們大家等了一個小時，然後終於響起了掌聲。我被比我高出一倍的大人包圍著，看不到那個大家似乎等不及要見到的人物，但我聽得見聲音，充滿魅力又堅定，而且很快就變得家喻戶曉了。

「我叫約翰・甘迺迪，以美國總統民主黨候選人的身分來到這裡。」以我回想和母親走過的那段距離，以及記憶中聽到演說的時間長度來判斷，我相信我們是在一九六〇年十月二十日，站在距離卡納西約五哩的弗頓街（Fulton Avenue）及諾斯川德街（Nostrand Avenue）路口。雖然我無法逐字記得甘迺迪對我們演說的內容（在那個月之中，他在布魯克林做了九場演說，其中有五場是在同一天舉行），但我搜尋了資料庫，找到那些講稿內容。我能輕易想見他的演說想必引起母親的強烈共鳴，也在我的意識裡留下深刻印象。

「我並不是說每個人都有相同的天賦才能，」甘迺迪告訴他的支持群眾。「但我認為每個人應該要有平等的機會去發展他們的長才。」母親和我距離他演說的地方很遠，但我記得母親伸長了脖子眺望她的候選人，而且微笑著，這是她難得一見的神情。我母親身高五呎四吋，身材嬌小，深髮色，而且穿著樸素。但是那一天，她整個人散發光彩。

「我希望在我們執政的任期結束時，如果一切成功順利的話，大家會說每一位美國人都有平等的機會，每一位美國人都有公平的機會能發展才能，這就是我們要的，也是每一位美國人的心聲。」我依然能感覺到母親牽著我的手，隨著每個字越抓越緊。當甘迺迪停下來時，她鬆開我的手，這樣她才能鼓掌。

我母親對甘迺迪的熱愛無人能及；我父親似乎無動於衷，我不記得他把這位充滿魅力的政治人物掛在嘴邊。但我母親聆聽甘迺迪的演說，彷彿他是直接對著她，伊蓮・舒茲在說話。

她那天沒必要帶我一起去，那一趟路很辛苦。但是我情願認為她這麼做是要讓我知道，她有多渴望相信這個國家尚未實現的承諾，以及這一切能為她的兒子帶來的可能性。

我打開公寓的門，屋裡一片漆黑，還有哭泣的聲音。學校的放學鐘聲還沒響，我的五年級老師便要我們回家去。當我到家時，我看見母親癱在沙發上。她淚眼婆娑地盯著電視，美格福斯牌

（Magnavox）電視的兔耳型天線和黑白線條傳遞了可能是她有生以來聽過最壞的消息。

過去一小時以來，她最愛的新聞主播，嚴肅莊重的華特・克朗凱（Walter Cronkite）身穿襯衫搭窄領帶，出現在電視直播節目上。他在亂哄哄的CBS電視台新聞室裡，坐在桌旁，手上拿著一張照片，上面是一輛黑色林肯大陸車行駛在街道上，他指出這部四門敞篷車的後座，當甘迺迪遇刺時，他和他的妻子賈姬就是坐在那裡。克朗凱知道的就這麼多，直到有人遞給他一張紙。他戴著黑框眼鏡，在實況轉播的電視上把內容唸出來。

「來自德州達拉斯，新聞快報顯然已經證實了。」克朗凱拿下眼鏡，看著鏡頭。「甘迺迪總統在中央標準時間下午一點辭世。」他看了一眼牆上的時鐘。「東部標準時間是兩點，大約在三十八分鐘之前。」

他停頓了幾秒鐘，說不出話來。

這個片段在隨後的總統遇刺新聞報導中，不斷地重播。我和母親看了一遍又一遍，重複經歷那個時刻，每一次都愚蠢地希望克朗凱會唸出不一樣的內容。然而這位全美國最可信賴的男子，眨著眼忍住淚水。

接下來的三天裡，我母親哭泣、抽菸，看著電視，情緒整個潰堤。她的注意力沒有離開過螢幕。她不吃東西，幾乎沒睡，一整天都不打扮。她發自內心地哀悼著，徹底又深沉地沉浸其中。那些沒有被面紙吸收或衣袖擦掉的淚水，滴落在保護沙發的塑膠椅套上。

我認為我父親也為甘迺迪之死而難過，但是不到和她一起守夜的程度。我當時想必明白，她身旁的那個空位要由我來填補。我也想待在她身旁。所以我們一起坐在香菸的裊裊煙霧中，盯著電視螢幕。畫面上顯示著一位妻子和舉國哀悼的交織時刻，新聞主播會即席說出一些哀悼的話，例如「一個未完成的承諾」。他們想為自己還有我們大家，為這場謀殺找出一點意義。

在我小時候，我們家沒有親朋好友過世，除了比利的爸爸，他心臟病發走了。這是我第一次體驗到死亡。甘迺迪的暗殺事件是我的第二次體驗，而且我透過母親理解這場悲劇，因為在你十歲的時候，你的母親比總統更重要。

對於她的英雄之死，她經歷了幾個階段。在我的記憶中，她起初傷心欲絕，然後是了無希望，最後變得遙不可及，即使對近在身旁的兒子也是如此。我們倆從未跟彼此談論我們看到或經歷的事。我們是兩名情緒隔離的愛國者，我看著在週五下午像閃電般打擊她的那場死亡，現在猶如一張鉛製被毯般覆蓋了她。

到了週日，在總統的送葬隊伍前往國會大廈之前，電視台的攝影機帶我們來到達拉斯警局的地下室，記者告訴我們，被控暗殺總統的嫌犯，李・哈維・奧斯華（Lee Harvey Oswald）隨時都會從那裡的牢房被帶到裝甲車上，送到最高警戒監獄。接著奧斯華出現了。他看起來很普通，身穿開領襯衫及毛衣，他很快地在帶領之下，穿越重重的便衣警探及記者人牆。忽然間發生一陣小衝突，有一名男子衝過人群，朝奧斯華跑去。槍聲隨之響起。奧斯華往前倒下，一群身穿西裝的男子朝他一擁而上，有個聲音大喊：「他中槍了，他中槍了……這是真的，李・哈維・奧斯華中槍了！」我的母親放聲尖叫。

過了好多年，當我母親躺在擔架上，從我們家被推進了大樓的小電梯。救護車把她載走，我從來都不知道原因，只是從我們家的七樓窗戶往外看。我還是能感覺到皮膚陣陣刺痛。

當時才十一、二歲的我，是否明白母親罹患了一種我不懂的疾病呢？除了骨折之外的病？我是否明白她的病情為何只能低聲談論？我或許明白，所以身為小男孩的我才會感到無助又羞愧。當她從醫院回來之後，他們從來不在我的面前討論她住院的原因。我父母在這件事上守口如瓶，暗示著我的羞愧感是有根據的。

我不太確定自己是什麼時候才知道母親承受憂鬱之苦。在一九五〇到六〇年間，憂鬱症並未受到廣泛理解，也不被視為一種社會可接受的常見疾病，當年也無法使用現有的抗憂鬱藥物治療。在日常生活中，母親在我的眼裡並不像是個深陷憂鬱的人。

她本身的生活環境並不輕鬆。小時候，她忍受母親言語暴力的傷害。身為一個年輕的已婚婦女及母親，她背負了經濟重擔，在一間小公寓裡養育三個小孩的壓力，還有緊繃的婚姻關係，因為家裡的男人工作不穩定，而且脾氣暴躁。

我知道她有時會心情不好，但是在甘迺迪遇刺之後的好幾個禮拜，那是我見過她最黑暗的一段時期。她的情緒變得反覆無常，無法預測。有天晚上，我們全家人都在車上，父親開車經過一個「停」的交通標誌。一位警察把我們攔下來，要我父親下車。我坐在後座，看到警察給父親開了一張罰單。接下來父親當著警察的面，把罰單撕成碎片，我看得目瞪口呆。在我們的汽車頭燈強烈光束照射下，碎紙片像雪花般飄落到地面上。我從沒想過，你可以對警察做出這種不敬的舉動。我爸犯法耶！我在後座表達我的驚異之情。「爸！我不敢相信你做了那種事！」我說，或者是類似的話。無論我脫口而出的是什麼話，我母親因此一時激動，從她的座位猛地一轉身，伸手到後面的座位，用冰冷堅硬的手賞了我一記耳光。

當她逐漸年長，她的黑暗面更常以憤怒、甚至殘酷的方式表現出來。雪莉的婆婆，以及我孩子的祖母，是一個內心支離破碎的女子。

我到後來的這些年才得知她的憂鬱程度。她起初接受電擊療法，在當年的施行方式比現在粗糙許多。我不知道母親有多常接受那些治療、治療了多久、如何支付這筆費用，或是這些療法可能有哪些副作用。我也發現母親至少有一度精神崩潰，或許這就是在我記憶中的那天，他們送她去醫院的原因。

她也曾經試圖了結自己的生命。

有一天，比利的母親跟他的哥哥馬帝說，我母親吞了太多安眠藥，需要趕快送去醫院。比利的媽媽怎麼會知道這件事，我不得而知。我知道的是，馬帝當時才十五、六歲，持有青年駕照，他想辦法來到我母親身邊，把她抱起來，要帶到他叔叔的車上，載她去醫院。當馬帝抱著母親進電梯時，我父親出現了。他接手過來，親自帶她去就醫。

我母親企圖結束自己的生命，簡直痛苦得令人難以想像或接受。不過我也知道，母親她很不對勁。

小時候，我有時會感到無助。我想到總統遇害及電視上播放的暗殺事件。但是我更難面對的是無力掌控家中的一切，尤其在看到我視為是我父母的情緒創傷時，無論那是否是他們自己造成的。我父親裹著石膏，無法工作的景象；我母親失神渙散，被抬上救護車的模樣，在我的內心上演。債主打來的電話，提出我們家辦不到的要求。那些回憶引起了至今仍存在我內心的無力感。我好想重新塑造現狀，為了我父母，也為我自己。但我只是個孩子，根本不知道該怎麼做。我感到動彈不得，我沒有言語、權威或技能來改變似乎是命運的部分。我有動力，但是沒有方法。

只有在操場、球場，或是西洋棋盤上，我才能做出一點成績。

在家裡，我能做的只有盡量少惹父親生氣，或是讓母親低落的情緒更低落。所以與其陷入那團混亂，我把自己抽離，在令人不舒服的牌局進行時躲到床單底下、一個人待在樓梯間，或是安靜地坐在我母親身旁。

我對自我克制的努力，讓我身為男孩的童年過得輕鬆一些。但是當我長大後，開始掌控自己的人生，後來領導一家公司，我再不能夠、也不願意容忍無能為力的感覺。

我相信大多數人在看到某些事情崩壞了，或是當體驗到有人在受苦時，要我們束手旁觀其實很不自在。不過很多人都不知道，當我們的意識覺醒了，激起了同理心時，應該怎麼做才對。我一直如此深信著，而且就某個方面來說，這本書是關於我的歷程，去了解如何啟動我們都存在的力量，在人們的生命中做出有意義的改變。

我母親儘管有她灰暗的一面，還是努力想把安定、甚至是希望帶到我們的家庭生活。她保持家裡一塵不染；她準備學校午餐，把三明治扔下樓給我，讓我補充校園賽事的能量；要我們安靜點，以免惹火在睡覺的父親；烹煮美味的晚餐，讓我們感到被愛。在我念小學時；她經常接我放學，我們會手牽手走到一輛沒車窗的小貨車旁，車身上漆著「行動圖書館」。我從貨車後方的那扇門，走進行動圖書館，裡面堆得滿滿的書讓我接觸到我的小天地以外的世界。母親幫我申請了我的第一張借書證。

她相信在美國這個國家，一個公共住宅區的小孩有機會在人生中超越他的出身。她讓我也相信這點，讓我聽到甘迺迪的演說，帶我去借書，而且鼓勵我成為家中第一個取得大學文憑的成員。我母親烙印在我身上的信念是，在美國，什麼都有可能。我為此深愛她。我也愛美國，因為對我來說，這個承諾真實不假。

當我深愛的某人或某事受到傷害時，挺身相助是一種本能。而這種本能在我領導星巴克時，帶來了莫大的助益。我愛這家公司的程度，幾乎和我愛家人一樣多。在翻轉星巴克之後，我想要進行修復的動力，指向了我深愛卻受苦的另一個目標。

第六章

失能

我漸漸相信，在面對人類的苦惱和崩壞的體系時，絕對不能束手旁觀。假如這兩個困境交織在一起，也就是說由於某些人不善盡職責，或是對人缺乏尊重，因而導致他人受苦，這時就會造成所謂的不公不義。

我會設法運用身邊的工具及資源，對抗不公義在我內心引發的不安感受。小時候，當沒有人能坐在我母親身旁時，我會填補那個空缺。年輕時，我會把一半的薪水交給父母。當我成了年輕的企業家，我會提供醫療照護福利給員工，否則他們可能自己負擔不起。年紀長了一些之後，我越來越注重回應自己對不公義所引發的不安感。這項轉變要歸功於我對人類本質及複雜議題逐漸成熟的理解力，以及在我周遭的影響力，尤其是我的妻子雪莉，以及女兒艾蒂森。

當艾蒂是個小女孩，掉了第一顆牙時，雪莉和我給了她一封牙仙子的來信。「我好驕傲能當你的牙仙子！」信的開頭寫道。「你是一個很棒的小女生，有一副好心腸和特別的靈魂，長大成為一個很棒的人。假如我能給這麼一個特別的小女生一點建議的話，我會說：用功念書，當一個好的聆聽者，要懂得尊重老師和同學。」

尊重對艾蒂來說向來很重要，她已經長成了一位懂得關懷又堅強的女子。她尤其能敏銳感受到以不友善或漠視的態度對待他人的人。她在中學的暑假期間，去一家熟食店打工，有時回到家會提到客人真的很沒禮貌。艾蒂開始約會之後，她會以男生對待餐廳服務人員的態度好或不好，來評估對方的性格。她一直以來都相信，你可以從人們如何對待他人而得知很多事情。

我的孩子們很幸運。他們在一個舒適的家長大，念好的學校，全家一起度假。然而艾蒂對我們以外的世界有著敏銳的感受力，而且她想成為其中的一分子。念中學時，她在食物銀行及收容所當志工。擔任社工人員時，她服務的地方是資金不足、人手不足的小學。那裡的許多孩子都是由單親、親戚或寄養家庭照顧，而且是來自危險的社區。她在LGBTQ社區輔導年輕人，而且為沾染毒癮的男女提供協助。最近她在紐約市一家對抗貧窮的非營利組織，羅賓漢基金會（Robin Hood Foundation），擔任碩士後研究員。

多年來，艾蒂和我養成了一個小習慣，我們偶爾會去我家附近的星巴克，坐在外面的長椅上聊天。在她年紀比較小的時候，我試圖在那些珍貴的父女談心時刻，傳授一些智慧給她；而現在則是我的女兒開導我，教我要有耐心，鼓勵我要對人性更寬容。她讓我看到儘管很緩慢，但改變會如何來到。我還在學習。

我的是非感有時可能黑白分明，導致我對那些我覺得比方說違背了信任、忠誠，甚至是道德規範的人，會加以嚴厲批判。有些時候我發現難以原諒某人，甚至是家庭成員、老朋友或同事的過錯，或是對那些不可避免的人性弱點視而不見。我也容易對負責的人抱持特別高的標準，包括我自己。

雪莉和艾蒂幫助我更了解我的不安感，克制急躁，專注在目標上。我試圖強調我的周遭、工作及這世界的失能，但這些體驗同時也教我要感情與理性並重。

我的上半身困在厚重的金屬輔具裡。

那是二〇一一年七月。星巴克恢復財務健康，我終於有時間去動一項拖延已久的手術。醫生接合了一處線性骨折，那是我在青少年時期打美式足球留下的後遺症。他們要我至少休息一個月。

躺在沙發上不是我的自然狀態。我不能打電腦。站立是一件痛苦的事。當我沒有和同事講電話，討論星巴克的事宜，就藉由看電視來讓自己分心。在那個月，有線電視新聞正在大肆報導華府發生的事件。

立法者及權威專家提出警告，除非在八月二日通過新預算立法，否則美國政府將無力支付債務。

我通常不會受現場報導頭條新聞的吸引。然而待在家裡，哪兒都不能去，動彈不得地躺在沙發上，我發現自己迷上了這些事件。當下最需要解決的議題是聯邦政府是否應該提高所謂的「債務上限」，也就是國家能借貸來支付債務的金額。共和黨人表示，他們根本不會就提高債務上限的議題進行投票，除非提出包括大幅刪減支出的法案；然而他們的潛在戰術是阻礙歐巴馬總統的議程。民主黨人則表示，他們在那個夏天不會考慮提高債務上限，除非同時提高稅收。

政客在鏡頭前故作姿態，堅持他們竭盡所能要阻止通過最後期限，而不至於對美國人民造成傷害，把僵局怪罪到敵對陣營的身上。日復一日，兩黨領袖會消失在緊閉的門後，假裝進行協議，然後現身握手。當一項兩黨預算提案出現，需要努力妥協時，它永遠過不了委員會這一關。國會召開投票，然後又取消。阻撓議事的議員遭受威脅。指責的言語滿天飛。

這其中有兩件事深深困擾著我。第一，錯過最後期限，或是達到上限，這意味著國內有些最弱勢、最應該獲得援助的民眾，例如接受美國醫療保險（Medicare）者、退伍軍人、領取社會安全福利者、政府雇員，以及領取聯邦養老金的人，他們會延遲或只領取到部分款項，或者完全拿不到錢。人們會立刻感受到政客耍花招所帶來的痛苦影響。

第二件事是，提高債務上限是錯誤的目標。這個國家需要的不是更多債務，而是綜合的平衡預算，結合兩黨經濟計畫，刺激長期經濟成長、增加工作機會、協助更多民眾自立，例如替日益減少的中產階級提高停滯的薪資，讓更多年輕人念完大學、讓企業家回到商場、協助最弱勢的族群取得基本需求，例如醫療照護。

換句話說，這場爭鬥不僅處理得很糟，而且根本一開始就畫錯了重點。這些政客沒有攜手合作，把重點放在美國人們這些真正的需求，而是爭論該舉更多國債，或是應該提高或降低稅率。這些是至關緊要的重大決策，但它們不是成長策略。

我們選出來的官員把各自黨派的利益放在國家利益之前，而且沒有善盡職責。我躺在沙發上，頸部戴著護具，看到如此輕率的領導行為，小時候聽見父母為了錢在吵架時，那種沮喪及無能為力的感覺又回來了。

距離二〇一一年八月二日只剩幾小時，國會通過（歐巴馬總統也簽署了）二〇一一年預算控制法案，把債務上限提高到四千億美元。這是短期的修補，而導致這種結局的政治失能並沒有就這樣銷聲匿跡。

幾天後，標準普爾（Standard & Poor's, S&P）有史以來第一次把美國信用評等降級了。評等從傑出的AAA級降到略為遜色的AA+。降級的理由和金融無關：標準普爾指出「政治邊緣政策」讓美國的治理「穩定度、成效及可預期性都降低」。第三方對公職領導人的譴責，更加深了我的怒火。

我透過一種不尋常的視角，見證華府的這些事件。

我擔任執行長的兩年來，帶領一家公司回歸到持續獲利及成長的模式。我感到鬆了一口氣，同時也自信滿滿。我看到了認真投入的人們攜手合作，以創意及見識來解決問題。

然而在那個七月，這是多年來我第一次處於這樣的地位及資格（在實體上如此，因為我被指定躺在沙發上；而精神上也是如此，因為星巴克的發展穩定）可以盤算一些公事之外的事。

我是一家公司的管理人，而這家公司的成立宗旨是要成為社區裡的經濟、智識及社會資產。我從未忘記這點。

最後一點是，我愛我的國家。

那年夏天，我強烈感受到一股不滿的情緒。我們的公職人員無法實現民主的核心宗旨，也就是願意為了全體國民的利益而妥協。有太多人只是受到自保的驅使。他們不肯攜手合作，找出黨派意識型態的共識及互相退讓，卻利用這機會尋求連任成功。比起黨派之爭及私利更糟的是，我們目睹民主精神的垮台，這是最令我難受的事。

就像我交談過的許多民眾一樣，我納悶自己能做些什麼，或是該做什麼。

二〇一一年，我坐在家裡，心中思考著，面對當前的情況，星巴克可能扮演什麼樣的角色，我也沒忘記自己對公司負有重責大任。星巴克曾經嘗試過基層行動主義。二〇〇八年，我們在選舉當天提供免費的每日精選咖啡給任何表示自己投了票的民眾，以及承諾擔任社區志工的人，響應為國服務的號召。

我想到我們最近在轉型過程中寫下的更新使命宣言中，有一段提到：「每一家店都是社區的一分子，我們認真負起成為好鄰居的責任。」

我問我自己，讓公司成為好鄰居是什麼意思呢？

我安排在八月初回去上班前的那個週日，寫了一份備忘錄給星巴克的夥伴們，要求他們明白顧客可能會對政治事件感到憂心。我提議說，我們能繼續努力讓我們的咖啡店成為一個當地的友善喘息空間，藉此設法減輕他們的焦慮。

我收到許多夥伴們的來信，對這種觀點表達贊同之意，這使得我想要做得更多。對於那些停止為人民做事的公職人員，我們是否能引起他們的注意？幾週之後，我又發了一封信，這次的對象是一百五十位企業領袖。我謙恭有禮地請求每位執行長許下兩項承諾。第一，抵制捐贈政治獻金給所有現任公職人員，直到國會及總統在債務、稅收及開支部分達成跨黨派的長期政策。

「我們的目標在促使公職領袖，以公民素養及誠實態度，並且願意犧牲自己連任的機會，來面對國家的長期財政困難。」我寫道。

我要求各位執行長許下的第二項承諾是，致力創造更多的工作機會。

「要讓國家的經濟循環系統再次流動，唯一方式是開始將命脈注入其中。我們不要等待政府去打造一個鼓勵計畫或刺激措施。我們現在就要聘僱更多人。我們這麼做的原因是，我們要啟動信心的逐步提升。」

由於我不再局限於星巴克內部，對外傳達了我的看法，這封信招致外來的批評聲浪。「抱歉，霍華，我們需要更少而非更多商界人士去干預政治事務」，一位傑出的前執行長在部落格批評抵制的主意。福斯新聞說這是「危險的事」。其他人則是不贊同我的做法。一位總裁拒絕做出這項承諾，他主張美國破碎的政治體系根源，遠超出金錢及特殊利益的範圍，而是包括不公平的選舉方式，例如傑利蠑螈[2]。換句話說，我的焦點擺錯地方了。

但是也有支持者回應。「我特別喜歡舒茲的想法，」《紐約時報》的專欄作家，喬・諾瑟拉（Joe Nocera）寫道：「因為這不只是再次呼籲妥協及公民素養，這些根本對政治行為起不了任何作用。」諾瑟拉說這些承諾理性又實用。

我受到鼓勵，於是寫了第三封信，這次的對象是美國人民。我想傳達的不只是我的看法，也是許多人的心聲。這封信以全版廣告的篇幅刊登在全國各大報上：

我熱愛我們的國家，而且我是「美國的承諾」的受惠者。不過今天，我非常擔心，有時候我認不出那個我深愛的美國了。就像許多人一樣，我對華盛頓普遍失敗的領導階層深感失望……我們的開國元勳認同政治辯論的建設性價值，我們必須傳遞一個訊息給當今的公職人員，用一種他們能聽見並理解的文明又尊重的聲音。我們要說的是：現在是該將公民權置於黨派之前的時候了。

這封信邀請「所有關心的國人」和我一起參加一場網路直播call-in交流座談會。九月六日那天，國會議員及總統結束夏季假期，返回工作崗位，我坐在鏡頭前，在座還包括一位哈佛商學院教授、一名聯邦預算專家，以及一個兩黨團體的共同創辦人，他的任務是把焦點放在議題而非意識形態上，藉此整頓政體。

「我們齊聚一堂，要改變華府的激烈黨派之爭！」我們慷慨激昂的會議主席說，開始開放來電。接下來的九十分鐘，人們打電話進來，帶著令人耳目一新的公民素養來表達他們的苦惱及想法，專家和我便分享我們的看法。

然而這整場直播有點走樣，效果不彰。打電話進來的人寥寥可數。我們跟自己對話，而其他與會者雖然在政府方面的經驗比我豐富許多，但似乎少了一種迫切感。

我在座位上坐立不安，自問參加這樣的小組對國家會有什麼幫助。

2　譯註：傑利蠑螈（Gerrymander）指以不公平的選區劃分方式來操縱選舉，以使投票結果對特定候選人有利。

到最後，播送我的聲音讓我覺得少了一點無力感，拒絕捐贈我的政治獻金也是。但是感覺好一些不等同於做得更好。

公開表達意見是必不可少的起步，但不等同於真正的改變。

我在那年夏天的熱切表達，是一段更長旅程的起點。當國家陷入對立，政黨癱瘓持續，我的挫折感爆發，努力想解決更多問題：什麼時候是以霍華・舒茲的公民身分發言的適當時機？星巴克是否該以公司的立場，透過文字及行動公開表達意見？有哪些話值得提出？哪些行動具有意義？更廣泛地說，什麼叫做當一個好的企業公民，以及公司該扮演什麼樣的角色，協助它們在其中成長茁壯的社會？我身為公民及執行長，是否有責任設法協助我在其中實現夢想的這個國家？

在所謂的債務上限災難發生一年後，兩黨的公職人員又回到這個議題，散布不實恐懼，引發不確定感，再次利用國家預算來設法取得政治利益，而不是帶領國家走向共榮之路。

二〇一三年一月一日，有兩項法令預定在這天實施：先前頒布的減稅法案將過期，提高大多數美國人的稅賦，以及五千億美元的政府開支將立即停止。

有一項由政客發送、媒體強化的訊息，令人感到焦慮不安，那就是同時增稅及刪減開支會導致人民的財務痛苦，損耗家庭的淨收入，同時減少數百萬人賴以維生的政府工作、合約及計畫。

這不是事實。生效的立即性遭到扭曲：假如沒有通過新法的話，大部分的美國人不會在元旦當天面臨財務安全急遽下降的情況。政客把不必要的焦慮強加在美國人民身上，而人民本來就已經在擔心荷包的問題，害怕積蓄的價值會忽然下降，如同他們在二〇〇八年金融危機時期的遭遇一樣。

我會閱讀晨報標題，在開車去上班的路上也會聽新聞。有太多的事都比通過預算更危急。美國歷史的偉大希望及挑戰不斷拓展機會。身為這種機會的受惠者，我對華府的那些政治丑角讓更多民眾無法取得教育及工作的機會，感到越來越沮喪了。另一項財政危機則是人為造成的，現在國人屏息以待，想知道政客無法透過合作討論來達成實際妥協，結果是否會在一月一日把我們推下所謂的「財政懸崖」。

在散布恐慌取代了合作治理時，我不想束手旁觀，在國家有難時置之不理。我在這一年來寫信的舉動似乎毫無意義。真要說的話，缺乏尊重的對話越來越多，政治分裂逐步加深。

就在聖誕節前夕，我在星巴克召集一群人，討論公司可能採取的行動。我不認為我們大幅改變了公職人員的行徑。但我無法接受保持沉默，而且我相信，現在我們已經公開發表了看法，因此對公司裡很多期待繼續投入的人來說，也一樣難以接受。必須以反映我們的真實聲音，以及公司價值的方式來行動。

我們想出了一個辦法。與其增加國人的焦慮，不如透過意想不到的信使，把正向的訊息注入這場爭鬥之中。

二〇一二年十二月二十六日，我們要求在華府地區一百二十家分店的咖啡師，在顧客的杯子寫下「大家一起來」（Come Together）。我們選擇這幾個字，因為這反映出我們相信這是大眾的普遍希望，也就是共和及民主黨人能團結起來，避開懸崖，制定長期預算。

這是我們第一次使用咖啡杯來傳遞訊息。多年來，我們拒絕在星巴克的白綠雙色咖啡杯上置入廣告的要求。那是一個神聖的空間，盛裝我們的核心商品，在咖啡師把咖啡杯遞給顧客的那一刻便與個人息息相關。在利用咖啡杯來表達意見的方面，我們先前最接近的做法是在杯身印製激勵人心的語錄。

當然了，我知道有參議員看到杯身上寫著「大家一起來」，因此產生道德覺醒的機會微乎其微。但是我把在杯身寫上「大家一起來」之舉視為公民參與的表現，和高舉罷工標語或寫信給你的參議員，一樣呈現出美國人的精神。

公司如何傳達向前邁進的意圖，將會繼續成為一場不斷發展的試驗。

當美國眾議院通過一項參議院法案，暫時延緩普遍增稅及刪減開支時，我們的國家避免從人為的懸崖掉落。這是另一個短期的修補方案，但長期預算尚未出爐。

十個月後，在二〇一三年十月，聯邦政府關閉了。這感覺有如對這個國家重重地搧了一記耳光。

關閉的第二天，我穿越西雅圖總部。星巴克企業位在一棟九層樓的長型磚造建築，原為西爾斯公司（Sears Roebuck and Company）郵購部門的倉儲及物流中心。原本堆滿各式貨物的樓板都拆除了，重新設計為一座彩色迷宮，走道、開放式樓梯、即興交流用的舒適座椅組，以及用我們的咖啡命名的會議室錯落其中。每層樓面都有獨特的安排設計，在大樓裡走動可能是一場有趣或令人惱火的經歷。在裡頭很容易就迷路了。

在大樓八樓的正中央，有四條分歧的走道聚合在一個明亮的共同空間，裡面有一間功能齊備的星巴克咖啡店。我每週會有好幾次來這裡排隊買咖啡。我會視時間的不同，要不是點一杯雙份濃縮瑪奇朵，也就是兩份的濃縮咖啡加上蒸熱牛奶，要不就是來一杯現煮的深烘焙咖啡。

那天我經過濃縮咖啡吧，看到一位新進員工，約翰・凱利（John A.C. Kelly）在排隊。約翰很好認，而且平易近人。他高大又和氣，看起來經常像是準備笑臉迎人。我們聘僱約翰，是為了積極主動地將星巴克呈現在美國及世界各地的政府及公民股東面前。

星巴克從未在華府設置一個遊說辦公室。和其他比咖啡更有規範的產業大公司相比，除了我們的咖啡店之外，我們在首都露臉的機會很有限。這些年來，我們遊說政府的議題包括氣候變遷、食品安全、高等教育、退役軍人、青年就業、賦稅、國際貿易，以及工作場所政策。

在九〇年代，我受邀前往白宮及國會山莊，談論星巴克獨特的醫療照護福利。然而這十年來，我們不曾主動和立法者分享公司的完整故事，也因此錯失了讓他們更加了解我們的經營理念，以及倡議公司能用哪些方法呈現在社會大眾眼前的機會。我們找來約翰，協助展現一種更積極主動的方式。

他對華府的認識之中帶著熱情，這是有充分理由的。我很想知道約翰對於政府停擺的看法。他告訴我，這對國家來說既難堪又荒謬。「你認為我們對此該怎麼做？」他沒料到我會提出這個問題。有哪個執行長會踩進政治的泥沼？「約翰，你會怎麼做呢？」我企圖鼓勵約翰以不同的角度思考，容許他擺脫公司面對社會及政治議題時，任何先入為主的限制。

約翰對這個話題深感興趣，於是往公司的公共事務總裁韋威克・沃瑪（Vivek Varma）的辦公室走去，展開一場腦力激盪。公司要如何超越激辯言詞，而不會成為強硬的激進主義者？我們在政府停擺時，不尋求從中獲利，而是以一個負責任的企業公民挺身而出，這時該如何盡可能不被視為機會主義者？我們能做什麼來讓財政辯論的雙方團結在一起，而不會引發不和，成為問題的一部分？我們究竟期待能成就什麼呢？

在政府停擺前一週，一則頭條新聞讓我揪心不已，並且在我內心引發一股全新的憤怒及迫切感：「停擺的政府拒絕給付四名陣亡戰士的家屬死亡及喪葬費」。四名美軍被派駐到阿富汗南部的坎達哈省，在知情的情況下進入一處地雷區，搶救受傷的戰友時不幸身亡。

陸軍中士派崔克・霍金斯（Patrick C. Hawkins）及中尉珍妮佛・莫里諾（Jennifer M. Moreno）二十五歲。

士兵寇迪・派特森（Cody J. Patterson）及士兵約瑟夫・彼得斯（Joseph M. Peters）二十四歲。

根據報導，這幾位年輕國軍的遺體預計在隔天運抵丹佛空軍基地，但是假如他們的親屬想在場迎接國旗覆棺的摯愛家人安抵國門，他們必須自掏腰包前往德拉瓦。

由於政府停擺的緣故，國防部保留一般的交通費及死亡給付，包括每個家庭十萬美元，十二個月的住宅補貼，以及每位陣亡戰士的喪葬費。

在企業界，公司花錢的方式揭露出它們的價值觀。假如我在遭逢壓力時，刪減星巴克夥伴的醫療照護福利，這會是一種不道德的舉動，而且表示我們對夥伴們缺乏尊重。經營企業和管理政府不一樣，但拒絕死亡給付，就算只是暫時性，對這四位年輕陣亡戰士的家屬是表現出極大的不敬之意。我試圖為那些家長設身處地地想，可以想見他們的痛苦更深了。

這樣對待那些家庭不只有失體統，更可說是毫無良知。這也象徵了一項更重大的議題：我們的政府無法分配資源以滿足遭逢困厄的美國人需求，例如退伍軍人及其家人等。最近的這項過失是無可否認的證據，說明我們政治階級的失能程度已經達到了新高。

我們決定實行腦力激盪精心打造出來的一個想法。一位星巴克資深夥伴提出建議，星巴克要展開一項請願，督促政府重新開啟。我喜歡這個想法，因為我把請願視為另一種型態的公民參與，而且最適合由星巴克來著手執行。我們透過咖啡店，可以接觸到全國各地同樣感到驚駭、沮喪又無力的民眾。情勢迫在眉睫，這個想法的實施勢在必行。我們要做的是把請願書透過電子郵件發送給各家店長，附上指示要他們列印並展示出來，然後說明背景並提供給民眾。

公司裡有少數人不太贊同，認為請願是一種矯情的舉動，目標不切實際。我解釋說重點不在結局，而是意圖，以及那種意圖對我們的夥伴及顧客所代表的意義。我們有機會能利用我們的規模來行善事，並且真實展現出我們的價值。這個機會不只要放大我的個人聲音，而是打造一個石階的民主論壇，給更多人機會發聲。

十月十一日星期五，在美國走進星巴克咖啡店的顧客會遇到有點不一樣的場景：一張小桌子，上面放了一些筆、夾在寫字夾板上的紙張，以及一張一目了然的邀請函：

致我們在華府的領導人，現在是該各位攜手合作來：一、重新開啟政府以服務人民；二、準時給付國債以避免另一次財政危機；以及三、在今年底通過一項跨黨派的長期預算法。

網路上已經有一份相似的電子請願書，但是對我而言，倡議的力量在於在店面實體空間打造一種參與感。這是一種個人的體驗，走進當地的咖啡店，和鄰人圍坐在桌旁，表達自己的看法。在這個時候，政府似乎遙不可及，一枝筆和一張紙提供了一種有形的方式去做溝通，以及被聽見。約翰熟悉華府的政黨運作，他尤其感到驕傲，這份請願書的內容在理智及情感上都把民眾拉攏在一起，不因政治而分裂。

到下週一，政府停擺就進入第三週了。

在週二，數千件FedEX信封、紙袋和紙箱送到了西雅圖總部。這些包裹堆滿了大型置物箱，然後推送到四樓的一間無窗會議室，裡頭有來自大樓各個角落的上百名志工，各個都懷抱著熱情又熱心公益的精神，以及專業的態度。在長桌上，來自公司各部門的夥伴把成堆的請願書攤開來，開始分類並記錄蒐集到的簽名。他們把每頁請願書都看兩遍，以求準確無誤，並且檢查重複的名字。他們登記郵遞區號。這不是光鮮亮麗的工作，不過在會議室裡的每個人都散發出一種使命感。他們感到自己在做一件有意義的事。公司設法給予民眾發聲的機會，他們因此深感驕傲。

在某個片刻，在翻動紙張的窸窣聲及數算簽名的低語聲中，我站在會議室中間，沉浸在同事之間的和諧氛圍中。這不是來自華府／政府所在地的感動。這個房間裡的人相信他們在做的事是有價值的，他們的驕傲是真實的，他們的意圖純潔無瑕。

我不禁哽咽。

「你們正在做的，或許不是你們加入星巴克要做的事，」我說，四周的嗡嗚聲靜了下來。「但我想說幾句話。在你們手上的是我們的價值及指導方針的實際體現。」我告訴他們，我從未懷疑我們應該這麼做。「我們都知道，美國比現況更優秀，我們也都知道，有些地方出了問題。假如我們光是坐在這裡，無論是以公司或公民的身分，袖手旁觀，讓現況繼續下去，那麼我們便真正成了問題的一部分。」

到了中午，簽名總計高達將近一千五百萬份，而且還有一千多家的請願書尚未計算。

到了週三，十六個裝滿請願書的紙箱送到了華府賓州大道的星巴克咖啡店。大約二十名夥伴們，身穿綠色圍裙，驕傲地把將近兩百萬份簽名送到了國會山莊及白宮。

在週四，我們有一位前往國會山莊的夥伴，發了一封電子郵件給他的小組。「昨天在華府真的太棒了，這是我在星巴克擔任夥伴的四年來，最喜歡的一天。」

到了週五，聯邦政府重新開啟了。

這件事和請願書毫不相干，只是時機巧合。政府機構裡有人曾打開那些紙箱嗎？我們無從得知。不過這有關係嗎？

我們有許多人感受到自己是某個遠大目標的一部分。

我們蒐集的簽名數目以及來自顧客和夥伴的反饋，在在反映出一群筋疲力盡的大眾想要被聽見。有些人簽完名之後，在請願書的邊緣寫下了「謝謝」。顧客告訴我們，對國會施予壓力是一個好主意。還有請願的訊息很重要，因為政府本來就該照顧它的人民。有一個人表達他的希望，華府會有人能傾聽那些他們被推選出來服務的人民的聲音。

請願書也受到批評。星巴克被指控把政治議程注入商業之中，然而就另一方面來說，參與得不夠深入。批評者大笑，稱我們是牛虻。約翰・凱利接收到一堆來自華府前同事的怨言，他怎能參與像這麼膚淺的事呢？約翰堅持立場：「你是否還記得自己最初是為了什麼來到華府呢？」他反駁道。「你是否記得自己是如何想要發揮影響力，因為你相信政府，還有人民需要發聲？」這不會是約翰實際的理想主義最後一次影響我們的行動。

接下來的日子裡，政府停擺所帶來的情緒逐漸淡去。請願成了一份記憶。我開始設法接受一項事實。

沒錯，蒐集並計算簽名給了我們的許多夥伴及顧客一點目標，而不光是看新聞及抱怨，這有時就是現今的民主參與情況，但這遠遠不夠。

不過就像我寫的那三封信，我們的咖啡師在紙杯上寫下「大家一起來」，還有請願書也是，這些大多是象徵性的舉動，沒有一項結果能持續到足以協助那些受傷害的人。我們採取了行動，沒錯，但不是所有的行動都有相等的價值。我要再次強調，感覺良好不等同做得好。這些是只有從經驗中才能學到的教訓。

在民主體制中能容許抗議、請願與大聲疾呼。象徵及演說具有重大的意義，既激勵人心又有淨化作用。許多年前，約翰・甘迺迪在布魯克林演說的那番勵志話語，要給每位美國人成功的「同等機會」，我母親深受感動，因而督促我去追求更遠大的夢想。具有雄心抱負的話語是夢想的起始點。但是進入了二十一世紀的第一個十年，美國這個奠基在最具雄心抱負的話語的國家，正面臨了龐大又複雜的重重難關。美國的承諾，以我的定義是擁有機會在某種程度上超越你的出身，因為你有辦法獲得例如教育和就業的機會，而在更多人的眼中，這項承諾變得越來越虛幻了。每個公民應該要能就讀好學校，有機會獲得、保有並專精一項好工作。假如我真心希望星巴克能在人們的生活中發揮影響力，呼籲公職人員採取行動會是一條毫無收穫的道路。

搭機前往美國各地處理星巴克事務成了我工作上的例行公事，但是我卻看不膩那片景色。天氣晴朗時，在起飛及降落，或者在片片白雲遮蔽之間的縫隙，我可以眺望窗外，看到美國的各種景象。辦公及摩天大樓，廣闊湖泊、棕色河流，還有川流不息的公路。我看過無數有泳池坐落其中的後院，白點錯落的墓園，還有在大城市外緣總是能見到一模一樣的房屋，成排地規矩排列，像是聽話的小孩在等待輪到他們。有距離花園不遠的垃圾場，還有離冒黑煙的工業區幾小時車程的穀物筒倉。在密西根湖的湖畔，芝加哥天際線從平坦的中西部畫布升起，猶如立體書的書頁。在舊金山，灣橋連接分散各處的山坡郊區。在阿帕拉契的煤鄉，整片山頂都消失了。而在德州的土地上，風力發電機各就各位地轉動個不停。從海岸到海岸，我能發現茂密的森林、購物中心停車場、中學屋頂，有時甚至還有尖塔。小鎮沿著無盡的田野冒出來。在夜晚旅行時，有時我看到的只有一處光點。

我在天際看到美國像一幅攤開的壯觀織錦。但我從上方看到的是一幅美麗的幻象。真相存在地面上，在人們生活中神奇的、平凡的，以及紊亂的細節裡。真相存在根本之中。

每個州都有星巴克咖啡店。無論大家是否喜歡這家公司，我們不可否認地存在社區之中，在美國的各個角落裡。我總是設法盡量多花時間在這片土地上以及我們的店裡，和我們的夥伴及顧客交談，而且聽得多、說得少。我學到的一點是，陳腔濫調是真實的：大部分的人都有相同的願望，希望能被看重、被了解、被愛，而且有機會能追求夢想，無論那些夢想可能有多卑微或多大膽。除此之外，我也相信大部分的人擁有容易忽略的潛力，不過當這份潛力被開發後，可能是無窮盡。我在美國認識的大多數人都希望能掌握自己的命運，他們只是需要一個機會。

我的同事和我在審慎思考，除了在店裡打造人文連結及社群感之外，星巴克是否能在美國扮演一個更重要的角色。這個角色跟賣咖啡無關，而是著重在經濟和社會問題。我們能不能、應不應該把我們應用在產品和營運上的相同創意能量及嚴格態度，用來幫助處理國家面臨的問題？這麼做是我們的任務之一嗎？身為企業公民，我們是否有責任涉入如此的驚濤駭浪之中？如果是的話，我們能走多遠呢？我們該走多久？

身為執行長及美國公民，我問自己一個問題：選擇不當一個旁觀者代表著什麼樣的意義？

第二部

目的及再造

第七章

工作的尊嚴

我在同一家星巴克咖啡店幾乎每天都會看到同一個人。這沒什麼不尋常。我們都有自己的每日例行公事。但是在二〇一一年，每次走進我家附近的分店，不知為何，看到那位穿戴整潔的中年男子，我總是留下深刻印象。有一天，我走向他。

「我注意到你每天都在這裡，感謝你光臨星巴克。」我伸出了手。他不只是和我握手，還把我拉到一旁。他知道我是誰。

「先生，我每天都來這裡，因為我沒別的地方可去。」

他不是遊民。他告訴我他有一個家庭，但是他失業很久了。外面沒工作，他說，過了幾分鐘之後，他開始哭泣。我把手放在他的肩上。在他的臉上，我看到了我父親的影子。

我很清楚，沒工作會成為一種破壞穩定的力量，而且不只是在財務方面而已。當我們工作時，帶回家的不只是薪水而已。我們的工作和上班場所是喜悅、自我價值或恥辱的潛在來源。工作表現得好，可以帶來驕傲及使命感；糟糕的工作或者沒工作則會慢慢消蝕靈魂。

在二〇一一年，大約有一千四百萬名的美國人都在失業觀望中，我會說絕大部分的人都渴望能重返職場。工作要付出很多，不過也帶來滿足。沒有新的工作機會，我們的公職領袖無法促進經濟成長，我相信美國正面臨的不光是經濟方面的赤字。我們的尊嚴也出現赤字。這是個大問題。

我這一生花了很多時間在面對及思索尊嚴在我們生命中的重要性。它的基本理念是自我尊重以及我們值得他人尊重的感受，這些是我相信我父親所缺少，而我希望自己和他人都能擁有的部分。捍衛人的尊嚴是星巴克意向的核心，深植在我們的使命裡。

但是我後來明白，尊嚴不是那麼容易得到的，你要努力才能換得。工作本身不會賦予我們自尊，尊重是來自於工作的選擇。它來自我們的表現如何，例如努力、負責及成果。而且來自我們受到如何的對待，當他人以惻隱之心來對待我們，注意我們的需求，並且感激我們的貢獻時，我們的自我價值感會增強。選項、努力、成就、尊重，這些都是尊嚴的來源。反之，差勁的老闆、長期失業，以及表現不佳，這些都會削減我們的自信。缺少好的工作選項，或是沒有取得管道，這可能會產生集體憂慮。

尊嚴不是一種權利或特權。對於個人、組織，甚至國家來說，它都是良好健康的基本要件。

「我們要如何讓美國恢復運作？」

二〇一一年八月二十六日星期五，我和星巴克的十二位夥伴坐在一起，他們是我從公司各部門找過來的，包括咖啡、行銷、商店營運及物流。我和我們的公共事務總裁，韋威克・沃瑪召集了這群人。韋威克自從二〇〇八年加入星巴克之後，已經成為我最信任的同僚之一。他原先在微軟服務，擔任溝通及政策措施的顧問，而且在念完法律學校之後，在國會山莊待過一陣子。韋威克為我們的合作帶來獨特的觀點。他在奧克拉荷馬州的小鎮，契克夏長大，父母是來自印度的移民。韋威克是國家級網球選手，而且在那年夏天當了驕傲的新手父親。我很看重他在壓力下保持冷靜的能力，並且以實用性思考來落實遠大的想法。

我說明我的新目標是除了星巴克有能力雇用的人之外，刺激國內的工作成長。這麼做能加速經濟發展，為人們的生活帶來改變，就像我在我們的咖啡店裡遇到的那位先生一樣。

在國家面對的所有問題之中，星巴克擁有最高可信度的是在就業的領域。我們做的就是提供就業機會，那年，公司致力於在全球雇用一萬兩千名的新夥伴。不過我們只負擔得起雇用這麼多人。假如我們要星巴克幫忙改善國內高失業率的情況，我們就必須把目光放在我們的聘僱能力之外。

我要大家提供想法及一些指導方針。「我們必須盡快採取行動。」摩根史坦利的分析專家才降低他們對美國的經濟預測，警示說美國和歐洲即將面臨另一次的衰退。我們也必須製造出一些可預見的成果，而不只是好的感覺。

大家開始提供想法。我們可以捐錢給職訓計畫，或是利用我們的咖啡店，提供給求職者履歷及職業諮商的協助。

亞當・布洛曼（Adam Brotman）開口了。「我自己做了一點功課。」

亞當是西雅圖出生的企業家，創立了數位音樂公司PlayNetwork，自一九九八年起提供星巴克咖啡店裡播放的音樂。現在他替我們工作，協助打造數位及行動網路供顧客使用。亞當很聰明、好奇又善良，經常自願協助份內工作以外的創意企劃。他繼續說：「我的研究不斷把我帶向小型企業以及它們遭遇的障礙。」

小型企業可以是地方經濟的工作引擎。經濟大蕭條對小型企業的打擊尤其嚴重，有部分是因為它們仰賴銀行的資金來資助最初的成長。但是自二〇〇八年起，國內有許多銀行要不是倒閉了，要不就是被較大的機構收購，而這些機構大部分只借錢給最有資格、資產最豐富的借貸者，而不一定是創業家。

假如小型企業無法成長，它們就無法聘僱員工。

「我們可以做一些事，類似我們的農民借貸計畫。」韋威克說。

多年來，星巴克一直在協助咖啡農取得信用貸款，讓他們能擴展生意。二〇一一年，我們的約定融資額度達到一千四百七十萬美元，對象是七個國家超過四萬五千位農民。我們計畫在二〇一五年，把農民貸款提高到二千萬美元。這些貸款是透過非營利組織發放給農民。

有人提起微額貸款，也就是提供非常小額的貸款，甚至只是幾百美元，給沒有任何資產的人。我也是在沒有錢的情況下創立公司，因此微額貸款如何幫助發展中國家的創業者及小型企業主能自給自足，引發我極大的興趣。使用這種模式來幫助美國企業家的想法非常吸引人。

然而，借錢給我們自己的供應商是一回事，借錢給和星巴克無關的企業，這個嘛，我們會因此成了銀行。但星巴克不涉足銀行業。

亞當的臉亮了起來，就像小孩得到新玩具那樣。「所以群眾募資才會這麼有趣！」

多虧了網路，任何人都能到類似Kickstarter的網站，要求朋友和陌生人幫忙為某個目標募款，就算一美元也行。

他提議說，或許我們可以開辦一個基金，要求大家捐款。

隔天，亞當發了一封長長的電子郵件給我們，提議星巴克創立一個獨立的法人來募款，然後星巴克可以蒐集並分派給一個專精就業的非營利機構。

「我們可以找百分之百專注在創造就業機會及就業訓練的機構。」他寫道。他描繪出一個野心勃勃但粗略的計畫。

我邀請亞當、韋威克和另外幾個人，週日到我家吃披薩，並且全盤思考這個計畫。

我們六個圍繞著我家廚房裡的大中島。我買了一些披薩，放在餐桌上打開的盒子裡，我的黃金獵犬哈波和芬恩躺在我們的腳邊。大夥兒拿了披薩，開始翻閱亞當的備忘錄。

我們同意把焦點放在資助小型企業，對我們來說是合理的做法。星巴克在上市之前，有十多年的時間都是一家小型的私人企業。我們每家分店的營運，就許多方面來說，都像是一家小型企業。在我們的店裡，無數的顧客坐在我們的桌旁，使用筆電和手機經營自己的生意。而且不只一次有人給我看他們坐在星巴克時草擬的生意點子。

我們也同意需要一位有好聲譽的夥伴，最好是值得信賴的非營利機構。

我接著想到我們要如何執行這項企劃。群眾募資很合理，但我們需要方法去激勵民眾捐款，要一種實體的東西，一個象徵。不要我們可以獲利的商品，而是讓大家和這項目標產生連結的實體物品。

我的心中浮現一種影像：一只鮮黃色的膠質手環，上面寫著LIVESTRONG。那是多年前支持癌症病患的時尚宣言。

「手環，我們需要手環！」現在我成了拿到新玩具的小孩。

一小時過去了。披薩盒空了，狗兒也回去狗屋休息了。

韋威克在廚房踱步，低垂著頭，雙手插在牛仔褲的口袋裡，為我們目前的進度做總結：第一點，小型企業是美國最有可能提供新工作機會的來源，我們認為能找出方法來協助創業者取得資助，讓他們打造自己的事業。第二點，我們需要合適的夥伴。第三點，霍華想要一種特色商品，或許是手環，和集體努力打造國內工作機會聯繫在一起。

「現在要來進行試驗了，」韋威克鼓勵大家，我知道他會為每個人的創意提出指引方向。「我們要這麼做，」他又說：「但我們有一些大問題。」我們要如何收錢？我們要如何和顧客溝通，讓他們認同我們的努力具有正當性，而不是行銷的花招？我們要如何衡量結果，確保我們的確帶來改變？

我們這番雄心壯志的範疇發人深省。我們可以停下來，今天就到此為止，拍拍狗兒的頭，同意比起我們想完成的目標，寫信和開支票要容易得多。但不只是我，我們都想真正做點事。一起合作，做些不只和自身相關的事。

隔天，我寫了一封電子郵件給星巴克的董事們。「我們想做的事很大膽、很複雜，而且危險，」我寫著。「不過這也是星巴克的作風。具有創業家精神、充滿好奇，而且勇氣十足。這存在我們的DNA裡。」

在我家進行腦力激盪之後，過了幾小時，亞當•布洛曼和妮雅•張（Nia Zhang）通電話，研究我們的計畫。妮雅極富創意思考，先前在美林（Merrill Lynch）的投資銀行部服務，然後加入了星巴克的行銷部門。她對微額貸款的潛力也深感興趣。

他們諮詢的人之一是朗尼・海因斯（Rodney Hines），一位細心又盡責的夥伴，擁有與資源不足的社區合作及參與公共政策的經歷。他在前年加入星巴克之前是在微軟服務，負責監督他們的社區事務成果。現在朗尼協助星巴克選擇支持哪些慈善事業，他認識很多在全國各地從事慈善事業的人。

「我知道你該找誰談，」朗尼告訴亞當。「你聽過CDFI嗎？」

這一長串首字母縮略字聽起來很陌生。CDFI代表的是社區發展金融機構（Community Development Financial Institution）。聽起來更冗長了。朗尼解釋CDFI是金融組織，借錢給全國各地低收入地區的創業者、小型企業、公共住宅區，以及非營利組織。

「基本上，CDFI投資銀行忽略的國內地區。」朗尼說。他也知道有個來自賓州的人，主持一個CDFI傘式組織。

那個週日，在賓州時間晚上十一點，朗尼用他的黑莓機傳了一封簡訊給一個叫做馬克・平斯基（Mark Pinsky）的男子。「我們有個想法，你或許會想幫忙。希望能聊聊。」隔天他們便通了電話。

馬克的組織叫做機會金融網（Opportunity Finance Network，簡稱OFN）。OFN會利用來自銀行、有錢人及捐款者的錢，借貸出去並放款給特定的CDFI。CDFI以收到的這些資金發揮槓桿效應，去吸引其他資金來源的額外款項，然後以低利率借貸給社區的創業者。

在我得知這些之後，我心存疑慮。CDFI和OFN聽起來很陌生，我們的顧客會信任他們嗎？我們能相信馬克嗎？和一些幹得有聲有色，而我也認識他們的領導人的非營利機構合作，感覺比較安心，但是我們的步調快到無法拒絕任何選項。我們邀請馬克來西雅圖。

我們同時也聯絡兩家知名的非營利機構，但是到了那一週結束時，兩家機構都回絕了我們的邀請，無意加入我們發展中的計畫。我感到失望，但是很快把注意力轉移到那一堆陌生的信件。這些CDFI是什麼呢？現在我大感好奇，不知道馬克・平斯基過來造訪時，他會怎麼說。

三年前，在二〇〇八年九月，颶風艾克的眼牆狂風橫掃休士頓市中心，強風吹跑了市內體育館的屋頂。艾克肆虐後，休士頓的第三區有部分已不宜人居，包括陽光健康食品及素食店（Sunshine's Health Food Store And Vegetarian Deli）多年來所在的建築物。當店主雅佳・布喬瓦（Arga Bourgeois）得知房東無意修復艾克造成的損害時，她恐怕自己必須結束她父親一手創立的餐廳了。沒有銀行會借錢給她重建。

「雅佳・布喬瓦就是CDFI要協助的企業主類型。」馬克說明。我一面開車，一面聽他快速地說著，熱忱從我車上的擴音器傾洩而出。他正在星巴克辦公大樓的會議室，說明CDFI如何協助大約三十個對象。我正在路上，必須打電話進去加入會議。

颶風艾克過後，一家位在德州的CDFI借給雅佳三萬美元。到了二〇〇九年春天，陽光餐廳已經重新開業了。雅佳和她的員工回到了工作崗位。

馬克說，有數萬家像她這樣的小型企業無法創立、成長或聘僱員工，因為它們從銀行連一萬美元也借不到。「基本上，ＣＤＦＩ客製化企業貸款，有點像星巴克客製化飲料那樣。但是我們的運作方式比較複雜，而且我們的產業很不擅長表達我們的觀點。所以才不為人知。」我很感激馬克的毫無保留，他似乎是個有話直說的人。

馬克繼續說：「ＣＤＦＩ的放款對象，根據傳統金融的看法，是不會還錢的那群人，但是他們確實會還款。」自從一九八〇年代中期，ＣＤＦＩ投入了三百億美元以上，幫助超過五萬家機構。其中有百分之九十八的貸款都已經清償。

「這是怎麼做到的呢？」有人問。ＣＤＦＩ向借方收取的費率，比傳統貸方更低。ＣＤＦＩ也沒有相同的獲利壓力。更重要的是，他們竭盡心力去幫助借方成功，提供基本又實用的協助，例如簿記、行銷建議、技術協助及顧問指導等。他們了解他們的顧客。

馬克提議，我們在星巴克咖啡店募集的款項可以提供給他的機構，ＯＦＮ，然後百分之百分派到全國各地的ＣＤＦＩ。那些錢會成為ＣＤＦＩ的資產淨值，用來借貸更多款項，然後借給在社區提供工作機會的任何機構。他表示，平均算起來，ＣＤＦＩ籌募並借出的款項，是他們收到原始補助金額的七倍。

但是要在顧客掏錢買拿鐵時解釋完這一切，實在太冗長了。

我向來努力讓自己身邊圍繞著和我有不同專業本領的人，而且能分享我的價值觀。基於這些原因，我開始信任馬克，相信他和頗獲好評的低收費貸方網絡，OFN，會是協助我們創造工作機會的理想夥伴。

馬克表示，OFN和CDFI會調查借方，分派借款，並且追蹤創造的工作機會。星巴克因此會補償OFN的營運成本，確保我們從顧客募集的款項百分之百都會回饋到社區。此外，星巴克基金會將立刻捐出五百萬美元給這個基金。這一來，當我們啟動這項專案時，OFN便能立即分派款項，而不必等待顧客的捐款慢慢累積。

會議到最後帶來了許多答案，同時也提出更多問題。這正如我所預期。當你第一次做某件事時，肯定會遇上問題和麻煩。

每位企業家都會面臨他或她無法預期的挑戰。一場颶風摧毀了你的商店、一位競爭對手複製你的商品、一位投資者試圖偷走你的事業。這三十多年來，我遇過這些挑戰，而且不只如此。其中有一些依然糾纏著我。

在我籌到了最初的一千六百五十萬美元，創立Il Giornale並且在西雅圖開了三家咖啡店之後，過了一年，我遇上了第一個企業方面的重大關卡。傑瑞•鮑德溫是星巴克的共同創立者、我的前雇主，以及我的第一位投資者。他來找我，說他和戈登•波克決定賣掉公司，包括星巴克的六家分店、咖啡豆烘焙廠，以及星巴克這個品牌名稱。

「好消息呢，」他說：「是我們認為你是接手星巴克的正確人選，霍華。」

壞消息呢，我心想，是我沒錢。

傑瑞說他和戈登會以三百八十萬美元的價錢，把公司賣給我。他們需要這個數目才能無負債地全身而退。他們給我六十天的時間去籌錢，而且說他們在這段期間會盡量不要把它賣給別人。這機會感覺像是命中注定。Il Giornale已經在賣星巴克的咖啡，而星巴克的咖啡豆生意和Il Giornale的飲料生意會相得益彰。假如這場交易順利完成，我的咖啡店會在一夕之間增加不只三倍，而且是在市內的最佳地段。我興高采烈地草擬了一份收購計畫，和Il Giornale的投資人分享。

這過程進行了大約一個月，傑瑞打電話給我，告訴我一個令我震驚的消息。他和戈登又收到一份出價。「你說你要讓我獨家收購！」

「這個嘛，這份出價是來自你的股東之一。」他說。我信任的某個人私下對傑瑞和戈登出價四百萬美元，全部付現，沒有盡職調查。傑瑞問我有多少信心能籌到三百八十萬美元。

我必須說實話。「看起來沒問題，但我無法保證。」

傑瑞坦白地對我說。「霍華，我承擔不起損失四百萬美元。我們會再給你三十天去籌錢。假如你籌不到的話，那我很抱歉。」

我不只即將失去星巴克，我隨即明白了對手投資者的龐大野心，是要說服現有的Il Giornade股東和星巴克合併，而新公司的股份分配方式會稀釋掉我的所有權。身為Il Giornade的創辦人，我知道這不公平，這也相當令人生氣。就算我沒有被徹底趕出公司，我的影響力也會被大幅削減，我怕星巴克不會成長為我當初預想的那種公司了。身為企業家及新手父親，我開始相信賦予企業價值以及打造它的文化，就像是養育一個小孩，預期的行為及信念必須在企業成立的初期便打好基礎。Il Giornade是學步中的孩子，而且成長得很快，我們已經在公司及分店建立起真正的同志情誼及彼此尊重的情感。我們就像一個大家庭，為了共同目標團結努力：在我們之間以及為顧客打造社群，維護人類尊嚴。我們並沒有把Il Giornade當成咖啡事業，開店只是為了賺錢，而是當成人的事業，販賣咖啡。也就是說，關於預算、擴展及政策的決定，都會考慮這些會如何影響到我們的人。我擔心要是我的股東把星巴克拿到手，並且接管Il Giornade，這種精心培養的心態會就此失去了。要是我打輸了這場仗，有太多方面會遭遇險境。

一開始我嚇壞了，我甚至告訴雪莉，我們可能會失去一切。但是我振作了起來，準備應戰，而且要贏。我只是必須想出該怎麼做到。有天晚上，打完了一場休閒社團的籃球賽之後，我把我的困境告訴了一位隊友及朋友，史考特・格林柏（Scott Greenburg）。他是一名年輕的律師。

「我們要去見我們律師事務所的資深合夥人。」聽完我的難題之後，史考特說。

「是誰？」我問。

「比爾・蓋茲（Bill Gates）。」當時是一九八七年，史考特指的是老威廉・蓋茲（William H. Gates），微軟的共同創辦人威廉・蓋茲三世（William H. Gates III）的父親。在當時，兩個比爾我都不認識。

隔天早上，史考特和我走進了西雅圖最傑出的法律人之一的辦公室。老比爾・蓋茲的身高六呎七吋，是個令人仰望的人物，無論是個人或在地方上都是。

「坐吧，」他說著，並且拿出了一本筆記本。「把整個故事告訴我。」我一五一十地說了。我的義大利之旅，在星巴克工作、募款去創辦Il Giornale、我買下星巴克的機會，最後也提到和我競標的股東姓名。他是西雅圖商界的大人物。

「霍華，我們不認識彼此，但我不得不問，你有漏掉任何事嗎？」我搖頭否認。「你跟我說的一切都是真的？」

「是的，蓋茲先生，我跟你說的句句屬實。」我們又談了一會兒。最後他說：「霍華，我要你兩個小時之後回來。就你一個人。」

我走到對街，找點東西吃。當我回去之後，比爾說：「霍華，我要和你一起去見你的投資人。」我的心臟開始撲通地跳。

當我們抵達對方的辦公室，我感覺有如膽小獅要去覲見奧茲國王。大人物十分生氣。「我們在你還是無名小卒的時候就投資你！」他對我咆哮，當著老比爾・蓋茲的面。「現在你有機會買下星巴克，但用的是我們的錢。假如你不接受我們的條件，你就別想在這個城市混下去了。你再也籌不到一塊錢，這輩子休想翻身。」我既驚駭又不安，但也氣惱不已。假如我讓他買下星巴克，我所有的努力和夢想就都毀了。

「這是我的主意，」我說，我的聲音在顫抖。「是我讓你加入的！」

我身旁的巨人開口了。「這太卑鄙了，」比爾對我的對手和他的同儕說：「像你這種地位的人會這麼沒有原則，想偷走這年輕人的夢想。」這兩位年長者怒視對方，直到比爾再度開口：

「你要退出。霍華會籌到錢。你聽明白了嗎？退出。」然後我們就走了。從來沒有任何像老比爾．蓋茲那種地位的人，為我挺身而出。事實上，我這輩子不曾有過任何男性，帶著這樣的熱情及正直態度，代表我說話。

搭電梯到大廳的過程中，我開始哭了起來，淚水之中帶著感激，但是也有恐懼。我很確定我們剛才打贏了一仗，但我仍然需要籌到錢。這時比爾做了一件事，不但改變了我的一生，也改變無數人的生命。

「霍華，我要投資你的生意，並且幫你籌募款項。」我不敢相信我的耳朵。這個我才剛認識的人不僅替我辯護，他還答應要投資我的夢想，並且想出計畫來籌足款項。

老比爾．蓋茲所做的不只是投資我的生意，他讓我看到一個陌生人能改變另一個陌生人的一生。這是一個啟示。在我認識並娶了雪莉之前，我向來覺得在我不僅要謀生，也要成名立萬時，我只能靠自己。然後我和傑瑞及戈登一起工作，他們幫助我撒下夢想的種子。現在一個我幾乎不認識的人忽然出現，幫助我拯救我的夢想。在我深信除了妻子之外，沒人會幫我的時刻，比爾伸出了援手。這種意義深遠的舉動，我一直銘記在心。我想我明白我的責任不只是要保護比爾的投資，給他豐厚的報酬，同時也要把他這樣的舉動繼續傳承下去。

我差點在一九八七年失去星巴克，那是一段悲慘的經歷。假如我失敗了，其他人也會跟著我受苦，包括雪莉和我的員工。二〇一一年，我個人故事的不同版本在全國各地的企業家身上上演，他們各自面臨了屬於他們的挑戰。

在新罕布夏州坎特柏利，一家小型有機農產品公司的所有者，路克（Luke）和卡塔里娜・馬洪尼（Catarina Mahoney）即將失去他們的事業，因為他們的農地並未續訂租約，而他們買不起新的土地。

在奧勒岡州夕塞德，吉米・葛里芬（Jimmy Griffin）想開一家啤酒廠，吸引觀光客前來這座失去了釣魚及伐木產業的小鎮。吉米有個理想的地點，是一棟擁有九十九年歷史的建築。但是少了貸款，他無力負擔整修的費用。

在紐約州特羅伊，羅蘋・史卡特蘭（Robyn Scotland）想成立一家托兒所，但是好多家銀行都拒絕貸款給她。

在飽受經濟衰退摧殘的佛蒙特州巴列，一場暴風雨摧毀了辛西亞・杜佩（Cynthia Duprey）的家園，她失去了在家經營的生意。為了取得新的收入來源，她想趁鎮上僅有的一家書店結束營業之前，把它買下來。但是她找不到願意借錢給她的銀行。

在南加州，米蓋・岡薩雷斯（Miguel Gonzales）想取得數百萬美元的融資，讓岡薩雷斯北門市場（Gonzales Northgate Market）能創立一家新店面，提供上百個工作機會。

我不需要統計數據來告訴我，米蓋、辛西亞、羅蘋、吉米、路克、卡塔里娜，還有好幾千個像他們這樣的人，正處在成功或失敗的邊緣。我也有過那種經歷。他們想達到目的的渴望和我的一樣真實，對失敗的恐懼也是，而我的恐懼依然在我心底糾纏不去。

第八章

更美好的天使

西雅圖港距離星巴克總部不到一哩，坐落在普吉特灣東岸的一大片土地上。我站在我的辦公室裡，可以眺望周遭的工業區，看見港口的巨大高架起重機把洲際貨櫃從大船上卸載到等在一旁的貨車車斗及鐵路車廂，然後運送到全國各地。那些剛橫渡太平洋而來、外觀千篇一律的大箱子裡，裝載了價值數十億美元的汽車、電腦、服飾、玩具、家庭用品、機械裝置，以及大型的鋼條和鐵板。這些川流不息的貨物只是美國經濟的一個面向。但這不是全部的故事。

離西雅圖的繁忙海岸數千哩之外，可以看到另一種面向。俄亥俄州的東利物浦是一座小鎮，就在賓州州界的上方，坐落於俄亥俄河的一處河灣。東利物浦曾有全國陶器之都的美名，擁有一百多家工廠，生產各式各樣的陶瓷器皿，從細瓷器到香水瓶都有。到了二〇一一年，這個陶器之都只有兩家仍在運作的陶器工廠。其中一家，美國馬克杯及啤酒杯工廠（American Mug & Stein），先前有數十名員工，這時縮減到只剩三人。在這段期間，東利物浦的失業率暴增到將近百分之十。

當星巴克開始啟動計畫，資助小型企業成長時，我們沒人聽過美國馬克杯及啤酒杯工廠，儘管我們希望這項努力能刺激像東利物浦這類地方的就業率。不過在二〇一一年的秋天，我們能否達成這樣的結果，依然是個大大的問號。

我想當商人的最早記憶要追溯到孩提時期，以及記憶中第一次前往曼哈頓。

在時代廣場的霍恩及哈達特自動販賣商店（Horn & Hardart Automat）裡有一面牆，牆上有數十個小窗口。每個窗口裡面有一種不同的食物，可能是一份火雞三明治、一碗Jell-O、一塊蘋果派，甚至是一杯咖啡。我看著我阿姨把銅板投入投幣孔，打開其中一個上掀式的小窗口，然後取出一塊派。窗口關上後，格位裡又出現了一塊新的派！我阿姨讓我相信，這一切是有魔術師在背後操作。我根本不知道那面大牆後方有一位辛勤的工作人員，不斷填補空的格位。那塊派美味無比，光是買下它就是一件令人著迷的事。自動販賣機的樂趣不光是那塊派，而是這種體驗。

有一部分的我對於什麼能抓住消費者的想像，以及什麼能驅使他們購買商品，感到著迷不已，這樣的商人心態讓我明白連結顧客情緒的象徵及故事的重要性。聲音、顏色及象徵都能合力讓想法變得更豐富，打造出一種魔幻的感覺。這種魔力不只限於販賣派和咖啡，也能延伸到任何努力之上，像是企圖創造就業機會。

在九月接近尾聲的一個下午，我的辦公室咖啡桌上散落著十幾個布質及塑膠手環。我們五個人拿起手環，試戴看看。大部分的手環都不便宜。我挑了一個薩克斯第五大道（Saks Fifth Avenue）精品百貨的尼龍繩手環。手環很好看，但是一個要價七十五美元，無論是對我們生產或在店裡販售來說，價格都太高了。我們要製造五十萬個手環。

「我們要的是中性的設計，和這個一樣優雅，」我說，手指著一只造型雅緻的手環。「還有，妮雅，無論是生產或售價都要便宜很多。」妮雅‧張負責手環的設計及採購。她也明白手環不只是某種耍噱頭的小玩意兒而已。

我拿起一個比較單薄的手環。「我們的手環也要比這個還厚實。」多一公釐都有差。假如你不是滿心驕傲地戴上它，你就不會想戴，也就表示你不會捐款。

因為我們的工作企劃案很複雜，所以名字要取得簡單：「為美國創造就業機會」（Create Jobs for USA）。簡單明瞭，但是沒特別具有啟發性，所以我們想要一個能捕捉到這項企劃案精神的標語。看夠了手環，現在要來玩文字了。團結、同心協力、聯合、一個國家。有人唸出了效忠誓詞裡的一句。

「『不可分裂』（indivisible）如何？」吉娜・伍茲（Gina Woods）說。吉娜是有六年資歷的夥伴，負責處理特別企劃。她對邏輯細節和大方向思考都很有一套，包括我在內的大夥兒都喜歡和她一起工作。她在愛荷華州長大，和我一樣愛狗。我經常會找具有真誠直接觀點的人一起合作，於是我找了吉娜加入這個小組。在二〇一一年的秋天，「不可分裂」這個字眼還沒成為政治標語，它耳熟能詳卻又新鮮。

除了手環之外，我們也要弄清楚一個更複雜的細節。

我們沒有現有的經濟模型去量化一份CDFI貸款能打造多少工作機會，因此馬克的OFN團隊請教了很多勞動經濟學者，建構出一種方法論，協助我們判定二萬一千美元的貸款能讓一家小型企業打造或維持一份工作機會。為了確保這個模型的有效性，我們找了穆迪分析公司（Moody's Analytics）的專家來替它背書。為了讓「創造就業機會」的捐款者聽起來有感，我們使用CDFI的七倍算式，用最低的公分母來算出效益：

每個手環賣出五美元，能為一個CDFI機構帶來三十五美元。一個CDFI機構收到三千美元，就能借出二萬一千美元的貸款，等同創造或維持一個工作機會。一個賣幾美元的手環也能聚沙成塔。

做了一個又一個的決定之後，在我家廚房吃披薩時隨口談談的想法，慢慢地逐漸成形。現在我們要告訴大家，我們打算做什麼，而且設法取得他們的支持。

二〇一一年十月二十七日，我在聖路易的布希體育館（Busch Stadium）看世界大賽第六場賽事。福斯有線聯播網（FOX Cable Networks）在報導賽事，福斯體育台的一名高層主管就坐在我附近。賽事進行的過程中，我跟他提起「創造就業機會」一事。

「霍華，假如世界大賽打到第七戰，我們明天晚上或許能為你空出電視廣告時段。這是很棒的曝光機會。」他說。

我們正在策畫一支廣告，但是要再過一週，等「創造就業機會」按預定計畫啟動時，廣告才會播出。在第六場賽事的過程中，播出廣告的念頭在我的腦海揮之不去。在多年來最刺激的世界大賽最後一場賽事，也是十年來第一次打到第七戰時，我們能得到的曝光機會實在好到不容錯過。不過是否會打到第七戰還是未知數，假如德州遊騎兵隊打敗地主紅雀隊，世界大賽就到此為止。這場比賽打到第九局之後依然平手。

在第十局，兩隊都得分，賽事依然平手。終於在第十一局時，大衛・福里斯（David Freese）擊出一支再見全壘打，紅雀隊攻下一城，而且有機會奪冠。整個體育館歡聲雷動。

我打電話給西雅圖辦公室，掀起一陣騷動。我們的創意團隊及廣告公司只有不到一天的時間要完成一支六十秒鐘的廣告，這一來才能在世界大賽的第七戰登場時播出。

隔天晚上，我兒子喬登（當時他二十五歲）和我在布希體育館，站在一壘線旁，距離本壘板只有一球之遙。體育館的每個人都站起來高呼吶喊，揮舞雙手。我身上裹著一件紅色帽T，我能感覺到那導電的冰冷空氣。紅雀隊只要再來一記三振，就能榮登冠軍寶座了。

到目前為止，當天晚上最棒的就是能陪伴我的兒子。

從喬登還不會走路時，我就會帶他一起去看球賽。我記得抱著他去西雅圖的老國王巨蛋（Kingdome）看棒球比賽。在那裡，水手隊的外野手小肯・葛瑞菲（Ken Griffey Jr.）成了他的米奇・曼托。對喬登和我來說，棒球代表了一種更深刻的關係裡的一個特殊面向，其中包含了許多的談話、玩笑、歡笑、對狗兒的熱愛，以及多年來分享的家庭假期及日常時刻。喬登不像我小時候，他在成長的過程中喜歡和家人待在家裡，他和他的朋友，也是我喜歡的那些孩子們，在我們家度過了許多時光。

他也是個狂熱的運動迷。喬登大到拿得動球棒跟丟球之後，他就開始打球了。雪莉和我很少錯過他的比賽。無論是坐在明亮的學校體育館階梯式座位，或是裹著雨衣坐在溼答答的露天看台，我們都沉醉在喬登對體育與生俱來的熱愛，以及他在比賽時享受的單純喜悅中。他的棒球打得特別好，但最愛的是籃球。他在球隊裡的人緣很好，也受到敬重。而且和他的老爸一樣，喬登是運動的學習者、統計數據的蒐集者、敏銳的觀察者及戰略的分析者。喬登打了四年的大學籃球賽，然後把興趣變成職業，投身體育報導的行列。二〇一八年，他成為ESPN的內部分析師，目前擔任ESPN+節目《The Boardroom》的特派記者。我兒子熱愛他的工作，閱讀他的報導及聆聽他的廣播帶給我無限的驕傲和喜悅。

那年一起看世界大賽成了我們永生難忘的記憶，尤其是當紅雀隊左外野手艾倫・奎格（Allen Craig）接殺一記高飛球，讓他的球隊第十一次登上世界大賽的冠軍寶座。

那天晚上，我沒親眼見證的是，「創造就業機會」廣告在世界大賽的二千五百萬名觀眾面前播出的那一刻。但是我提早看過了。我們決定不要譁眾取寵，或是找來名人背書。我們希望內容能直指我們的努力核心。這支廣告一開始流瀉出大無畏的小提琴樂聲，動畫繪製的白色美國剪影出現在紅色背景上，藍色的字跳躍呈現在螢幕上：

> 我們有百分之九點一的人依然失業。我們可以一起改變這一切。

接下來的五十八秒只有音樂。廣告中沒有人物或配音出現。只有動畫。這支廣告劃破世界大賽的瘋狂場面，敘述著一個故事：

> 小型企業是美國勞動力的支柱。當它成長，工作機會也隨之增加。我們有個想法，可以幫

得上忙。到星巴克咖啡店或CreateJobsforUSA.org網站捐出五美元給「為美國創造就業機會基金」（Create Jobs for USA Fund），捐款會百分之百用來為全美各地社區創造及維持就業機會。你會得到一個手環，表示你的支持。星巴克基金會也會捐出五百萬美元，展現我們的支持。我們大家攜手合作，不可分裂。

當某件事顯得如此簡單時，這時你便知道它的起頭有多複雜。

十一月一日週一的早上，在我們家廚房的披薩聚餐過了八週之後，每天埋首苦幹的小組成員擠在我的辦公室裡的電腦螢幕前，看著CreateJobsforUSA.org正式上線。我們在全國各地的咖啡師都收到指示。在將近七千家咖啡店裡，每一家都擺放了彩色的摺頁，向顧客說明籌募的款項會如何資助小型企業的成長，讓大家獲得就業機會。在每家店的收銀機前擺放著手環。最後的設計是具延展性、堅固又優雅的穗帶，以手工編織紅、白、藍三色細線，可以纏繞手腕兩圈。手環的重點裝飾是一個霧面鋁塊，上面印製「不可分裂」。有將近一年的時間，我每天都戴了一個在手上。

馬克・平斯基和我前往紐約市去推廣「創造就業機會」。媒體報導帶給ＣＤＦＩ的貸方從未有過、但應得的全國知名度，它們是推動小型企業的在地英雄。

我也希望每位星巴克的夥伴在看到報導及最初的廣告後，能為公司感到驕傲。

在啟動的興奮感之後，我迫不及待想看到結果。除非捐款源源而入，刺激企業提供就業機會，否則一切都不算數。吉娜負責監督「創造就業機會」，我每天都會去找她一趟，有時甚至兩趟。

「吉娜，你好嗎？」她會看著她的電腦，滔滔不絕地說出最新的紀錄。在公司會議裡，我要求她站出來分享捐款基金的數目，讓星巴克的每個人都能在這個過程中同感驕傲。

在最初的兩週內，「創造就業機會」募集的捐款超過一百萬美元，而且這數字不斷攀升：最後，「創造就業機會」賣出了超過八十萬個手環，數十萬的個人及公司，包括Google、Banana Republic及花旗，捐出了超過一千五百二十萬美元，而全國各地的CDFI把這筆錢變成一億六百萬美元，融資給社區企業。我們的想法幫助創造或維持五千多個就業機會。

我們解決了就業危機嗎？沒有。但我們在慢慢補救，而且有了實際的進展：

在奧勒岡，吉米・葛里芬使用CDFI貸款，重新整修一棟有九十九年歷史的建築，購買釀造設備，而且聘僱了十九個人在他的夕塞德啤酒廠工作。在新罕布夏，馬洪尼夫婦買了一塊地，籌到錢購買新的農耕設備，讓他們的十名員工能保住飯碗。在紐約，羅蘋・史卡特蘭從CDFI借到兩萬美元，開了一家環保寶寶托育所（Eco-Baby Day Care），創造出四份全職及五份兼職的工作機會。在加州，米蓋・岡薩雷斯得到CDFI的八百五十萬美元貸款，打造另一家生鮮市場，雇用一百一十八位全職員工及四位兼職員工，而且提供四十個營造工作機會。在佛蒙特州巴列的主街上，辛西亞・杜佩在聖誕節前夕拿到四萬美元貸款，開了「下一章書店」（Next Chapter

Books）。

「創造就業機會」也來到俄亥俄州的東利物浦。

星巴克有一位供應商叫烏里奇・赫西尼豪森（Ulrich Honighausen），是來自加州的企業家，創立了一家叫做豪森威爾（Hausenware）的設計公司。他有一次過來我的辦公室，我這才第一次聽說東利物浦這個地方。烏里奇說他看到我在二〇一一年九月接受CNN的專訪。

「你談到政治人物沒有盡本分，你呼籲企業領袖開始在美國提供就業機會。」他回憶說。這場訪問讓他起心動念，要找一家美國製造商來負責豪森威爾的產品，銷售到海外。烏里奇經過一番研究，在俄亥俄州找到一家位在俄亥俄河附近的陶器製造商。

在東利物浦，他去見美國馬克杯及啤酒杯工廠的老闆，一位白髮又隨和的企業家，克萊德・麥克萊朗（Clyde McClellan）。烏里奇把克萊德介紹給星巴克，因為我們正在找一家美國陶器公司，生產數千個白色陶製馬克杯，上面印製「不可分裂」。馬克杯的收益會捐給「創造就業機會」。在我的辦公室裡，烏里奇描述東利物浦是一座曾經欣欣向榮的小鎮，在失去了唯一的產業後便一蹶不振。我試圖想像這個地方，但我覺得需要親眼看到才行。假如我想有所了解，就必須實地跑一趟。

我們開車來到東利物浦，經過殘破的工廠，以木板封住的店面，還有搖搖欲墜的住家。這些是在工廠外移到海外之後，遺留下來的頑強殘跡。街道一片荒廢，空盪盪的停車場野草叢生，房屋及商店的窗戶不是破損就是蕩然無存。這是一片鬼魅般的美國土地。

我走進美國馬克杯及啤酒杯工廠。這是一棟擁有一百一十一年歷史的建築，前身是一間家具工廠。陽光從窗口透了進來，黯淡的光束裡飄浮著陶土粉塵。我走進了工廠，身穿工作服的工人映入眼簾，而白色粉塵紛紛飄落在我的西裝外套肩頭上。有一名綁著馬尾的年輕女子正在一排排未完成的馬克杯旁工作，我走向她，詢問她是否能分享她的故事。她的聲音不大，所以我得彎腰傾聽。她是一位母親，失業了好長一段時間，直到克萊德雇用她來幫忙完成星巴克的訂單。她拿起一只馬克杯，示範她是如何以手工修整磨光。她微笑了。在俄亥俄河谷過日子並不輕鬆。

克萊德・麥克萊朗邀請我和兩位同事去他在二樓的辦公室。工廠裡熱得嚇人，而辦公室裡的一切，無論是辦公桌或各式各樣的椅子，看起來都像是有幾十年的歷史了。我找了一張椅子坐下來。儘管沒必要，克萊德還是為了工廠的雜亂而道歉。

「大部分的人來這裡的時候，不會穿著深色西裝外套，」他一面打量我的西裝，一面說。「那個很容易沾染灰塵。」

「這個沒關係。」我說，然後請克萊德說說他的故事。

他從事陶器產業四十年了。「這種商業模式很簡單，」他說。「你收到訂單、製造產品，然後出貨。」

但是這種謀生方式既熱又髒，而且很耗體力。他說，在這棟大樓裡有來自全國各地，大約十五萬磅堅硬如石的黏土和其他原料，等著被倒進位於四樓的兩個八百加侖大槽，把硬石磨成液體。每天早上，鑄工把黏土從四樓的大槽透過漏斗注入二樓的石膏模型。「這是一種以地心引力為基礎的系統。」克萊德解釋。

克萊德也坦白地分享，他在過去幾年來一直處於危機狀態，為了繼續營運而負債累累。他說他很開心能接到星巴克的訂單，不過為了趕上我們的嚴格交貨期限，他需要盡快增加人手，但是深感挫折。因為和他業務往來幾十年的銀行連一塊錢也不借給他，他無法雇用更多人手並且更新設備。

那家銀行在經濟大衰退時期破產，被一家更大型的機構買下了。

「我走進那家銀行，身上帶著星巴克的三十萬美元訂單，」他說：「結果他們拒絕我。」克萊德借不到錢，公司只能達到微薄的獲利率。然而克萊德依舊決心要實踐他對我們的承諾。再說，他需要工作，東利物浦的人也是。當他發布消息說美國馬克杯及啤酒杯工廠要徵人時，二十個空缺吸引了將近一百人前來應徵。他不得不回絕許多人。

我向克萊德保證工廠和星巴克不會只是短期的合作關係之後，提出了一個問題。「你聽過CDFI嗎？」他搖頭表示不曾。我向我的同事，維吉妮雅・坦潘尼（Virginia Tenpenny）尋求協助。她負責評估星巴克的供應商，確定他們有適當又安全的工作環境。維吉妮雅的做事態度縝密地糅合分析與同情，並且總是盡量去了解企業背後的那些人。幾個月前，維吉妮雅在大廳攔住了我，向我自我介紹，並且告訴我烏里奇努力在找美國的製造業者。我請維吉妮雅跟我多說一些，後來我才去找烏里奇。我也請維吉妮雅一起過來東利物浦，她對克萊德的情況已經相當清楚了。

「維吉妮雅，你的看法呢？」我就克萊德的情況提問。「或許馬克及OFN能幫得上忙？」她點頭，於是我們告訴克萊德，我們能幫忙。他露出了微笑。這些年來，他聽過太多承諾了。

在回程的航班上，我凝望窗外的俄亥俄河谷。美國有太多個像東利物浦這樣的小鎮了。那些城鎮被遺忘，但過錯不在那些鎮民的身上，就像是我剛見過的那些人，而他們迫切地需要就業。在我出生的地方，那裡從來沒有繁榮之後卻消失的產業。在灣景的人沒有很多錢，但我們也不曾在極端的經濟景氣之間擺盪。

同樣在那一週的過後幾天，克萊德的手機響了。是馬克・平斯基的來電。「我剛和霍華・舒茲講完電話，」馬克告訴他。「我要替你聯繫一個團體，在賓州格林斯堡的進步基金會（Progress Fund）。」

幾天後，來自格林斯堡CDFI、西裝筆挺的金融家走美國馬克杯及啤酒杯工廠布滿灰塵的地板上。

「所以說，你有幾年狀況不好，」他們對克萊德說，同時做著筆記：「現在生意有起色了？」克萊德把他帶去銀行的那疊財務紀錄拿給他們看。在短短的幾週內，進步基金會整合克萊德的債務，設定還款時間表，然後借給他十五萬美元去付清債務及未清償款項。幾個月後，數千個印製著「不可分裂」字樣的純白馬克杯在全美各地的星巴克販售。在我下筆的同時，這家工廠依然在替星巴克製造馬克杯。

創造就業機會計畫啟動後，有幾個星巴克的投資者打電話給我，說他們認為這是不務正業。「你做生意是為了賺錢，幹麼花時間替其他的公司創造就業機會？」許多股東很清楚星巴克的任務及價值觀，但有些人依然不明白公司的中心理念。

我設法解釋創造就業機會為什麼不只對這個國家來說是件好事，對我們公司更是如此，以及就像提供完整的醫療照護福利給我們所有的夥伴，這不是一項開支，而是一種投資。在信任的蓄水庫裡注入更多泉源。

在我們的店裡工作的夥伴是社會的縮影。這個國家無論發生什麼狀況，通常都會觸及這些夥伴們的生活，即便只是間接影響。毫無疑問地，在二〇一一年，我們有許多夥伴的家人和朋友經歷了失業的痛苦，以及隨之而來的不確定感。在星巴克協助美國創造就業機會的努力下，我希望我們的夥伴能感到驕傲，因為他們知道他們的雇主在乎的不只是賣咖啡而已。

創造就業機會也幫助加深我們和顧客之間的關係和感情。我相信在二〇一一年，我們的國家處於領導能力以及失業的危機。而在出現危機的時候，人民對於超乎他們控制的情勢，想要感到安心一些。有時候解決問題能減緩焦慮不安，但是當問題很複雜，你只能從統一的經驗，或者傳達「我們都在一條船上」這種共同信念的單一事件中，得到一絲慰藉。

想想看社群如何在天災之後攜手努力，或是在國家遭受攻擊後，人民如何培養出愛國心。「創造就業機會」激發出一種團結感，並且提供美國人機會去幫助其他美國人。這個計畫讓許多人，包括星巴克的許多客戶，感覺他們參與了超乎自我的偉大目標，也更加鞏固公司長久以來堅守對社區及同情心的價值。

把「創造就業機會」稱為一種「企業社會責任」的想法十分吸引人。但是我不喜歡把這個字眼套用在星巴克身上，因為這暗示了解決社會問題是一種連帶的努力，和加強財務表現的決定無關。在星巴克，這兩者是一體的，毫無差異。

在十年前，我們不曾為美國的小型企業募款。不過到了二〇一一年，我們的規模夠大了，足以讓我們把這個國家當成我們服務的社群之一。我透過「創造就業機會」學到的是，星巴克在服務國家方面所擔任的角色，不是要制止華府的政治內鬥，而是要利用我們可用的資源，為了基本的人類尊嚴而戰。

對於那些擔心「創造就業機會」會消耗我們資源的人，我要拿出數據來說明。在「創造就業機會」計畫啟動的那個會計年度，也就是二〇一一年十月到二〇一二年九月，全球收益一百三十億美元，而星巴克的營業收益便高達將近二十億美元。對投資者來說，我們的每股盈餘比前期上升百分之十。我要向心存疑慮的人保證，「創造就業機會」不會對星巴克造成傷害。

我們做了很多努力讓公司成長：引進新咖啡、為顧客設計手機應用程式、把店內的科技升級、改善我們的食品、聘僱及提拔新領導者。「創造就業計畫」是另一種策略，在我們的夥伴之間引發期待，或許對某些顧客來說也是，希望星巴克能持續以具有創意的方式來運用資源，改善生活。

對我而言，「創造就業機會」證明了一個簡單的觀點，令人感到謙卑卻又帶來力量。我明白「我們」比「我」擁有更大的力量，這是我身為企業領導人及團隊打造者所深知的事實；但是我現在領悟到，這對我們在公司以外的努力來說，同樣真實無誤。一個團隊的多樣才能和集體意志所擁有的潛力，能創造出比我單打獨鬥地寫信還要多的成果。而對於那些毫無疑問具有國家重要性，以及與基本人類尊嚴的共同需求息息相關的問題（換言之，和我個人的熱情無關，而是讓大家攜手面對的困境），這更是不爭的真理。

在我離開東利物浦時，我深思美國的失能政治在二〇一二年並未顯示任何緩和的跡象。另一場關於是否提高債務上限的爭執無可避免，而一場總統大選逐漸逼近。

然而，「創造就業機會」讓我感到樂觀，因為這個國家除了政府計畫或政治人物之外，擁有其他的救助資源。我們擁有林肯總統曾稱之為這個國家的「良善天使」。

我回想起星巴克的創辦人、老比爾・蓋茲、我最早期的投資者、雪莉、她的父親，以及這些年來曾出手協助星巴克踏上成功之路的無數人們。還有近來一些人的作為，就像烏里奇・赫西尼豪森、馬克・平斯基、星巴克的夥伴們，以及為ＣＤＦＩ服務的人們，在在證明了良善天使就在我們之中，這些人願意挺身而出來幫助他人。

我母親帶我認識的美國夢尚未死去。它只是需要一條救生索。

第九章

義務

我母親不希望我上戰場，她要我去念大學。

但是在一九七二年二月二日那天，我們倆都沒有多少選擇。在那天，美國政府在越戰期間舉辦第四次的徵兵抽籤。抽籤在現場實況轉播，決定一九五三年出生的美國人被徵召到越南服役的順序。

這場活動是在華府的商業部禮堂舉行。一名高瘦的男子身穿黑色套裝，站在台上的一支麥克風旁，手臂不自然地垂放在身體兩側。克提斯‧塔爾（Curtis Tarr）負責抽籤。在他的右邊有一個透明的滾筒，裡面裝了三百六十五顆紅色膠囊，每顆大約是幸運餅乾的大小，裡面裝了一張紙條，上面寫著一個日期，從一月一日到十二月三十一日都有。在塔爾左手邊的透明滾筒裝著藍色膠囊，每個裡頭都藏著一個從一到三百六十五的數字。在兩個滾筒中隨機各挑出一個膠囊，把兩個號碼配成對，決定這些出生日期的先後順序，把人徵召到美國的軍中服役，然後送往越南的叢林和稻田裡。

塔爾對著麥克風說話，聲音經過演練而異常地悅耳。他對記者和坐在禮堂的其他人，以及全美國數百萬正在收聽或收看的人，包括我母親和我，說明當天的事項。

我當時十八歲，那是我第一年符合徵兵的資格。我們家住在灣景的另一間公寓，而且不光是我們的公寓，整個公共住宅區都瀰漫著一股明顯的焦慮不安。我不是唯一等待隨機抽籤來揭曉命運的年輕人。儘管我母親極具愛國精神，熱愛這個國家，她還是祈禱我的生日，七月十九日，能夠和一個大的徵兵數字配對，至少要超過一百二十五號才行。不知為何，許多人相信，那年要超過這數字才安全。禱告的人不只她一個。一九七二年，許多年輕人依然為了一場目的及任務都不明確也不受支持的戰爭送命。那些就算受了傷，終究順利歸來的人，經常遭到漠不關心的對待，或是背負著整個國家的怒火。

我和其他的國人一樣困惑。無論最初參戰的合理藉口是什麼，它們都已經被多年來的可怕戰事以及我們國家首府發布的不實報告，混淆得模糊不清了。我明白共產黨在東南亞散播的恐懼，但是我一點也沒感覺到我們正在戰勝它。來自華府的聲音沒有一個能打動我，讓我想繼續奮戰下去。不管是尼克森總統，或者在他之前的詹森總統都不行。我加入了我母親的行列，一起支持羅伯特•甘迺迪。他在競選總統時的政見做出承諾，要是當選的話，他會讓美國撤離越南。對我以及我這個世代的許多人來說，甘迺迪是代表理性的聲音。不過他在一九六八年遇刺身亡後，他激勵人心的悲天憫人及堅定的意志後繼無人，至少在我的看法是如此。我同樣感受到這個國家的反戰情緒以及對政府的不信任感，在親朋好友面前也表達我反對越戰的立場，但是我沒有走上街頭抗議。現在回想起那段時間，我想我更專注在設法離開卡納西，而不是讓這個國家脫離遠在地球另一邊的衝突。我也確定當時要我在最親近的友人圈之外高聲提出異議，我會感到不自在。

但是對於那些在越南上戰場的人，我對他們只有尊敬。我認識的一些高中學長脫下了棒球外套，換上迷彩服，我一心想著他們是多麼勇敢。我的年紀符合徵兵資格，一想到我必須加入他們，我就焦慮不安。我就像許多十八歲的年輕人一樣，無法想像自己身穿戎裝上戰場。不過萬一被徵召了，我知道我會接受訓練，我會去保家衛國。我父親期待我會這麼做。

有人開始緩慢地手搖每一只透明滾筒，為抽籤活動拉開序幕。在折磨人的十分鐘裡，蘊藏著數千人命運的膠囊在滾筒裡碰撞聚集，掉落在彼此的上頭，在這一場超現實的機會遊戲裡轉不停。從加州到緬因州，從路易斯安納州到北達科塔州，這三百六十五個出生日期的人在等待著。我們一共有超過兩百萬人。

滾筒停了下來，膠囊靜止不動。紅色及藍色膠囊逐一從滾筒中取出，西裝筆挺的人取出了裡頭的紙條，然後有人大聲念出上面的數字。

紅色膠囊的紙條寫：「一月十日」。藍色膠囊的紙條寫：「三十七號」。

每一位在一九五三年一月十日出生的美國男性，現在的徵召編號是三十七。台上抽出了一個又一個膠囊，揭曉了某些人的命運，然後鄭重其事地張貼在台上後方的兩個大告示板上，記錄每個日期的調派順序。當時沒有數位化或機械化，整個過程都是手動執行。

我現在和年輕人分享這段過程時，他們把它視為遠古的產物，很少人知道徵兵是怎麼完成的。

抽籤以可怕的步調進行，我們坐在家裡，母親在心慌的期盼中，不停地抽菸。她一隻手拿著菸，另一隻手拿著電話話筒，貼在她的耳邊。她的姊姊，我的阿姨朗達在話筒的另一端，因為我的表哥艾倫和我年紀相同。這兩姊妹不知道什麼時候會抽到自己兒子的生日，緊張得要命。我的心臟怦怦亂跳，為了我自己和表哥感到害怕，同時也為了我母親。我快十九歲了，我明白母親變得有多脆弱。

當台上大聲唸出了「十月二十六日」，我的阿姨掛斷電話，打給艾倫，他還在學校裡。她歇斯底里地哭著告訴他，他的徵兵編號是七十八號。台上宣布「七月十九日」時，而且和藍色膠囊的三百三十二號配成對之後，我母親從座椅上跳起來，緊緊抱住我。我接獲徵召的機會忽然變得很渺茫。在短短的幾秒鐘內，我的未來在我們倆的眼前展開。我的心中湧上兩道放鬆的情緒，一道是為了我，一道是為了我母親。

最後的結果是，在一九七三年被徵召入伍的人，沒有一個上戰場。同年六月，政府的徵兵權過期，從那時起，美國便仰賴一支全志願入伍的軍隊。

美國在一九七五年從越南撤離時，已經有超過五萬八千名美國人為國捐軀。

越戰徵兵抽籤是我在接下來的四十年之中，最接近軍旅生涯的一次。在我經營星巴克的時期，我對現在軍隊的認識是來自電影、文獻及書籍，當然還有在美國投入一連串的新戰爭時的持續新聞報導，包括起先是一九九〇年代的波灣戰爭，然後是在二〇〇一年九一一事件之後的伊拉克及阿富汗戰事。不過就像我在越戰時期的感受一樣，無論我是否贊同一場軍事行動，我從未減少對於國軍的敬意。

二〇一一年春天，我受邀前往美國西點軍校演講。收到這份邀請令我深感榮幸，但是也很意外，而且不確定是否該接受。五十七歲的我，對服役知道些什麼呢？我父親從軍多年，但是那段歲月對我來說依然是個謎，他絕口不提他在二戰的經歷。我的朋友或他們的小孩都沒人從軍，我甚至從來不曾和任何軍人交談。二〇一一年，星巴克當然有從軍中退役的夥伴，但無論是在公司內部或公司以外，我都不記得認識過哪一位曾在伊拉克或阿富汗作戰。我心想，面對一群準備在戰爭期間從軍，而且不是因為他們的生日被隨機選出，是因為他們選擇這麼做的年輕男女，我能說些什麼？

我在成年後和軍旅生涯最親近的接觸，是透過我的同事兼友人，約翰・卡佛（John Culver）。他在二〇〇二年加入星巴克，管理我們二十六億美元的國際事業。約翰的外公和祖父都參加過二戰，他的父親是陸軍上校，曾經二度前往越南參戰。這些年來，約翰和我分享他的回憶，包括他看過父親指導部隊進行基本訓練，以及和他的手足及母親在家裡，一起聽他父親從越南寄回來的錄音帶。在我認識的人之中，只有約翰是在一個體驗驕傲、不確定性及恐懼的軍人家庭生活中長大。

或許這就是我到西點軍校演講幾乎稱得上不適合的原因。這令我隱隱刺痛地想起，我對我們國家的軍事機構認識得有多麼少。我會感到很不自在，不過這也是一個前往的理由。

我受邀演講的對象是黑與金領袖座談會（Black and Gold Leadership Forum）的軍校學生，他們是西點頂尖學生的核心幹部，邀請來自各行各業的領導者，包括商界人士。我接受邀請之後，立刻請約翰跟我一起去。雪莉和我兒子，當時二十五歲的喬登，也會一同前往。這次的造訪是我們三個學習的機會。

從紐約市到位於哈德遜河谷的西點軍校有將近六十哩的車程。在這一路上，我的期待之情不斷升高，但是我沒料到在我們抵達時會出現那種感受。這座擁有工整草皮及大型花崗岩建築的校園，坐落在紐約州崎嶇蓊鬱的地形之中，展現出人造及自然之美的驚人對比。

我和軍校的校長，大衛・杭頓二世（David H. Huntoon, Jr.）坐下來聊。他談到軍校的錄取率只有百分之十，而每位學生必須展現出某種特質典範，才能獲得就學的機會，並且最後在聲譽卓越的畢業生灰色長隊（Long Grey Line）中占有一席之地。羅斯福總統曾在十九、二十世紀之交時說過，這些畢業生「為全國最傑出的國民榮譽榜再添一筆」。這裡面出了許多打造美國的領袖：一八四三年畢業班，格蘭特總統。一九〇三年畢業班，麥克阿瑟將軍。一九一五年畢業班，艾森豪總統。其他的畢業生包括了奧運選手、藝術家及探險家。我從不曾造訪過如此深植於國家歷史之中的地方，來到西點軍校，感覺猶如踏上了聖地。

在我們的導覽行程中，學校的校訓「責任、榮譽、國家」真實呈現在校園的地理風貌之中：俯瞰哈德遜河河灣，美國獨立戰爭的戰略前哨。寬闊的儀隊表演場地、教室及宿舍所在的哥德式建築、向陣亡戰士及政治領袖致敬的紀念碑，其中包括一座華盛頓騎在馬背上的宏偉銅像。還有百年歷史的學員教堂裡美得驚人的彩繪玻璃。我從不曾在美國的土地上見過這麼具有歷史性及莊嚴氛圍的地方。

這種刻意展現的宏偉壯觀讓我對美國的過往心生無比崇敬，這是我過去參觀博物館或閱讀歷史書籍時不曾有的體驗。然而，當我看著西點軍校的年輕學員時，內心的情緒更勝於來到此地的激動感受。

我們舉目可以看到這些學員穿著筆挺的灰色制服走進課堂、敬禮，或是以整齊劃一的隊形前進。我隔著一段距離，欣賞他們集體步伐的紀律美感。不只如此，我也對我看不到的部分深感好奇。這些年輕的學員在思考及感受些什麼呢？是什麼樣的動機讓一名青少年會加入像西點這樣嚴格的學院，放棄典型的大學體驗，投入不止四年，而是將近十年去從軍服役？每位西點軍校的學員都承諾在畢業後，至少要擔任五年的現役軍人。一個高中生怎麼會知道從軍是他的或她的天職呢？尤其是在一個戰爭的年代。

我瞇著眼，想瞥見學員的臉龐，希望能從他們的表情找到我的問題解答，在他們的眼中看到線索。

我在他們那個年紀時，美國也在打仗。我不希望我的編號被徵召到越南，不過萬一他們徵召我的編號，我會前往。然而我不像我們身邊的這些西點軍校學員，我不是一個覺得自己有必要自願以那種身分去保家衛國的年輕人，我也沒興趣加入極度嚴格及犧牲的軍旅生活方式。

我以星巴克的成就為傲，但我也相信這些軍校學員的從軍承諾，比我這輩子做過的任何事都更有意義。我告訴雪莉，我覺得我不該跟他們談領袖精神。

在我預計上台前一小時，我把杭頓將軍拉到一旁，帶著無比的敬意對他說，我不認為自己有資格跟這些學員談領袖精神。我要求把型態改成比較非正式的問答時間。今天，我們都是學生，而且要從彼此的身上學習。

當我走進簡樸的教室裡，大約三十位身穿雙色階灰制服的學員已經就座。這個團體的人數感覺很適合我希望進行的那種近距離討論。當我拉了一張椅子加入他們時，我有些哽咽。我還不知道他們的個人故事，但我對他們加入西點軍校的個人選擇，以及他們能獲得入學錄取的應有特質，感到敬畏不已。我從未和一群這麼願意為國犧牲的年輕人相處。面對他們的勇氣，我對自己缺乏這種特質而感到羞赧。

「要我來跟各位分享任何有關領袖精神的經驗，實在是有欠考慮，」我說。「我才應該向各位學習。」

接下來的一小時，我們就這麼聊著。我向他們提出的問題並不複雜。你是哪裡人？為什麼會來西點軍校？有些人來自軍人世家，有些則是家族中從軍的第一人。他們跟我說學校的事，每天都過著吃力又規律的生活，課程深具挑戰性、作業豐富多元。他們的未來計畫範圍很廣，有些人想當職業軍人，有些想從事不同型態的公共服務，或者希望有天加入私人企業。他們說起話來雄辯滔滔又有自信，但如果有人開玩笑，大家也很容易綻露笑顏。而結果也真的有人開起了玩笑。在光鮮的外表下，他們還是孩子，這使得他們的成熟態度更加令人印象深刻。

當學員問到星巴克時，我分享公司歷史的各方面，以及我所學到和他們比較有關的經驗，例如需有堅持信念的勇氣，以及我認清了在順風時，發揮領導精神很簡單，但是在逆風時就變得困難許多。在商場上，領導人通常要在缺乏健全資訊之下做出決定。我告訴他們，我想像在戰場上也是同樣的情況。

那些學員的故事沒有特別突出的。我最受感動的部分是他們的集體自信以及使命感：他們能夠在這樣的年紀，全心投入某個超乎自我的遠大目標。這些學生大可以選擇去念其他的頂尖學校，不需要遵守這麼多的每日規範以及在軍中服役多年。在西點軍校，愛國熱忱似乎是必要條件。

這一整天下來，我也看到不同性別、種族、出身、經濟背景，甚至體格的其他學員，並且和他們交談。這些學員有高有矮，有精瘦和結實的，膚色有黑、棕及白，有許多是女性，主修的科目五花八門。西點軍校學員的多元性也讓我想起美國的特別之處：在這個國家裡，不同的人可以聚在一起，共享信念、實踐與使命感。

那天的最後，我們在沉思中開車回到城市。無論我們對後九一一戰爭的政治有什麼樣的感受，我們不可能不敬重這些年輕人，他們選擇了一條把國家放在第一位的道路。沒錯，他們是得到一流的教育以及許多機會的管道，但是他們為了成為西點軍校的一員所付出的努力，以及未來的辛苦和犧牲，都展示了某種程度的責任感及愛國心，叫人很難不去欽佩，或者想要仿效。

我大感震撼的不是美國的軍事展現，而是這些美國年輕人體現的服務精神。

我在回顧時領悟到，就在我於二〇一一年造訪該地之後，我立即開始對我們國家長期以來的社會問題，以及美國的政治領導精神似乎遭逢危機，表達出我的挫折感。我必須相信，看到西點軍校所展現的理想及責任感，帶給我發言的動機與勇氣。我現在比較了解的軍旅生活，並不是每個人都適合、渴望或有辦法加入的。但是要為國家付出有很多方法。

我很榮幸能稱那些學員是我的美國同胞，但我納悶他們是否也會對我說同樣的話。那天的造訪讓我明白，我有多麼不熟悉我們的國軍、過去和現在的戰士，以及我們正在參與的戰爭。這種陌生感並沒有讓我感到特別驕傲。

南西・肯特（Nancy Kent）自一九九五年以來便擔任我的執行助理，在我的職場生涯中，她一直都在。她帶著嫻熟又溫暖的態度，處理每天排山倒海而來的要求、電子郵件、電話及會議。她擁有敏銳的直覺和富感染力的笑容。要是有人想找我談，他們通常會先和南西進行一場愉快的、有時是深入的對話。我對她向來懷抱著無比的敬意及欽佩。

二〇一二年初的某一天，南西探頭到我的辦公室裡。「霍華，亞瑟・李維特（Arthur Levitt）在電話線上。」我不知道這位任職期間最長的美國證券交易委員會前主席為什麼打給我。我認識亞瑟很多年了，而且我非常欣賞他。「羅伯特・蓋茨（Robert Gates）部長要退休了，並且搬回故鄉西雅圖，」我接起電話後，他這麼告訴我。「他有興趣和你碰面。」

蓋茨自二〇〇六年起便擔任國防部長，我不知道原來他是太平洋西北地區的人。亞瑟曾對部長提議，他離開政府之後，或許能考慮加入星巴克董事會。部長顯然有興趣。我想他可以選擇參加的董事會不少，亞馬遜、微軟、波音、好市多、Nordstrom等公司總部，以及許多前景看好的新興公司都設立在西雅圖及其近郊地區。

我知道在許多人的心目中，部長是國內最盡忠職守的公僕之一。他歷經八位總統任期，擔任各種政府機關的角色，包括中情局局長。蓋茨似乎是華府少有的領導人，將國家福祉放在他對任何一個黨派的忠誠之前。在我的心中，這讓他成了貨真價實的愛國者。我希望向他表達我的敬意。

西雅圖是一個穿著休閒的城市。我只有在參加董事會議或是有貴賓來訪時，才會換上深色西裝及領帶來辦公室。蓋茨部長來訪的這天就是這樣的日子。

我立刻發現蓋茨比他的職位頭銜更平易近人，尤其是當他要我叫他包伯就可以了，雖然我實在叫不出口。

在他來訪的九十分鐘裡，我們談的大多和星巴克無關。我非常有興趣得知蓋茨部長在帶領國防部時所面臨的挑戰，尤其是在兩任非常不一樣的總統治理之下，以及經歷的兩次戰爭。他風度優雅又務實，而且為人坦率正直。他也不喜歡國會裡的偽善及缺乏透明性，我們一樣不喜歡官僚及政治邊緣政策。

當我問他為什麼有興趣加入星巴克的董事會，部長向我保證，這不光因為他喜歡喝我們的咖啡，雖然他確實透露每週有好幾次，他會到位在五角大廈裡的星巴克咖啡店喝深烘焙每日精選咖啡。他告訴我，他對我們如何對待員工留下深刻的印象。他還提到我們提供醫療照護保險的歷史，以及我們的價值、使命和團隊合作文化。

我不是唯一一個相信有蓋茨部長加入董事會是公司的福氣的人。在二〇一二年五月，公司現有的十一位董事邀請他加入董事會，幸好蓋茨部長答應了。

當包伯和我彼此比較熟了之後，我們的話題便轉向美國的現役及退伍軍人。他不只對戰事策略及聯邦政府的內部工作都瞭若指掌，他對美國部隊的情感也超出了職業上的尊敬。包伯經常去見派駐海外的軍人，去軍方醫院探視正在從改變一生的傷勢中復原的士兵。他不像幾位前任部長，寄發冷淡的官方信函給殉職戰士的家屬。包伯會親自寫慰問信，他也出席將士的葬禮。他很清楚地描述他對同袍戰士的感情，他把這份感情形容為愛。

包伯特別擔心這些弟兄們回鄉之後，他們的經歷、冒險，以及可能對社會做出的貢獻，沒有得到大家更多的尊重、感受及理解。

我們的談話讓我更加了解那些在戰場上保衛國家，以及在幾萬個非戰鬥位置堅守崗位的人。然而在某種直覺的程度上，我不了解我們的部隊承受的身體及情緒風險，以及這許多人所擁有的力量，直到一名受傷的戰士來到我的辦公室門口。

里洛伊・佩崔（Leroy Petry）上士穿著一套嶄新的陸軍制服，上面裝飾了多種顏色的勛略和金色臂章。我不知道他外套上的勳章代表什麼，我也不知道他頸間的那條淺藍色絲帶上垂掛的五角金星，背後有著怎樣的故事。我知道的是，由自己本身或配偶曾在軍中服役的星巴克夥伴們組成的星巴克軍人網（Starbucks Armed Forces Network，簡稱AFN），邀請到英勇作戰軍人的全國最高軍事榮銜，「榮譽勳章」的得主，前來公司演講。

在佩崔上士抵達之前，AFN的成員告訴我，他是遊騎兵，美國陸軍的菁英成員，受訓負責高危險軍事行動中的近距離作戰。佩崔上士獲頒榮譽勳章時，成了越戰以來第二位在世的榮譽勳章得主。

在他向公司夥伴發表演說之前，我們先在我的辦公室見面。佩崔上士平易近人，他告訴我，他駐紮在路易斯—麥科德聯合基地，一個距離星巴克辦公室約一小時的一處重大軍事設施。這樣的近距離讓我明白，我對這個基地的認識少得可以。我們要握手時，他的左手義肢從外套袖口伸出來。我已經被告知，他在戰役中失去了他的手。我不知道詢問他受傷的事是否會不禮貌，或者不問的話才會。我選擇不要提起這件事，雖然我不久後就知道了事發過程。上士非常低調，我沒料到他即將說出那麼驚人的故事。

當我們抵達他預定要發表演說的九樓中庭，偌大的空間擠滿了數百位夥伴。陽光從天窗灑落下來，人群沿著開放式樓梯蔓延到八樓，肩並肩站在走廊上。他們介紹佩崔上士上台之後，接著開始播放一部由國防部製作的影片。他的遊騎兵同袍一個個出現在鏡頭前，敘述著那天在阿富汗的偏遠山間發生了什麼事。當時還是中士的佩崔以及第七十五遊騎兵團第二營的其他同袍被派去執行一項任務，追捕躲在一處偏遠住宅區的一名基地組織主要間諜。

襲擊的那天早上，佩崔中士和他的騎兵排搭乘兩架契努克直升機。從他們著陸的那一刻起，他們便發現自己遭到人數不詳的叛亂分子持AK-47步槍攻擊。

影片播放了約兩分鐘，由於某個技術問題切斷了影片，中庭的螢幕一片黑。佩崔上士毫不遲疑，從影片中斷的地方把故事繼續說下去。他轉身面對我們，用他自己的話描述讓他贏得榮譽勳章的事件。我們全神貫注地聆聽。

幾名士兵意外闖錯了住宅區，佩崔中士跟在他們後面，走進一個開放式中庭，要警告他們這個錯誤。他一進了中庭，一名較年輕的同袍，一等兵魯卡斯・羅賓森（Lucas Robinson）便加入了他。佩崔和羅賓森立刻遭到攻擊。佩崔告訴我們，他在槍林彈雨之中感受到某種快速撞擊，就像一記猛力錘打，那是一顆子彈射穿他的左大腿。這是他有生以來第一次挨槍，但是他認為子彈沒有打中他的骨頭，所以他繼續前進。我就站在他附近，環顧四周一眼。所有的目光都集中在我們的貴賓身上。

這時羅賓森也中槍了。佩崔說他和羅賓森躲在住宅區角落的一棟小建築物後方，尋求掩護。佩崔以無線電呼叫隊友，向上級報告他們倆都受傷了，然後他從背心掏出一顆手榴彈，扔向槍手所在的方向。手榴彈爆炸了，叛亂分子的槍火停了下來。另一名遊騎兵，丹尼爾・希金斯（Daniel Higgins）中士趕過去幫他。正當希金斯檢查羅賓森的傷口時，一顆手榴彈掉落在離他們三人約十呎遠的地方。它爆炸了，把希金斯和羅賓森震倒在地上。佩崔位在保護他們的那道牆另一頭，從牆角查看尋找更多的叛亂分子，然後回頭查看希金斯和羅賓森。在他這麼做的當下，另一顆手榴彈落在地上，這顆只距離幾呎遠。佩崔知道，不到四秒鐘，這顆鳳梨型的手榴彈就會爆炸，爆破力足以殺死他們三個人。

中庭鴉雀無聲，佩崔上士描述他如何以右手抓起手榴彈，把它扔出去。但是當他的手指頭鬆開這個棒球大小的物品時，它爆炸了。佩崔被爆炸的力道震得往後倒在地上。他告訴我們，他睜開眼睛，慶幸自己還活著。然後他坐起來，看著自己的右臂。他說，它在右腕處嚴重受傷，像是有人拿了鋸子把手鋸掉。他的右手不見了，他能看到前臂的骨頭從一片血肉模糊之中冒了出來，殘肢汩汩流出鮮血。

「這聽起來很瘋狂，」他帶著一絲笑意說：「不過當我看到我的手臂，我的心中浮現這樣的念頭：『它怎麼不像電影演的那樣，狂噴鮮血呢？』」大家都笑了，因為打破了緊張氛圍而放鬆一些。

佩崔中士坐在泥地上，把止血帶纏在手腕上，阻止繼續出血，然後去察看周圍的其他人，以無線電向其他遊騎兵報告狀況。槍戰持續下去。在他的另一名同袍中彈身亡，然後他退到一個安全的地方之後，他才明白子彈射中他的左側大腿之後，射穿出去，然後射進了右側大腿。

我思索該對佩崔上士說些什麼，表揚他的英勇及犧牲。光是感謝他為國服務似乎還不夠。我向星巴克的法律顧問，也是前美國海軍上尉，羅伯・波卡瑞里（Rob Porcarelli）求助。

「羅伯，我能給他一份工作嗎？」

羅伯是AFN的共同創辦人，是他邀請佩崔來演講的。他不敢置信地看著我，然後咧嘴笑了。「你是老闆，」他說：「不過我覺得他可能已經有安排了。」佩崔從阿富汗歸國後，再次投效軍隊。羅伯說對於這種嚴重意外的倖存者，而且獲頒無數勳章的戰場勇士來說，這麼做非常罕見。

然而，當我走向佩崔，我還是歡迎他來星巴克上班。無論他何時準備好，我們都有空缺給他。然後我問我們還能為他做些什麼。

「你需要什麼呢？」我懇求他。我們欠他太多了，但是他連喝杯咖啡的要求都沒有，而是幽默地回答：「我需要錢加油，開車回家。」

這不是字面上的要求，而是機智地提及他的現況。後來羅伯解釋給我聽。身為榮譽勳章得主，陸軍並未要求佩崔進行公共宣傳或接受演講要求。他是為了盡一份義務而接受我們的邀請，而且通常換上最近乾洗燙平的制服，或許還去修剪了頭髮。軍方沒有支付這些開支，包括開到我們總部將近五十哩路的汽油錢，而他也不能接受我們給的補償或費用。今天來到這裡演講是佩崔上士服務國家的另一種方式。

當我走回我的辦公室，我想到包伯・蓋茨說的一些話。他相信美國人有一種道德責任，要照顧那些保家衛國的人。我問我自己，那天聽佩崔上士演講的所有人，是否都盡了這份國民的義務。有些人的確有，但我的內心深知，我並沒有。

第十章

這不是慈善事業

二〇〇三年，一名美國海軍陸戰隊中士寄了一封電子郵件給他的朋友，抱怨星巴克拒絕捐贈咖啡給在伊拉克服役的海軍陸戰隊隊員。他錯誤地聲稱我們公司不支持那場戰事，以及「任何參與其中的人」。他要他的朋友把這個消息傳出去，抵制星巴克。在幾週之內，他的電郵傳遍了全世界，散播不實看法，尤其是在國軍弟兄之中，說星巴克不支持美國部隊。

他的這種說法是在他聽到別人的傳聞後，產生了誤解。一個由海軍陸戰隊組成的團體確實寫過信給星巴克，要求提供免費咖啡。當時星巴克有一條政策，只提供免費咖啡給慈善機關。我們的公共事務部寄了一份聲明給海軍陸戰隊，說明這項政策，並且表達我們很遺憾必須拒絕它們的請求，因為依法律規定，美軍不符合慈善機構的資格。

現在回想起來，我們的那封信措辭不佳，而且確實不夠貼心，而我們決定不送咖啡給部隊的決定也是如此，但這項錯誤絕對不表示我們對軍方有任何負面看法。在二〇〇一年九一一事件之後，我和公司都不曾對戰爭表達公開立場。

當星巴克派人聯絡這位中士，說明實際狀況之後，他道歉了，而且在他寄發最初的那封郵件過後五個月，他寫了一封更正信給他的朋友們。這封更正信當然沒有被瘋狂轉發，而儘管有些網站及文章都已經破解了這項迷思，原本的謠言還是繼續流傳了許多年。

二〇〇四年，星巴克做了一開始就該做的事，免費捐贈五萬磅咖啡豆給派駐科威特、伊拉克及阿富汗的美軍。在往後的這些年，我們持續寄愛心包裹給部署部隊，我也收到許多軍人在沙漠或山區享用星巴克咖啡的照片。

這個謠言向來令我感到沮喪，但我直到二〇一三年夏天才領悟到，說到支持美國的後九一一戰爭退役軍人時，有一件比不實謠言更糟的事困擾著我們公司。

那年八月，我在月會時召集星巴克的資深領導小組。星巴克最近總結出公司四十二年來最佳的全面財政季度。我們不斷提高現有咖啡店的業績、開設新店、推出新產品、宣布異業結盟，並且為股東帶來創紀錄的收益。秋天即將到來，我們準備迎接星巴克最忙碌的季節。

偶爾會有公司不同部門的夥伴要求找領導小組談，這天有三名來自ＡＦＮ的夥伴前來參加會議。韋威克已經提醒我，我需要用心聽他們要說的話。

他們在會議室螢幕上公布的數據令人感到失望：星巴克在全美有十三萬五千名夥伴，但是僅有不到百分之一，大約九百五十人曾經在軍中服役。雖然很有可能我們聘僱的退伍軍人不只這些，只是他們沒有表明身分，不過這些退伍軍人及後備軍人似乎占了我們全體員工中非常低的比例。國內有一千零四十萬名六十五歲以下的退伍軍人，大約占全國工作年齡人口的百分之四。我們可以做得更好。

把這個消息跟我們分享的是這三位：前海軍上尉，羅伯・波卡瑞里，是他邀請佩崔上士前來演講；米克・詹姆士（Mick James），前海軍陸戰隊隊員，在一九九三年加入星巴克，擔任咖啡師，也負責許多管理職務，並且和羅伯共同創立ＡＦＮ；還有維吉妮雅・坦潘尼，目前是負責公共事務的夥伴，曾和我一同造訪東利物浦。維吉妮雅不是軍人，但她的父親曾在越南服役。她會一同前來是因為深受佩崔的故事感動，所以開始參與AFN的事務。

這三位決心要提升星巴克對退伍軍人的支持，於是前來會議室要說服我們做出更多努力。維吉妮雅直率地陳述狀況：「我們還不算是對軍人友善的公司。」其他的公司，包括許多零售業者，做得都比我們多。許多業者訂定了就業承諾。

這個消息令人感到沮喪。由於我們的使命是成為社區的正向力量，我們的被動態度似乎顯得加倍虛偽。我非常感激羅伯、米克及維吉妮雅點醒了我們，但我更高興他們提出如何修補這個問題的建議。

他們的第一個想法相對容易執行，儘管內容還不夠充實：在十一月的退伍軍人節，只要顧客表明自己是退伍軍人或現役軍人的身分，星巴克便會提供免費的每日精選咖啡。其次，他們提議星巴克在軍事基地內或附近開設新咖啡店。這些店會把部分利益分享給軍事社區，而且店裡只聘僱退伍軍人及現役軍人配偶為夥伴。星巴克已經有兩家位在低發展社區的咖啡店，把獲利和社區裡的團體分享，因此將這種模式擴展到軍事基地似乎可行。

他們的第三項建議就比較複雜且具爭議性。他們表示，星巴克應該承諾在接下來的五年內，雇用一萬名的退伍軍人及軍人配偶。這是一項重大的要求，我們公司從來不曾設定公開招聘目標，或者指定特定的聘僱對象，尤其是我們許多人都所知不多的那群人。我感覺到會議室裡有一股沉默的憂心氛圍，但是我也憑直覺得知，除了贈送免費咖啡，我們必須多做點什麼。

現在回頭看，我領悟到我和蓋茨部長的持續對話，讓我準備好做出這個決定。包伯從不曾勉強或敦促我，他一直在教育我退伍軍人帶給工作場所的價值。他說過，戰爭在許多方面改變一個人，這些改變包括：軍人退伍時所擁有的特質及可轉移的技能，可能是他們先前所沒有的，而且正符合雇主的需求。他說明，退伍軍人擁有在動態環境中帶領小組的豐富經驗，他們也接受訓練，擁有絕佳的團隊精神；他們同時是富創意的問題解決者，尤其是在壓力之下；他們深具責任感又可靠，而且擁有目標導向的精神。有哪家公司不希望員工具有這些特質呢？

包伯同時指出，即便軍中職務和私人企業的大部分職位並不吻合，軍中生活培養出快速的學習者。依照他的說法，一名海軍飛行軍官有能力協助導航一架F–18戰鬥機，在強烈暴風雨中降落在一架航空母艦的甲板上，就算再不濟，也能應付在早上的忙碌時段製作濃縮咖啡飲品吧。

更具意義的是，包伯提出在星巴克及軍隊之間的文化平行特性，這是我自己從來沒注意過的部分。他表示，在戰場上，部隊是緊密交織團隊中的一部分。但是離開軍中後，他們便失去了那種同袍之愛及家人的感覺，而這是許多退伍軍人在平民生活中迫切需要的。退伍軍人也渴望某種使命感，他們花了許多年保護國家的福祉，替一個只在乎賺錢的企業工作可能教人提不起勁。包伯相信星巴克的社區服務宗旨，再結合我們培養的團隊精神及家庭感，尤其是在咖啡店裡，對換下制服之後的這些人來說，會是個很舒適的環境。我靠自己絕對無法把這些點串聯在一起。

當羅伯、維吉妮雅和米克繼續在會議室證明他們的論點，我也在沉思這個國家的現況。在二〇一三年，有超過一百萬名軍方人員正在經歷回歸平民生活的過程。這波退役軍人不尋常地大量湧入社會的現象，是自阿富汗撤軍及陸軍整體規模縮編的結果。這群人有很多需要工作，而國家需要他們有機會就業。

雇用更多退役軍人似乎是該做的事，但是這其中自有障礙。在會議桌旁的其他人都知道，或許比我還清楚，星巴克不是為了那個目的而成立的。理由之一，我們缺乏專門的知識。軍事履歷在私人企業的眼中看來可能像外來語言，我們的招募經理可能不曾接受訓練或支援，無法去辨識在軍中的歷練要如何轉換成企業或零售業的工作經歷。

對退伍軍人的刻板印象也可能影響聘僱決定。招聘人員可能會對軍人的情緒狀態做出假設，把注意力都放在創傷後壓力症候群。一般人有種迷思，認為所有或大多數退伍軍人都受過某種傷害，所以這種病名才會揮之不去。然而，我們的公司及國家必須打破這種迷思。不是所有退伍軍人都經歷過這種症候群。

我們有些領導人會擔心我們聘僱退伍軍人的能力，而這些顧慮是合理的。

「要是我們失敗呢？」我問AFN小組，因為風險很高。提供就業機會不能是衝動的倡議，例如在馬克杯上寫下「大家一起來」。它必須成功，而且要有持續力。

維吉妮雅毫不退縮。「這會很辛苦，但是當你在做對的事，它就不是失敗之舉。」

有時位居領導的人必須在沒有健全資訊之下做決定。儘管我們不知道公司要如何解決那些已知以及未知的問題，我們還是同意在退伍軍人節提供免費咖啡，打造以軍方為主的咖啡店，並且承諾聘僱退伍軍人及他們的配偶。問題的重點在於是否要訂下一個數字。

我詢問包伯・蓋茨的看法。他強烈認為訂定里程碑比確切數字更加重要。我請教的其他人也同意，一個確定的目標會成為我們夥伴的動力，同時也讓我們負起這份責任。然而，一萬這個數字令人望之生畏，尤其是對於負責咖啡店每日營運的夥伴來說，他們有許多人對軍方的認識比我還少。

但是經過AFN的小組說明，為何國內的一百二十萬名軍人配偶很適合星巴克的文化之後，一萬人的目標變得比較容易達成了。軍人配偶這個群體以具有強烈的社區服務感聞名，他們自願服務的比例是全國平均的三倍。因為他們搬遷到不同城鎮或基地的頻率太高，以至於失業率是全國平均的兩倍。不過在星巴克，萬一現役軍人被調派到一個新的美國基地，他們的配偶可以轉任到另一家咖啡店。我們已經雇用了許多軍人配偶，積極嘗試提供更多就業機會的可能性相當令人興奮。

最後，羅伯和米克代表AFN向我們保證，無論我們是否能達到一萬的目標，目前任職星巴克的退伍軍人都會成為這場就業的團隊努力後盾。這件事就這麼決定了，在二〇一三年十一月初，我們宣布到二〇一八年時，星巴克會設法雇用一萬名退伍軍人及現役軍人的配偶，並且開設五家以軍方為主的咖啡店。同時在全國各地，我們會提供免費的每日精選咖啡給退伍軍人、現役軍人以及他們的配偶。

「我們今天所做的……這不是在做慈善，」我在發表聲明的時候說。「這不是慈善行為。這是在累積星巴克的文化，和那些保衛國家的人肩並肩合作。」我真心相信，這會釋放出無比驕傲，在對任何機構來說都至關重要的信任水庫裡，注入更多泉源。「我們在做的，對這個國家、我們的公司，還有每位股東來說，都是對的事。但是請別誤會，這不是施捨。雇用有這些才能及經驗，而且曾為了超乎自我的理想挺身而出的人，受惠的會是我們。」

我們現任的夥伴是否願意敞開心胸去學習、克服先入為主的想法，以及調整適應，最後將決定這場就業倡議成功與否。

讓一萬名美國退伍軍人加入星巴克行列的主要負責人是克里夫・布洛斯（Cliff Burrows），一位在威爾斯出生、尚比亞長大的英國人。克里夫原本在阿姆斯特丹的星巴克工作，我在二〇〇八年請他搬到西雅圖，經營我們當時營運不順的美國事業。他是有才幹的零售業經營者，而且受人尊敬。少了他的支持，就業倡議會無疾而終。然而克里夫有他自己的學習曲線，美軍對他來說是一個完全陌生的實體。

除了咖啡店之外，克里夫也和聘僱退伍軍人的部門合作，包括供應鏈及法務部門，他們找來聘僱專家。星巴克聘請一位顧問，雇用一名內部招募人員，兩位都有軍事背景，他們要來協助我們公司的聘僱人員及店長。我們也製作一份名為《軍事一〇一》的實用指南來解開軍中生活的神秘面紗，舉例來說，裡面的內容說明軍官及士官以及許多軍階的差異。這是為了給我們負責聘僱退伍軍人以及和他們合作的平民夥伴，提供的一種基本訓練。

後來在二〇一四年初，克里夫安排來自全國各地的區經理搭乘六部巴士，和他們一起前往參觀路易斯—麥科德聯合基地。我在一個月前造訪過那個基地，對於軍人在戰役中如何行動有了更深入的理解及感激。在參觀基地時，我們的經理觀看一列扛槍的士兵分四人小組合作，以連續的精準動作，將瞄準遠方標靶的強力大砲做好準備、裝填砲彈，並且猛烈發射。我們的經理也和負責採購數百萬美元防禦設備的軍官碰面。他們在餐廳和士兵共進午餐，這是他們之中許多人第一次和身穿軍服的同胞進行對話。

我們觀察到有紀律的團隊處理複雜的設備，一起合作完成任務。我們結識受過訓練的專家，在戰場之外支援那些作戰士兵。我們的區經理聽到和店裡的夥伴不同的故事和背景，有些士兵是出自為國服務的熱情而入伍，有些人從軍是為了收入，或是在歷經一段不好的選擇之後，想要重新開始。有些是受到持續活動激發腎上腺素之後覺得非加入不可。然而他們都來到這裡，培養各種才能，成為一個緊密團體的一分子，並且感受到一份使命感。

透過教育及對話，我們的區經理開始做出和蓋茨部長相同的連結，並且也得到我終於做出的結論：退伍軍人非常適合星巴克，而且反之亦然。

我們都在走一趟學習之旅，聘僱活動也是不完美無缺。當然了，我們聘僱的退伍軍人不會全部喜歡這份工作，或是適合這種文化。他們不會每一個都和我們一起長期努力下去。有些人會利用在星巴克工作當跳板，往人生的路上前進，這樣也沒關係。但是有幾千人會留下來，而他們的事蹟會成為公司裡永遠流傳的故事一部分。

泰德・沃蕭（Ted Warshaw）是美國空軍退伍軍人，在擔任軍方消防員十年之後，找不到工作機會。他在找工作的期間，和家人住在長租型旅館。他的荷包和士氣一樣委靡，這時他參加一場軍方就業博覽會，一位星巴克的招募人員走向他，詢問他是否考慮在咖啡業工作。泰德在意外之餘也開放心胸，和一位店長面談。二〇一四年十一月，他以咖啡師的身分第一天上班；在兩年內，泰得管理自己的店，贏得該區的咖啡師冠軍，而且為家人買了房子。

二〇一四年四月，瑞秋・畢歐卡克（Rachael Bialcak）在新婚兩週後，她日後將成為飛機維修官的丈夫被調派到位於奧克拉荷馬州恩尼德的凡斯空軍基地，遠離他們在猶他州的家人一千哩。瑞秋感到心煩意亂又寂寞，來到恩凡德的第一天，她坐在一家星巴克咖啡店裡，逃離新公寓的死寂。她和工作人員交朋友，對方問她猶他州的事，請她喝一杯飲料，甚至在看到她落淚之後，給了她一個擁抱。瑞秋受到這種自發性熱情的安慰，當天就應徵那家店的職缺，依照她的說法是，這樣她就能「成為那種感覺的一部分，而且分享給其他人」。接下來這段話也是出自瑞秋，我在此分享出來，因為這些話說得比我還要好，傳達了存在於我們的夥伴及顧客之間的連結：

> 當我接受這份工作時，我不知道我會和我的夥伴培養出持久的關係。我沒指望會有夥伴邀請我共享感恩節晚餐，或是整家店的人為我慶生，或是在我得知我父親罹癌的那天，所有的團隊在後面的房間擁抱我。我沒指望會有顧客拿了一盒高爾夫球給我，因為我們每週都聊到我們的高爾夫球賽，或是有顧客因為我胃痛，拿了胃藥給我，或是和這麼多顧客建立了關係。我沒想到當家人不在身旁時，我還能擁有家人。

當瑞秋的丈夫調派到位於紐澤西的基地，她也轉調到附近的星巴克。「我的新店再次感覺像個家。」她說。

這真的很美妙，想到透過星巴克希望達成目標的渴望，許多人也能達成他們的目標。四十多年來，公司一直都是如此，不過我認為，在退伍軍人及他們的配偶之間，這顯得更加明顯。這群人需要工作機會，幫助他們在生命中繼續前進。

二〇一七年，星巴克達成了聘僱一萬人的里程碑，比預計中提早一年。我們對此的回應是到了二〇二五年時，我們要雇用二萬五千名退伍軍人和軍人配偶。二〇一八年，我們在二十一州經營超過四十五家軍人家庭的咖啡店。我們聘僱的許多退伍軍人及配偶也選擇穿上特殊的綠圍裙，上面繡著美國國旗。假如你在我們的店裡看到有人穿著這種圍裙，請感謝他們的服務。要是他們似乎願意談談，那就問問他們的經歷吧。

有些益處是無法衡量的。聘僱軍人能帶來更多軍人就業機會，因為滿意的受雇退伍軍人會對其他的人才提起，讓我們的招募工作更簡單也更有收穫。更多的夥伴對於服務的意義有了更深的了解，同時也有更深的愛國熱忱。

星巴克在這部分的學習還在持續進行。退伍軍人有許多共同的特性，但他們的風格、強項及弱點的多樣性也不輸任何擁有共同點的其他團體。偏見是雙向運作的，它能虛偽地誇大某些人事物，也能加以誹謗。我們可以把這些人當成英雄，但我們不要忘了，他們也是平凡人。

包伯・蓋茨告訴我，戰爭會改變一個人。我看過許多軍事的正向影響，但是我也親眼看到戰爭加諸在身心靈之上，改變一生的殘暴傷痕。我們實施聘僱活動之後幾個月，我自己的學習持續進行。我遇見的人以及聽到的故事會讓我心碎，不過也推動我挑戰感知的極限，明白一家公司及一位公民能如何盡力支援那些為國服務的人。星巴克已經證明，除了提供免費咖啡，我們還能做得更多。但是除了提供退伍軍人好工作之外，我們是否能夠，以及我是否應該再多做一些？

第十一章

意外的結果

在卡納西的街上，如果一個小孩對另一個小孩說出某個F開頭、四個字母的字，然後加上「off」的髒話，叫對方滾蛋，通常緊接而來的就是彼此拳腳相向了。在我十五歲那年，有天放學後，我怒氣沖沖地對著母親罵出這句褻瀆的話。我搜索枯腸去回想當初怎麼會這樣，我在街頭聽過那句話幾百次了，是我母親說了什麼令我不開心的話嗎？還是我那天心情差？我想不起來是什麼引起那次大不敬的情緒爆發。

過了幾小時，就在我們通常開始吃晚餐的下午五點半之前，我正在沖澡。我沒聽到我父親進門的聲音，也沒聽見他走進了浴室。我只看到浴簾突然被拉開，父親的拳頭朝我揮過來。他一面打，水一面從我的身體流下。我抬起雙臂抱住頭部和軀幹來保護自己，接著便倒在浴缸裡。鮮血一陣陣地流進了排水孔。我父親就像進來浴室時那樣，一句話都沒說地轉身就走。這整件事發生得非常快，但彷彿持續了永久。那種感受到現在依然記憶猶新。

我勉強站起來，關掉蓮蓬頭。我嚇壞了，渾身疼痛。他從不曾對我這麼粗暴過。

我出了淋浴間，把自己清理乾淨，盡量不要把我們共用的毛巾沾染上血漬。那天晚上，我沒有和家人共進晚餐。我父母也沒跟我道晚安，雖然這沒什麼不尋常。我隔天早上醒來，回到浴室，看到了鏡子裡的自己。挫傷太顯眼了，我決定在家待兩天，不去上學。

我沒有為了跟我母親說那麼糟糕的話而向她道歉。小孩不該用這種態度跟爸媽說話，這樣不對，我們倆都知道。這在我們那些年的關係裡也是一反常態的事。我們不再一起做一些事，例如走路去行動圖書館，但我們深愛彼此，也想保護對方。我在想，那天我們都相信，對方打破了某種沒說出口的誓言。

我母親從不曾向我提起那件事，我父親也沒有為了揍我而向我道歉。多年來，我無法向任何人吐露那次的經歷，但是被我父親毒打一頓的記憶，以及我對他感到憤怒、有時是痛恨的情緒，就像病毒一樣存活在我的體內。它玷污了我對他幾十年來的記憶。

我在一個令人不安的家庭中長大的經歷，讓我能體諒其他面對類似問題的人。住在像灣景這種聲息相聞的社區，住戶這麼多，意味著我經常近距離看到他人的困境。但是在我長大一些，搬到了不同的世界之後，這種密切觀察的機會就不多了。我生活周遭的人，不再和我有著類似或者更糟的家庭困境。但是這一切因為雪莉而改變了，她讓我重新認識那個世界。

在一九九〇年代中期，我專心發展星巴克，雪莉則積極在社區團體當志工，幫助可能面臨中輟、無家可歸、未接受暫時安置，或是已經在街頭生活的孩子。她特別投入一個很棒的非營利團體，叫做YouthCare。有一個冬天的晚上，她和其他志工一起去分發食物、襪子和手套給露宿街頭的年輕人。他們把小貨車停在西雅圖的國會山莊附近，一家受歡迎的漢堡店Dick's Drive-In的後面，然後打開後車廂。當年輕人走到車旁時，雪莉和其他人會問他們需要什麼，把要求的物資拿給他們，包括乾淨的針頭，幫助預防HIV和其他疾病在注射毒品的人之間散播。這項推廣行動更重要的用意是把大人介紹給那些孩子認識，讓他們能開始建立信任，取得他們需要的支援。

雪莉第一天晚上回家時，對她所見到的感到難過。她遇見的那些年輕人處境悲慘，對於他們從志工手中拿到的物資深表感激。他們並不粗魯或危險，而是飢餓、疲憊又脆弱的孩子及年輕人。其中的一名男孩在雪莉的良知留下了印記。她遞給他一雙襪子，然後兩人有了眼神接觸。「謝謝妳，」他說：「外頭真的好冷。」

「霍華，」雪莉對我說：「那也可能是我們的兒子。」她看到的不是一個蹺家的孩子或毒蟲，而是一個男孩，因為他生長或遭遇的環境，失去了平安長大的機會。

雪莉持續在西雅圖的街頭當志工，漸漸地了解這些年輕人和他們的特殊境況。她在收容所或路邊坐在他們身旁，提出問題，傾聽他們的說法。他們和她聊，因為她不是帶著虛偽的態度找上他們，而是懷抱極大的興趣，真心想提供協助。她了解得越多就越同情他們，也越想幫助他們找到一條不同的道路。

一九九六年，雪莉和我創立一個家族基金會，發揮我們的博愛精神。在接下來的十五年裡，這些身陷困境的人博得她的同情，因此我們不僅捐款，她也花了很多時間付出心力。這不是一個大型機構，只是一個小型顧問委員會，成員就是雪莉和我。我們沒有辦公室，雪莉在家裡辦公。她是基金會的領導人及核心，隨著時間過去，她開始學習非營利組織如何運作、運用基金，以及衡量作業成效。她把重心放在能提供年輕人工具的團體，例如學習技能和提升自信。她最喜愛的本地團體有YouthCare、Mockingbird及Treehouse。她也很佩服YouthBuild USA，這家全國性組織有效地結合學校課業及真正的職業，讓年輕人學習營造，獲得在職訓練，同時完成中學教育。除了開支票給基金會，雪莉繼續身體力行，走上街頭陪伴那些孩子們。

我偶爾會加入她，雪莉確保我直接聽到那些年輕人的說法。我們會坐下來，請他們分享一點自己的事。故事傾瀉而出，有家庭暴力、吸食毒品、因為惹了麻煩或同志身分而被父母趕出家門，或是街上那些掠食者試圖引誘他們加入幫派、販賣毒品或賣淫。我從不需要面對像他們這樣的難處，但是我能體會那種疏離、恐懼、寂寞，甚至是絕望。對於他們願意分享這麼多的細節，我感到很欽佩。我在當時的人生階段，還沒準備好要揭露我自己的過往。更重要的是，我看清了自己成長過程的難題和這些年輕人的遭遇相比，簡直是小巫見大巫。我的家庭並不是很富有，但我總是有東西吃、有衣服穿，還有一張床能睡覺。

隨著時間過去，雪莉在同情之餘，也更加了解這座城市支離破碎的社福系統、資金短缺的學校，以及那些為了幫助高風險孩子而設計的，立意良善但經常效率不佳的非營利計畫。她也深諳為何許多年輕人會無家可歸或輟學的原因，以及哪些資源或服務最能幫助他們重新走回正軌。

她和我分享她的觀察及學習，我也逐漸同意她的觀點。雪莉持續去見那些腦筋靈活又頑強的年輕人，他們想要大多數孩子想要的事物：住在安全的家裡、念好學校、交朋友、有人聆聽他們的心聲、擁有一雙新鞋、財務安全、感覺被愛。她也看到青少年擁有能力及意願更上一層樓，假如他們能得到機會及正確支持的話。但是對他們來說，機會究竟會以什麼模樣出現？

「這些孩子應該在星巴克工作。」雪莉在稍早對我說。

到了二〇一三年，雪莉迫不及待地想擴展一項星巴克、YouthCare、YouthBuild USA和她都參與其中的就業計畫。這個一百六十小時的課程要教年輕人如何成為咖啡師，讓他們得以獲得第一份工作。咖啡師訓練及教育計畫（Barista Training and Education Program）提供店內實習的機會。結業生可以去任何雇用他們的咖啡店上班，不只是星巴克而已。他們也取得能參加高中同等學力測驗的學分。

雪莉想把這項計畫推廣到其他城市，讓更多弱勢的孩子能有一技之長，獲得就業機會，然而擴展計畫的過程充滿挫折。這需要專門知識並投入大量時間，而這些都是我們能力所不及的。我們沒有放棄，而是決定求助。

二〇一三年十月，我們聘僱了基金會的第一位全職執行長。雪莉立刻就喜歡丹尼爾・皮塔斯基（Daniel Pitasky）這個人。他專職從事協助有困難的青少年。在一九八〇年代，丹尼爾為洛杉磯街頭第一批被診斷出感染ＨＩＶ的部分孩子提供諮商，並且發展管理成效卓越的高風險青少年機構之中的兩家。他也和國內策略性角色合作，例如最近的比爾及梅琳達・蓋茲基金會（Bill & Melinda Gates Foundation），為低收入及少數族裔青少年打造學生支持系統，讓他們能念完高中，畢業後能具有生產力。丹尼爾是熱情與務實兼具的青少年擁護者，而且就像雪莉一樣，他也相當有親和力。

除了社工碩士學位之外，他也擁有商業學位。我尤其喜歡他以著重在達到可觀成果的方式來進行社會服務。

當我們聘僱丹尼爾，原本的計畫是要他來協助雪莉，推廣咖啡師訓練計畫，增加基金會的財務承諾，以及協助我們達到更策略性的支援。

退伍軍人不在舒茲家族基金會的服務範圍內。但是在我們共進晚餐時，我不斷告訴雪莉，我在過去那些年學到及體驗到什麼。她也開始了解並敬重包伯・蓋茨，而且那年秋天，在我和包伯那次感性十足的談話之後，我回家詢問雪莉，她是否認為基金會也能想辦法支援退伍軍人。那個夜晚結束時，我們同意應該透過基金會做點什麼事，但是我們不知道要做什麼。我們只知道開支票簿不足以造成真正的改變。

我們和丹尼爾分享我們的想法，他和我們同樣對這件事很感興趣。因此在他成為基金會執行長的幾週後，我們三個展開一場學習之旅。在替退伍軍人做任何有意義的事之前，我們必須了解軍人文化，以及他們面臨的挑戰。接下來的幾個月，我們看到及聽到的，大多超乎我們的預期。

「我來參加工作面試，比在阿富汗再服役一期更緊張。」

說這些話的是一位總士官長，這是入伍軍人能晉升的最高軍階。他和我、雪莉、丹尼爾，以及十幾位同僚坐在一張大桌子旁。他們身上穿的是綠色及棕褐色塊組成的淺色迷彩服。我剛問了對方，他打算待在陸軍多久。我很意外聽到他說，戰爭沒有應徵工作來得可怕。

我看著雪莉，她似乎也一樣驚訝。

當時是一月的某個陰涼的日子，我們來到路易斯—麥科德聯合基地，想了解軍人從現役轉換到非軍旅生活的過程。我們過了忙碌的幾小時，基地的人員，包括肯尼斯・道爾（Kenneth Dahl）少將，都花了很多時間陪伴我們。

當我們問這位軍官，工作面試為什麼會比再服役一期更令他焦慮，在桌邊提供答案的不只他一個。軍方擬定專案來協助士兵填寫履歷表，但他們有很多人依然不知道該選擇哪種職業，或者甚至是在基地以外的世界，他們能做些什麼。他們不知道在軍中接受的那些技能或訓練，如何才能轉換運用在平民生活，或是要如何以非軍事語言描述他們的經驗及資歷，讓企業招募人員能看得懂。從我對我們公司的了解來看，他們的恐懼不是沒有道理。

轉型到平民生活還有其他的挑戰。軍事生活受到嚴格控管，軍人會被告知他們何時起床、去哪裡報到，以及在醒著的期間要做什麼。平民生活的結構較鬆散、規矩較少，而且比較自我導向。對於退伍軍人，還有許多人來說也一樣，這要花時間重新調整，而且回歸到忽然自由得嚇人的平民生活，可能帶來一種孤立感。

雪莉、丹尼爾和我逐漸明白，軍方在許多部分都很傑出，但是在提供順暢管道讓軍人融入平民生活的方面，成效似乎不足。對於像我們在路易斯—麥科德認識的那些軍人來說，調整顯得困難，不只是因為公司缺乏雇用軍人的專門知識及動機，也因為退伍軍人和他們的家人有自己的各種問題要克服，擔心工作面試只是冰山一角。

二〇一二年，我第一次和四星將軍彼得・齊亞瑞里（Peter Chiarelli）見面時，他請我幫個忙。

彼得是西雅圖本地人，在華盛頓州念大學及研究所。二十二歲那年，他被任命為少尉。在他的漫長軍旅生涯中，他被派駐到海外及美國各地的基地，包括五角大廈。二〇〇一年九月十一日，當恐怖分子駕駛美國航空七十七號班機刻意撞擊五角大廈建築時，他就在那裡值勤。

在恐怖攻擊後的那幾年，彼得在巴格達帶領一支美國陸軍師；八個月後，他在伊拉克指揮聯合國部隊；二〇〇八年，他被任命為美國陸軍第三十二位人事副參謀長。他的職責包括監督所有士兵的訓練及裝備、管理陸軍預算，並且確保五百萬名軍中人員的福祉。

他負責的艱鉅任務還有設法降低陸軍逐漸升高的自殺率。在指揮部隊多年後，他很震驚地得知，被歸類為殘障的陸軍士兵中，大部分不是因為截肢或燒傷，而是被診斷出有創傷後壓力症候群，或是創傷性腦損傷。彼得很快就成為這兩種病症的專家，以及我的導師。

創傷後壓力症候群是人有時候遭遇身體傷害或遭受其威脅之下，所產生的一種症狀。症狀包括情境再現、夢魘，以及憤怒、焦慮或失去定向感。創傷性腦損傷可能是腦震盪所引起，而且經常是腦部受到砲彈爆炸的震動導致的。這兩種症候都很容易在診斷時被忽略，產生的影響包括憂鬱、破壞性行為，以及意圖輕生。

不幸的是，從後九一一部署行動歸來，心理受創的士兵所接受的診治，不像陸軍診療部隊的生理創傷那麼嚴謹。彼得有四年的時間致力於改造軍中處理創傷後壓力症候群及創傷性腦損傷的方式。二〇一二年退休後，他搬回了西雅圖，但是在這方面依舊努力不懈，並且成為改善腦損傷療法的非營利組織One Mind for Research的執行長。這位前陸軍將領的新工作是為資助研究募款，所以他才過來找我。他要求我提供金援，我答應會找辦法來支持One Mind。

彼得的肩膀厚實，氣度沉穩，當我們在二〇一三年再次碰面時，我告訴彼得，星巴克致力於雇用更多的退伍軍人。他很高興聽到這樣的事，不過也感到難過，而且不知為何還有些氣餒，因為我個人和美國國軍的接觸這麼少。他認為，像我有這種影響力的人，不該和軍隊這麼疏離。我永遠不會忘記當彼得看著我的眼睛，並且說：「霍華，假如你是真心想幫助退伍軍人，假如你真的想了解他們，你非去沃特里德（Walter Reed）走一趟不可。」

他警告我，那是一座美國軍醫院，治療受傷及罹病最嚴重的軍方人員，造訪起來可不輕鬆。但是我聽到了將軍說的話，知道我非去不可。

彼得說得沒錯。不過就算有了他的告誡，對於即將看到及聽到什麼，我還是沒有心理準備。沃特里德國軍醫療中心位於貝什斯達，在二〇一一年由一間陸軍、一間海軍的醫療院所結合而成。貝什斯達海軍醫療中心的醫療對象從士兵到總統都有，包括主持甘迺迪總統的驗屍程序。一九八五年，雷根總統的手術也是在這裡進行。近年來，已故參議員約翰・麥肯（John McCain）也來到這裡接受腦癌的治療。

我從包伯・蓋茨那裡得知了一些關於沃特里德的歷史。當院所的營運出現重大的問題時，包括安置門診受傷軍人的大樓環境髒亂，以及嚴重的官僚體制，彼得在重振機構上扮演了舉足輕重的角色。

在一個寒冷的二月早晨，彼得和我一同來到沃特里德寬廣的混凝土建築院區，位於華府外僅約十哩。韋威克、丹尼爾及約翰・凱利也加入了我們。雪莉不克成行，但是安排了稍後來訪的行程。

我們行程的第一站是一棟較新的建築，國家無畏卓越中心（National Intrepid Center of Excellence）。這是一棟有七萬兩千平方呎的研究、診斷及治療院所，發想者是商業房地產開發商及慈善家，亞諾・費雪（Arnold Fisher）。亞諾的家人創立費雪之家（Fisher Houses），在全國各地軍醫院附近提供免費住宅給軍人家庭。無畏中心是第二間費雪機構，專門治療有心理健康問題的軍人。它的正面是平靜波浪紋玻璃設計，顯示這是一種不同型態的療養中心。

內部設計考慮到院內獨特的病患群。弧形牆面讓開放空間變得更柔和，嵌壁式窗戶避免日光直接照射到那些患有令人耗弱頭痛的病患。裡面還有瑜伽教室和畫室。

我們在走廊上經過的病患看起來和我們並無二致。他們穿著普通人的衣服，你看不出來這些退伍軍人生了病。事實上，我只看到一個徵兆顯示院內的病患承受著極大的痛苦。

在大樓裡的好幾面牆上掛著許多彩色的紙漿面具，這些都是出自病患之手，作為復原治療的一部分。一位導覽人員告訴我們，這種藝術幫助他們「把心中的魔鬼具體化」，並且把說不出口的戰時及戰後的痛苦回憶表達出來。這些面具訴說的故事太驚人了。

大部分的作品是臉部五官的抽象版本。在某些面具上，眼睛是閉著的，有些少了眼睛，還有一些流下的淚水是鮮血。有些嘴巴張得大大的，彷彿正在喊叫，另外一些則是緊閉。膚色有黑、棕、白，有的有撕裂傷。許多臉孔在臉頰和下巴部分都有象徵符號。太陽、白色墓碑、各種樣式的美國國旗。許多面具上寫了字。挫折、壓力、悲傷、寂寞、辛酸、祈禱、音樂、希望、朋友、妻子、潔西卡。有一個面具在嘴唇的地方用大寫字母寫著「最重要的部分」。另一個面具畫得像是一道磚牆。還有一個在頭皮上畫了一顆粉紅色的心。

「生理受傷會讓你無法呼吸，」彼得說過：「但你看不見腦部的損傷。」這些繪製的面具揭露出看不見的痛苦。這也讓我想起包伯・蓋茨寫過一段他來訪沃特里德的經歷，說受傷的戰士是戰爭的真實樣貌。

我們這群人安靜地離開了無畏中心，前往另一棟大樓。

在伊拉克與阿富汗的戰火接連延燒時，美國軍醫院並沒有做好接收病患湧入的準備。從來沒有這麼多軍人在這麼嚴重的傷勢下倖存了下來，從多重截肢、令人衰竭的槍傷到重大燒傷都有。在某種程度上，存活下來是有可能的，因為防護裝備的改進，在致命的轟擊下，甚至連四肢都被炸飛時，重要器官得以受到防護，以及在作戰時施予阻止失血的藥物，和傷者撤離到醫院的速度都有關。這些因素及其他的進步使得像希德瑞克・金（Cedric King）士官長這樣的軍人有機會活下來。

戰士餐館是一間陽光充足的自助餐廳，坐落在沃特里德的諸多大樓之一。當我走進裡頭時，我對希德瑞克・金一無所知。我們這群人被安排和正在接受復健的病患共進午餐。在一張鋪了白桌巾的長桌旁，有六名軍人和幾位他們的配偶已經就座了，等著我們到來。我在一位坐在輪椅上，下顎方正、露齒而笑的男子身旁坐了下來。當他伸出右手時，我注意到他的手臂缺了一塊。「我是希德瑞克・金士官長，」他說。「很榮幸認識你，舒茲先生。」他握手強而有力，聲音宏亮。在無畏中心的安靜造訪後，他的活力令我有些措手不及。接著他連珠炮似地提出問題。

希德瑞克顯然知道我是誰，也看過我的第一本書。他告訴我，他對我如何打造我的公司很感興趣。這場對話也令我大感驚訝。我沒想到我會在沃特里德談起星巴克這個話題。不過希德瑞克很好奇。

「你從一無所有變成了功成名就。」

希德瑞克記得，在沒幾個人對打造義式濃縮咖啡吧的想法感興趣時，我對投資者堅持不懈，他說他對自己的處境也有相同的感覺。一開始我不懂他的意思，我的企業歷史啟發了其他的企業家，但是一名軍人？接著他解釋：「我知道我要去跑波士頓馬拉松比賽，即便除了我之外，沒人相信這件事。」他聲音裡的確信讓我沒有理由懷疑他。我們的交談如此熱烈，希德瑞克出乎意料的喜悅如此迷人，我幾乎忘了我們身在醫院裡。

當我們的導覽員宣布大家可以去取用午餐了，我站起來，彼得・齊亞瑞里站起來，丹尼爾和韋威克站起來，那幾位妻子站起來，但是希德瑞克和他的幾位同袍並沒有。相反地，他們把自己從桌邊推開，自從我們抵達餐廳之後，我這才第一次領悟到，我的午餐夥伴們大多數沒有腿。希德瑞克的兩條腿都沒了。當他把自己拉抬成站立的姿勢，他的愉快神情轉換成忍受極度不適，皺著眉頭、緊抿雙唇。他正設法靠義肢站好。

我當然知道我們會遇到一些截肢的病人，但是忽然見到這麼多年輕人少了身體的一部分，這是一大震撼。對這些人和他們摯愛的人，以及希德瑞克和他的妻子來說，一生的戰鬥才要開始。這種身體創傷的景象確實令我震驚不已。

當希德瑞克緩慢地走向取餐隊伍，我領悟到我想知道這名男子的一切。他的身體受到摧殘，但他的心似乎如此完整，而他的精神絕對不像有崩壞的跡象。事實上，正好相反。當我們端了盛滿的餐盤回到座位時，我不斷問起希德瑞克的過去，奪走他的雙腿的意外，以及自從他回家後，他的人生如何改變。他坦率真誠地回答。

希德瑞克從小住在北加州的組合屋，是單親母親養大的。他小時候飽受取笑，求學之路走得很辛苦。高中勉強畢業後，他投身軍旅，是一名盡忠職守的軍人，努力成為陸軍遊騎兵。他念完所有的陸軍領袖學院，除了一所之外；要不是他受了傷，他會把最後一所也念完。希德瑞克對軍隊的熱愛和他的家庭一樣多，而且現在這份熱愛也不亞於二〇一二年七月二十五日之前。當時他帶領一項偵察任務，進入阿富汗的一座廢棄村莊，踩到了地雷。炸彈的爆破力炸斷了膝蓋以下的雙腿，同時奪走他的部分右臂。希德瑞克的傷勢慘重，醫生讓他進入醫療性昏迷。七天後，他在德國的藍德斯托地區醫療中心（Landstuhl Regional Medical Center）醒來，他的妻子和母親陪在他身旁。

「他們必須把你的雙腿截肢。」他的妻子告訴他。

在那之後的一年半，希德瑞克經歷多次手術。他說他見過深淵，但他對上帝的信仰、家人的支持，以及他的悲劇可能會有好結果的堅定信念，激勵他走下去。

他用一種很特別的方式來表達他的想法。他說，他不只重新設定大腦，學習如何靠義肢走路，他也重新設定自己的人生。希德瑞克的妻子辭去工作，和他們的兩個小女兒搬到貝什斯達。他們目前住在沃特里德寧靜大樓的一間小公寓，這個住宅大樓供復健的軍人及他們的眷屬居住。他大部分的早晨都從六點鐘開始，來到戰士餐館為他的家人，包括六歲及十歲的女兒買早餐，他的妻子則替女兒梳頭髮和換衣服，準備上學。吃完早餐後，希德瑞克先帶女兒到公車站，然後自己去復健及看診。

假如復健是希德瑞克的新工作，痛苦就是他的同事。他腿裡頭斷裂的骨頭繼續生長，刺穿他的肌肉組織，讓架著義肢走路有如走在碎玻璃上。然而他還是接受馬拉松的訓練。

我心生敬畏，不僅是因為希德瑞克遭遇的磨難，也為了他恢復正常的能力。這名男子真心相信他成為更好的人，因為他失去了這麼多。如他所說，他別無選擇，只能學著運用較少的資源來操作，「就像一位廚師，必須用廚房現有的材料來料理，而且要煮出美味佳餚。」他說。

希德瑞克告訴我，他不會改變生命的一絲一毫。他的故事及態度深深打動了我，以至於我問希德瑞克是否能保持聯絡，而且在往後的幾個月，我們將會以彼此都無法事先預想的方式見面。

當天稍後，我們這群人經過了以紅絨繩圍起的一塊鏽蝕鋼鐵，上面掛著一幅畫，描繪的是世貿中心倒塌的景象，美國最長的戰爭原爆點。

我離開沃特里德，許多疑問沉重地壓在心頭。一個國家如何評估戰鬥的代價，或是衡量一場

「反恐戰爭」的成功？是藉由美國國土上沒有出現另一場重大攻擊嗎？或是殺害一名恐怖分子首腦？現在我能確定的一件事是，我們不該只是以選擇參戰的正當性來衡量國家的尊嚴，同時也要看那些自願為國服務的人在執行任務時，以及回歸家鄉後，能得到多好的待遇。

從西點軍校的年輕學員、認識里洛伊・佩崔上士，到造訪沃特里德，我接觸到一連串的美國承諾與犧牲。戰爭的代價以失去的四肢及咆哮的面具，看得見和看不見的傷口，赤裸裸地呈現在我的眼前。

這樣的代價值得嗎？我努力想解開這個疑問，因為我一直想不透。我相信當重大國家安全威脅讓美國和它的盟友陷入真正的危險時，應該要部署軍隊。戰爭應該是真正由需求而引發的行為，而非黨派之爭、直覺、自我或缺乏耐性之下的草率選擇。

在伊拉克及阿富汗點燃戰火各有不同的理由。二〇〇一年，布希總統和其他政府領導人在阿富汗展開軍事行動，對抗塔利班，因為他們藏匿該為九一一負責的蓋達組織恐怖分子。我相信，展開這項衝突是為了保護國家安全的一個正當且必須的決定。然而，二〇〇三年入侵伊拉克則是根據不實情報及判斷錯誤的假設。在沃特里德，我看到了這些決定及衝突所造成改變一生的結果，而戰爭的重量壓得我透不過氣。

那些接受部署的人員不是去擴展並持續侵略的人。我們的軍人遵守由平民領袖下達的命令，其中最重要的是美國總統。無論參戰的軍人是否贊同上戰場的理由，他們義無反顧地為國服務。我相信，為了這點，他們毫無疑問值得回歸一個歡迎他們、在乎他們，並且伸出同情和機會之手的祖國。

在華府時，韋威克安排我們和他的老友，拉吉夫・錢德拉斯克蘭（Rajiv Chandrasekaran）共進晚餐。拉吉夫是《華盛頓郵報》的資深特派員及副主編，在這家報社服務了二十年，前往超過三十六個國家報導。他曾擔任報社在巴格達、開羅及東南亞等處的特派員。

那年的一月初，拉吉夫致電韋威克，跟老友問好時，不經意提到他正在寫一系列關於退伍軍人的文章。這系列報導是根據由《華盛頓郵報》和以健康議題為主的非營利機構，凱瑟家族基金會（Kaiser Family Foundation）所主持的一項創新研究。拉吉夫不認為退伍軍人的主題會引起咖啡公司員工的興趣，直到韋威克告訴他星巴克的就業承諾，以及我對退伍軍人的興趣。拉吉夫接受韋威克的邀請，在華府和我們碰面，談談這項研究。

當彼得、韋威克、丹尼爾、拉吉夫和我在華府一家高人氣的印度餐廳，拉錫卡（Rasika）坐下來時，拉吉夫和彼得立刻開始交流彼此在伊拉克的工作經歷。當時彼得是作戰指揮官，而拉吉夫是戰地特派員。當餐點送上桌，對話轉到了《華盛頓郵報》與凱瑟家族基金會的民調。

拉吉夫告訴我們，在兩百六十萬名被派遣參加後九一一戰爭的美國人之中，有百分之四十三表示，他們的健康狀況比被派遣之前更糟。百分之三十一的人說，他們的精神或情緒健康變得更糟了。

每兩人就有一個知道有某位同袍意圖自殺或自殺成功，而且超過一百萬人有感情及暴怒方面的問題。聽到這些數字，彼得搖了搖頭。這個統計數據並不令他感到驚訝，但依然困擾著他。

拉吉夫從自身經驗的角度來詮釋這樣的結果。他擁有後九一一衝突及其政治活動方面的工作知識，也寫過一本受到高度讚揚的書，記錄在美國入侵伊拉克的最後，權力回到當地人民手中的轉換過程。身為隨軍戰地記者，他跟著部隊採訪，直接了解他們在作戰時面對的危險。總的來說，他對軍人自願承擔的風險懷抱高度的尊敬，所以他才對民調的另一項結果如此意外及沮喪：有百分之五十五的退伍軍人，也就是在這一代的軍人之中大約有一百四十萬人，他們表示對美國的平民生活感到疏離。

我想起了在路易斯—麥科德聯合基地的軍人：我來參加工作面試，比在阿富汗再服役一期更緊張。我也想到星巴克本身的聘僱挑戰，以及回鄉軍人的高自殺率。這些點一一連結了起來，結果顯示在國內的軍人及平民之間，不幸出現了一道洞開的裂痕。

在接下來的兩個小時，我們談到所謂軍民分裂的原因。二〇〇一年以來，戰爭的包袱及恐懼不成比例地落在一小部分的美國家庭身上。在全國人民之中，自身或直系親屬從軍的比例不到百分之七。而直接參與戰事的人口不到百分之一，沒錯，低於百分之一。這些人都是自願從軍，參加的這場戰役持續得比美國歷史上任何戰爭還要久。先前的衝突，例如一戰、二戰、韓戰及越戰，在某種程度上牽涉到更多人，因為抽籤的關係。徵兵制迫使更多人注意到這件事，因為我們也可能會發現自己或朋友和家人上戰場。毫無疑問地，有更多美國人投入了過去的戰事，無論是在前線或在大後方。但是在過去十年來，很少有任何個人參與，因此我們並不全然了解戰爭對人類的影響。

到了那一餐結束時，我們五個人做出的結論是，我們需要做更多的努力，讓廣大的美國民眾能真正了解國家的退伍軍人在戰場上的付出，以及回歸家園後能做些什麼。這是一場重要的對話，在我們離開餐廳之後依然延續下去。

我父親從不曾跟我提起他在二戰期間的軍旅生涯。直到現在為止，我並不清楚他究竟做了些什麼、看到什麼，或是駐紮在南太平洋時有什麼樣的感受，除了他兩度感染了在該地區常見經由蚊子傳播的疾病：瘧疾和黃熱病。除此之外，我不知道有任何身體傷害。至於他的軍旅生涯如何影響他的心理狀態，我只能用猜的。

我父親不像那些人，從二戰歸鄉之後，抓住任何美國軍人權利法案所提供的機會。就我所看到的，父親選擇保持未受教育也毫無技能。我在他身上觀察到某些特質，我直覺地知道我不想跟他一樣。投機取巧的意願、缺乏工作熱忱、透支的習慣、暴烈的脾氣。有某種東西擊垮了我父親，但我從不知道是什麼。

在大半的人生中，我很難真正去尊敬他，即使當他為了不在自己控制範圍內的因素而受傷或受到羞辱，我的確心生憐憫。然而，對父親的憤怒吞蝕了我其他的情緒。

二〇一四年，我在下半生接觸到那些從軍者的經歷，我想到我能選擇透過全新的角度去檢視父親。現在，我能想像一個年輕又害怕的弗瑞德・舒茲，他的名字被抽中了，而且派駐到離家數千哩，偏遠又危險的世界。我能想像一個孩子經歷了恐懼，或許還見證了戰爭的可怕，而這份經驗隨著他回到了家鄉。他是否承受創傷後壓力症候群之苦？他的戰時經歷是否讓他的惡魔變本加厲，對他的選擇造成影響？或許吧。

我不禁要想：我父親會如何繪製他的面具？

第十二章

角色和責任

莉莉安・卡米卡茲（Liliane Kamikazi）不怕死。十歲的她害怕的是大砍刀。

一九九四年春天，莉莉安還是個小女孩，這時她的祖國盧安達爆發了不分男人、女人或小孩的集體大屠殺。那是一場激烈、殘暴又快速的種族滅絕行動，由政府和統治階級的胡圖人殺害盧安達所有的圖西族人。

當時莉莉安的父親在離家很遠、位於首都吉佳利的農場工作。有天莉莉安的母親告訴她和她的姊姊去打包一點隨身物品，然後去待在她們的叔叔家躲起來。

「現在走吧，」她母親說。「你們要快跑！」莉莉安的家族是圖西人，她再也沒見過她的母親或父親了。

「我跑步最厲害，」後來莉莉安告訴我。「但是他們過來的第一天，我根本跑不動。」

那是一個晴天，有超過五十名男子帶著大砍刀，來到她叔叔的家。那些男人在唱歌。「他們說這是『去上工』。」莉莉安後來回憶著說。那些男子把房子包圍起來，命令每一個人都出來。她姊姊跑進森林裡，但是恐懼讓莉莉安動彈不得。那些人把她的嬸嬸、叔叔和堂兄弟姊妹排成一排，但是不知為了什麼把莉莉安、她的祖母和小堂弟拉到一旁，要他們在一旁觀看自己的家人被大砍刀毆打，然後殺害。在五月可怕的那一天，只有他們活了下來。

我在二〇一二年第一次見到莉莉安，我對她那無法想像的痛苦過往一無所知，我只知道她在我們總部裡的星巴克擔任咖啡師。莉莉安的身材高挑，但我會注意到她是因為她跟人不太有眼神接觸，只是安靜地在咖啡吧檯後面做事。當我跟她點飲料，或是她把飲料遞給我時，我感覺到她有種哀戚之情。

有一天我看到她坐在桌旁看書。這是她的休息時間。我走上前去跟她打招呼。我第一次看到她微笑了。「聽說你在新書發表會上演講。」她對我說，她指的是我在二〇一一年出版的《勇往直前》。我坐下來，問她是怎麼來星巴克工作的。

過了一段時間之後，莉莉安才說出她的家族悲劇。那天，她只是告訴我，她來自盧安達，來美國的西雅圖念大學。她畢業後，想在星巴克的行銷部門工作。她在網路上申請，但是沒有回音，所以她應徵咖啡師的職位，把這個當作是入門階。

我問莉莉安，她是否和我們行銷部門的人見過面。

「霍華，要和行銷部門的人見面，哪有那麼簡單啊！」她客氣地這麼抱怨。我喜歡莉莉安，她顯然很聰明又奮發向上。要搬到離家這麼遠的地方，展開新生活，需要很多的勇氣。我在雪莉的陪伴之下，橫度這個國家；莉莉安形單影隻，跨越了整個世界。

「我會確定你和行銷部門的人碰面。」我告訴她，然後要吉娜・伍茲來找她。

二〇一三年夏天，莉莉安脫下她的綠色圍裙，接受了公共事務部門的工作。

我每天去辦公室的路上，幾乎都會經過莉莉安的辦公桌。我通常會停下來打招呼，問一切是否順利。有時我們會共進午餐。我也把她介紹給雪莉認識，莉莉安有幾次和我們共進晚餐。當我在我們家舉辦假日晚宴，邀請一些星巴克的同事前來，我通常會把莉莉安也算在內。

我逐漸明白，莉莉安過往的悲劇雖然揮之不去，但她有天使般的心腸，以及獅子般的內在力量。不過直到有一天，我們在我的辦公室坐下，她告訴我小時候的可怕經歷，我這才更加了解她。

那一天，莉莉安的家人在她的眼前遇害之後，有兩名男子又帶著大砍刀回來。「快跑！」她的祖母喊叫。那天莉莉安跑掉了。她被一塊石頭絆倒，膝蓋的皮膚裂開來。但是她爬起來，繼續跑。這是莉莉安最後一次見到她的祖母和小堂弟。

盧安達大屠殺在大約一百天後結束，估計有八十萬到一百萬人慘遭殺害，包括莉莉安的大部分家人。她的青少年時期都和另一位叔叔及他的家人同住，她那奇蹟似活了下來的姊姊也是。莉莉安去上學，設法當個好學生和心存感激的倖存者。但是過往苦苦糾纏著她，悲慟纏繞著她的靈魂不去，她好想念她的母親。她想念母親叫她寶貝的口吻，她也想念母親做的香草布丁。有時候莉莉安會替自己做布丁，讓那種甜味暫時滿足她。

但是家人慘死的影像無法抹去，她試圖藉由看電視來逃避。在她最黑暗的時刻裡，她會轉台看一個節目：《歐普拉秀》。莉莉安聽不懂英文，但是歐普拉主持脫口秀的溫暖風格超越了語言隔閡。歐普拉的聲音既宏亮又撫慰人心，從螢幕上跳進了莉莉安深邃而空洞的心。歐普拉擁抱人們的方式，和大家一起落淚的樣子，以及時時浮現的微笑之中，有某種感覺深深吸引了莉莉安。有時她在半夜裡醒來，打開電視，調低了音量。她會坐在電視機的前面，看重播的《歐普拉秀》。

莉莉安後來說，歐普拉給了她一個想看到明天的理由，她也燃起了莉莉安想看看美國的渴望。十五歲那年，莉莉安下定決心要搬到美國。

她畢業後，在星巴克工作了兩年，然後在二〇一三年秋天，公司準備推出新產品：歐普拉茶。大約在那時候，歐普拉人在西雅圖，就在星巴克的總部。我們的辦公室簡直沸騰了，每個人都想見到歐普拉。在會議之間的某個安靜片刻，我問歐普拉是否能私下幫我一個忙。我想讓她見某個人。

我陪莉莉安走進會議室，歐普拉站起來。莉莉安睜大了眼注視著，然後走向她，投進她的懷抱。歐普拉環抱住她。莉莉安緊抱著電視上看到的那名女子，感謝她拯救了她的人生。

那年的感恩節，歐普拉邀請莉莉安去她家。那是莉莉安多次和歐普拉、她的家人及友人共度佳節之中的第一次。

莉莉安還是在星巴克工作，擔任企劃經理，負責數位新聞部分。

認識莉莉安，我學到人類精神的復原力、遭受重大損失之後繼續向前的能力，以及我們要帶著大家一起走下去的責任。二〇一七年，莉莉安成立一個非營利機構 A Bridge for Girls，專為訓練盧安達婦女如何縫紉，販售她們的作品來養活自己。二〇一八年秋天，這個機構一共有三十二位會員。

三十四歲的莉莉安會告訴你，她有許多夢想都實現了。不過她也知道，光有夢想是不夠的。「人們需要一條道路，」她說。「你要給他們一條路。」

二〇一四年，為他人鋪設道路是我開始更認真看待的責任，而且不只是為了受過苦的人，或是像莉莉安這樣具有勇氣及力量的人。每個人都應該有第一次，而且經常甚至是第二次的機會。

那年三月，我在二〇一四年度星巴克股東大會上，以一件和咖啡無關的趣聞拉開序幕。我對著座無虛席的聽眾說，好幾年前，我去倫敦查看星巴克咖啡店。在一整天和數百位夥伴見面後，我決定一個人上街走走，這依然是我造訪城市時，最愛做的事之一。

我在倫敦市中心逛了一家又一家的店，希望能從其他商人的做法得到一些靈感啟發。後來我發現自己來到一個高租金地區的一條時尚街道上，眼角餘光看到一間好像不屬於這裡的店面。這家店的面寬不超過十五呎，沒有華麗的招牌，門上只寫了兩個字：起司。我抵擋不住好奇心，再加上肚子餓了，所以我走進去店裡。

這就像是回到舊日時光。裡頭的牆面斑駁、地板磨損，有霉味的空氣聞起來像是歷史和藍起司的氣味。站在櫃檯後面的男子起碼有七十歲了，他沒刮鬍子，身上的法蘭絨襯衫在手肘處有破洞。我們開始聊，他開始給我不同的起司試吃。他帶著專業及熱情的口吻，向我描述每片起司的酸度、質感，以及和葡萄酒搭配的味道。他非常和氣，所以我才鼓起勇氣問他一個私人問題。

「你怎麼負擔得起這條街上的租金呢？」

他微笑了。「我負擔不起租金，」他說。「這房子是我的。」

會議廳響起一片笑聲，但是這個關鍵句不是重點，這位業主繼續告訴我他父親和他祖父的事。他們倆都在這家店工作，製造起司，生意經營超過一世紀了。現在是他兒子在製造起司，地點就在倫敦外圍約一百哩的地方。這位業主大可以把房子出租，賺更多的錢。他說他工作是為了紀念他的家族，責任傳承，以及世代以來的驕傲自尊。這個才是關鍵句，但它不是一個笑話。

我們從不知道在什麼時候會遇到學習的契機，發生一些出乎預料的事而增強了我們的洞察力。我告訴聽眾，這場意外的對話依然提醒我要自問，在星巴克，我們的核心使命是什麼？我們存在的理由是什麼？

我要求股東們在這場三小時的會議中，把這個故事謹記在心。我們要回顧星巴克再次達成年度紀錄收益及盈利，並且宣布推出新產品及開設更多分店的計畫；我們也會討論今天的主題，也就是顯示在我後面六十六吋螢幕上的：一個以營利為目的的上市公司之角色與責任為何？

這個問題意味著公司的社會角色超越盈利，一個星巴克在以許多方式傳達的概念，這一切都要追溯到Il Giornale的第一份使命宣言。當我們開設更多分店，我們向來努力要在獲利及社會良知之間達到微妙的平衡。當我們走向全球化，我們設法利用這樣的規模來做好事。最近，我把星巴克形容成一家透過人性的濾鏡，以績效為導向的公司。我也喜歡韋威克的說法，他說星巴克的成立是為了更遠大的目標。這些不只是陳腔濫調，這種語言啟發了很多同仁，也引導我們所做的決定。

在二〇一四年的股東大會，我覺得應當要把我們的目標設定成一個開放性的問題，因為我沒有一個肯定的答案。我只是知道，在歷史上的這個時刻，我們必須做點什麼。

經過了三十個年頭，為什麼這家公司要涉入其他公司認為風險太高或偏離正軌的領域？我為股東解釋說，其中有幾個理由。但是最重要的原因是美國缺乏領袖精神。

「無論你是民主黨、共和黨、無黨派或自由黨，這都不重要，」我說。「我認為我們都要察覺到，〔這個國家〕出了一點問題，我們正朝平庸的方向漂流而去。」

在我二十出頭時，某天晚上，我打開家門，聽到父母親在吵架。母親一看到我，她就緊抓住我的手臂，開始一面跟我說話，一面歇斯底里地啜泣。

「那些吸血鬼，」她一直說：「那些放高利貸的要過來找你爸，他們要修理他。」「吸血鬼」是對放高利貸者的貶低字眼，而且當說這話的人不是猶太人時，大家會知道這是一種反猶太的說法。我父親顯然是跟某些不良分子借了五千美元，這錢是用來支付我弟弟的成年禮派對。雖然我聽到這件事並不開心，但我也不意外。

在猶太傳統中，男孩到了十三歲便成年了。這樣的年輕男子要能負起與猶太律法的道德及價值相關的責任。簡言之，他在理論上是成年人了。我的家庭不是虔誠的信徒，我們不會固定吃潔淨食物或上會堂。但是我們認識的大部分猶太家庭，通常會舉行男孩或女孩的成年禮儀式，我父母也想替他們的孩子這麼做。我在卡納西的一所會堂念了好幾年的希伯來學校，做了很多準備去學希伯來文，這樣我在自己的成年禮儀式上，才能朗讀一段《妥拉》。

在傳統上，在這項儀式之後會舉辦慶祝會，最簡單的就是和親朋好友在中午吃頓便飯，不過有些家庭會舉辦更奢華的午宴。我很訝異的是，我父母堅持在我的成年禮之後，到長島的一間宴會廳舉辦晚宴。他們連付家裡的帳單都有困難，但我不記得是否問過，他們哪來的錢去付宴會廳、父親的燕尾服，或是弟弟和我身上一樣的金色系西裝外套。我從來不曾如此盛裝，當我們在我父母花錢找來的專業攝影師面前擺姿勢拍照時，我感到好驕傲。我記得我身邊圍繞著父母的親朋好友，還有我自己的朋友，包括比利。那一整個晚上，大家不斷擁抱我，並且恭喜我。

「恭喜，恭喜，霍華！」他們說，並且遞給我裡面裝了錢的紅包，他們會給你這個當作禮物。我們會假定這些錢是以後要拿來念大學用的。

在某個時候，我父親要我把紅包全給他，我當然照做了，因為我以為他要替我先收好。後來在家裡，我要把紅包拿回來。

「錢都沒了。」他說。然後他告訴我，那些錢都拿來付那場晚宴的費用。

我的喜悅頓時消失無蹤。我為了這一天辛苦地做準備，雖然我喜歡這場豪華的慶祝晚宴，但那又不是我開口要的。那些錢是要給我念大學，或許還能給十三歲的自己買一、兩個小禮物，現在卻被拿去付一場根本沒必要舉辦的晚宴。我開始相信父母辦這場盛會是為了得到親朋好友的讚嘆，他們有些人比我們更富有。就算加上我收到的禮金，他們的錢也不夠支付所有花費。攝影師拿不到錢，拒絕給我們任何照片，我只看過幾張那天晚宴的賓客所拍下的照片。

失去了錢，更重要的是失去信任，點燃了我內心的怒火。那時起，我開始對父親的行為舉止少了一點寬恕，多了一些批判。

在我的成年禮過了八年後，母親懇求我。「拜託，霍華，」她說：「去里維家，替你父親去跟他們借錢。」我認識里維家的人。他們家的兒子是我的朋友，那家人在曼哈頓開一家皮貨行，我念高中時在那裡打工賺錢，他們可能是我父母認識的唯一一家有錢人。想到要去他們位在比較高級的卡納西社區住家，跟他們開口借錢，我就頭皮發麻。我辦不到。我看著我父母，考慮要違抗他們。我的身高超過六呎，比我父親還高，但是他的脾氣依然火爆。

我母親哀求著：「求求你，霍華，那些吸血鬼就要來了。」我不認識她說的那些人，但我不希望父親受到傷害。我還是愛他。不過一想到去里維家……。

我父親開始在一張紙上塗鴉，寫了一張五千美元的借據，其中包括答應要付利息，他把那張紙遞給我。我依然能聽見我母親說：「求求你，霍華……。」

里維太太來應門，邀請我進屋裡去。我們在廚房坐下來，我跟她說明來意，把那張借據遞給她。我動彈不得，幾乎提不起勇氣把話說出口，羞愧感將我的血液凝結成冰。當她離開去找里維先生商量時，獨自等待的滋味幾乎令我無法承受。我的內心翻騰不已，我覺得我父母在利用我去承擔他們的過錯。我的胃在扭絞。里維太太回來了，拿了五千塊現金給我時，我幾乎不敢正眼看她。我沒有再回去過里維家，我辦不到。

就我所知，沒有人到家裡來傷害我父親。一九八七年，在他的葬禮上，里維太太走向我，把我父親的借據交給我。我看著那張有十五年歷史的紙條，上面是他寫的字跡，這時她對我說：「我在想，不知道是否能找個時間，談談這件事。」我再度感到困窘無比。我把錢還給她，連本帶利。

我無法明確指出我在哪個時刻領悟到，因為有了錢，我的人生改變了。星巴克在一九九二年成為上市公司，而在我們首次公開募股的那天，公司價值高達二億五千萬美元。我擁有百分之十。在帳面上，我一夜之間成了百萬富翁。當然了，星巴克必須繼續保持財務佳績，我才有機會把股票的價值變現，不過我感到一種前所未有的安全感。

我必須說，比起寫下孩提時代和父親的辛苦日子，寫出我成年後富裕生活的金錢體驗更令我感到不自在。但是就像我的父親一樣，這是我的一部分。

快速致富是一種奇特的現象。我記得感覺像是我們中了樂透。在一天之內，我在一家我領導的公司所持有的股份，市值高達數百萬美元，而這是靠許多力量集結起來，才帶我走到生命中的這一天。所有的企業家都受到他們無法控制的元素所操控，例如消費趨勢及總體經濟學。我個人遭受過一名投資者的背叛，想把星巴克從我的手中偷走；但是我也得到一些人的幫助，例如老比爾・蓋茲。辛勤工作及創新想法和大筆財富結合在一起，我為此心存感激。

在短短的時間內，雪莉和我從租一間小房子到有能力打造我們夢想的家。我們開始體現財務自由，同時設法當一對好父母。金錢的確讓我們比較容易成為我們想當的那種父母，那種我小時候不曾有過的父母。在我小時候，父母有太多次的爭吵都是為了錢。就某種程度來說，我父親的失志，我母親的焦慮，都是為了缺錢的緣故。

有錢能讓生活更輕鬆，讓我的家人有所選擇，但是雪莉和我不希望我們小孩的價值或自我評價是用金錢塑造出來的。正如雪莉的說法，重要的是我們的孩子長大後，能用廣角鏡頭去看世界。

我們討論過，也設法讓孩子知道隨著財務特權而來的責任，儘管我們自己也還在摸索學習。我們設法讓他們去適應那些比較沒那麼幸運的人所面對的挑戰，也透過談話和行動，設法強調參與社區的重要性。雪莉經常擔任志工，服務無家可歸的青少年。透過星巴克，我希望孩子們能學到，善待他人是人類結構及團體行為的一部分。那就是你該做的事。

他們在物色大學時，我們也鼓勵他們追隨自己的熱情。我們的希望和期待是，成年之後，喬登和艾蒂能透過努力工作、職業和家庭而獲得滿足。現在艾蒂是社工，喬登是體育記者，兩個都和很棒的對象結婚。喬登的太太布莉亞娜，以及艾蒂的先生泰爾都是非常善良、大方又聰明的人，而且成為我們日益增長的家庭中，不可或缺的一分子。他們分享我們家小孩的價值，我們六個再加上兩個孫子女，花很多的時間在一起。我們都很珍惜家人。

金錢能在我們最私密的空間、我們的腦子和內心做出重大的改變。沒錢不只是和銀行帳戶的數字有關，那是對你的身體和靈魂的重大打擊。它可以演繹成缺乏安全感、機會、行動力、健康、資訊、時間，以及尊嚴。它令人無法逃避又喘不過氣，就像在我們的卡納西公寓，當我父母的手頭很緊時，他們自身的焦慮和羞愧令他們煩擾不已。

我經歷過這個國家失衡的經濟光譜兩端。那些在美國有些人默默承受、有些人因為有似乎無窮盡的資源而得以倖免的苦難，是財富不平等所不為人知的一面。

我不以透過星巴克的成功所累積的財富感到羞愧，但是我從來就沒興趣大肆宣揚個人的資產淨值。我在這方面很低調，金錢不是我評斷自己或其他人評斷我的方式。到頭來，我們每個人都要閉上眼睛，從我們所做的決定之中找到平靜。

我終於明白的許多事之一是，金錢能如何輕易地增強人性最好和最壞的部分。面對生活中令人心碎的事，就算有錢人也無法免疫，而有些時候這樣的事是由於那些財富所引起；有些感情上的痛楚是無論多少金錢都不可能抹滅。金錢能讓我們實現夢想，也能以海嘯的破壞程度滲入我們的失敗中。

小時候，我從未想過我會擁有一支職業球隊，不過後來這成了我的一個夢想。球賽在我的生命中扮演了重要的角色，從卡納西的球場和打造離開公共住宅區的道路，一直到和我父親去看球賽，以及去看我兒子的球賽。二〇〇一年，西雅圖有四支主要的球隊：棒球方面有水手隊；美式足球有海鷹隊；籃球方面有女子NBA球隊，西雅圖風暴隊，以及NBA的超音速隊。超音速隊為西雅圖帶來第一個職籃頭銜，一九七九年的世界冠軍。這城市對這支球隊的驕傲之情從未消退。

我拒絕了一個持有西雅圖水手隊少數股權的機會。我後悔做這個決定，所以當超音速隊要出售時，看來似乎是另一個機會。雖然棒球是我的最愛，但籃球緊追在後。高中時期，有一次我在外面排了一整夜，買票去看紐約尼克隊打季後賽。自從我搬到西雅圖之後，我就買了超音速隊賽事的季票，而且每週都打籃球。二〇〇一年，投資運動事業的時機也剛好。我不再是星巴克執行長。我還是忙著擔任董事長和首席全球策略師，但是我有了比往常更多的餘裕去關心公司以外的事。

我一個人買不起整支球隊，所以我和另一位主要買家找了兩個投資團隊，我們五十幾個人合力買下了超音速。我雖然不是大老闆，但身為最大的股東，我成了球隊的公關形象。在宣布這場交易的記者會上，我說我把自己的球隊擁有權視為一種公共信託。雖然在當時，我並未完全領會這話的意思。

我想跟另一位球隊新老闆學習如何經營球隊，對方擔任超音速的總經理許多年。他監督每日營運，我相信這份責任是球隊最大的挑戰之一。許多人認為，超音速和市政府的商業安排是聯盟裡頭最糟的一個。球隊的合約訂定要在老舊的KeyArena體育館再打許多年，裡面的條款讓球隊很難獲利。即便每一場主場的票都售罄，而且這種情況極為罕見，我們還是會虧錢。除了需要和市府做新的安排之外，我們也需要花數百萬美元來整修球場，或是找一座新球場，以吸引更多的觀眾，帶來收益，讓超音速隊能和其他NBA球隊一樣，成為賺錢的生意。

西雅圖的納稅人最近贊助了新的美式足球和棒球體育場，市政府不想花幾千萬美元去幫忙蓋另一座體育館。我買下球隊，深信我們能讓政府及民眾支持我們換新的體育館，或者起碼能和市府重新談判那份不利的租約，在每一方，包括球隊老闆、本地政府及球迷的需求和希望之間能找到一個平衡點。

我的假設錯了。我和市長、市議會，以及州議會的來回對話，內容多到可以再寫一本書了。

有時候，我覺得自己好像撞上一堵磚牆。市議會裡某位有分量的成員堅決反對公家資助興建另一座體育館，他甚至告訴《運動畫刊》（*Sports Illustrated*），假如超音速離開西雅圖，這座城市就不必承受持續的損害了。「就經濟方面來看，幾近於零，」他說。「就文化方面而言，將近是零。」我認為他對運動帶給城市的價值視而不見，無論在經濟收益或者團結人心方面都是如此。現在回想起來，我能明白他對納稅人的錢有其他優先用途。

我們從沒和市政府達成協議，均分新體育館的費用。在此同時，球隊繼續虧錢。為了讓球隊運作下去、付球員薪水，我們這些老闆自掏腰包，投入了更多錢。我把焦點全放在阻止失血，拯救球隊。然而，支票不斷地開出去，許多老闆和我的內心惴惴不安。

我當時沒有領悟到的是，擁有一支球隊和經營一家私人企業，甚至是公營公司不同。責任不同。超音速的存在是因為多年來有許多市民支持這支球隊，他們的支持不是因為它所向披靡，而是這支球隊代表了這座城市本身。這就是美國的球賽迷人之處。球隊屬於它代表的城市，不只是它的所有者。球迷雖然不是股東，卻是最珍貴的利害關係人。

在這段期間，我還是負責星巴克董事長的職務，這兩個角色消耗我的時間和腦力。歐林依計畫在二〇〇五年退休，離開了公司。我的導師、同事領導人及友人的離去，在我的內心留下一個空缺。我非常想念他。

當超音速的財務問題不斷累積，其他的球隊所有人，包括我自己，都不想再投更多的錢進去了。對我來說，經營這支球隊在財務和情緒上都令人疲憊不堪。接手超音速五年後，我覺得我已經盡了那段人生中最大的努力，但是我的最大努力顯然還不夠。我決定賣掉我的股份，我想至少有某些不想賣掉球隊的股東會吃下我的股份，但是他們不想要。我能退出的唯一方式就是，大多數的股東願意把球隊賣給另一位買家。本地人沒幾個買得起，或是願意買一支背著這麼爛的租約的球隊。

有天晚上，一位本地的執行長口頭同意買下球隊。有那麼一刻，我以為問題解決了。他在幾天後收回他的提議時，我崩潰了。在西雅圖的選擇寥寥無幾，當時的NBA主席大衛・史登（David Stern）安排我和其他城市的潛在買家聯絡。有位知名的科技業CEO願意高價買下球隊，但是我拒絕了，因為他堅持把超音速搬到另一州。當我和奧克拉荷馬州的一家投資公司總裁見面時，我看到了出路。他同意花一年的時間，誠心地和州、市的官員交涉，設法取得新的體育場合約。他表示，如果可以的話，他會讓超音速留在它的家鄉。我心想，來自西雅圖以外的人或許比較有機會談到一份新租約，因為失去球隊的威脅或許能促使市府官員帶著比較好的條款，坐上談判桌。現在回頭去看，讓市府處在這種地位並不公平。

二〇〇六年，超音速賣給了奧克拉荷馬的擁有者團隊，而他們從未和政府簽下新合約。二〇〇八年，新老闆們把超音速帶到奧克拉荷馬市，把球隊重新命名為雷霆隊。

失去了西雅圖的職籃球隊，超音速球迷們崩潰了。他們心碎不已，而且怒火中燒。幾乎每個人都怪我，一開始否認了幾次之後，我領悟到他們這麼做是對的，我把我深信的公共信託給浪費掉了。

怒火不斷在體育廣播節目、本地報紙，以及城市裡的街道延燒。認出我的人會大聲咒罵，有時還會在我的孩子面前詛咒我。

這樣賣掉超音速隊是我職涯中的一大遺憾。現在回顧起來，我想我太注重在把我和其他投資者從財務泥沼中拉出來，以至於我沒有遵守自己的準則，也就是在獲利及人們的需求之間設法取得平衡，並且做出不純然是經濟考量的決定。一支球隊的真正使命是凝聚大家的向心力，就像我小時候和我父親那樣，但這個目標在我的想法裡淡去，即便身為老闆，我應該是那個目標的守護者才對。

我的另一大錯誤是把它賣給了外人。我應該要虧錢經營，直到有本地買家出現。然而，我做了一個財務決定，希望能有最好的結果。這個選擇害這座城市失去了它摯愛的球隊。

我花了數不清的時間，想從這個經驗裡學到教訓。在美國的某些人，尤其是那些有錢人，經常得以擁有某種龐大的權力。在我的超音速經驗之前，我有許多決定都是和其他人商議之後產生的正向結果。然而賣掉球隊的最後結果，讓我比以往更加體會到隨著權力而來的負面後果。這次的經驗也讓我深刻地學到，一個決定如何能對數千人的生活造成負面的影響。在那之後的許多年，我思考並質疑權力的本質，以及那些擁有權力的人所背負的重大責任。

十多年之後，在二〇一八年，西雅圖市政府核准了私下出資七億美元，重新整修KeyArena，幫助西雅圖招來一支新的國家曲棍球聯盟球隊。如果展開整修的話，一支新籃球隊可能也會隨之入駐。

失去超音速的反彈在西雅圖各地持續不斷。揮之不去的怒氣依然指向我，而我不拒絕任何人對我發洩怒氣。

最痛苦的不是我被當眾羞辱，而是當我在走路或開車時，看到有人穿戴超音速的T恤或帽子。如果是一個男孩和他的父親一起，那就像是有一根椿刺穿我的心臟。失去超音速是好幾個世代球迷的悲劇，尤其是那些在成長過程中，不曾經歷自己的城市裡有NBA球隊經驗的球迷。這是我無法療癒的公眾傷口，為此我會永遠深感遺憾。

第十三章

愛國之心

一百五十位賓客抵達時，外頭下著傾盆大雨。

這場聚會有各方人馬，在潮濕的春日夜晚齊聚在我們家。這些人包括星巴克董事會成員及資深領導人、路易斯─麥科德聯合基地的道爾少將、前國防部長蓋茨、亞利桑那州參議員蓋比芮兒・吉福茲（Gabrielle Giffords）和她的先生，太空人馬克・凱利（Mark Kelly）。另外歐普拉也來了，她在那天早上參加了星巴克股東大會，宣布星巴克開賣一項新產品，和她同名的歐普拉茶。

雪莉和我主辦這場盛會，提高大家對退伍軍人社群的意識。

我們和丹尼爾・皮塔斯基一起透過旅行，對退伍軍人的議題有了更深的了解。除了路易斯─麥科德聯合基地之外，我們也造訪了喬治亞、聖安東尼奧、聖地牙哥及科威特的軍事基地。我們請教專家，贊助一項全國分析，找出哪些地區的退伍軍人及家人的需求無法獲得滿足，這項盡職調查協助雪莉和丹尼爾設計出基金會的第一個長期策略性計畫。他們在二〇一四年三月宣布了這項計畫，目標著重在青少年及退伍軍人。

那天晚上在我家，雪莉宣布舒茲家族基金會將初步承諾捐款三千萬美元，幫助處理退伍軍人和家人在轉換到平民生活時，面對的三項最大障礙：就業、健康，以及重新融入家庭。

首先，基金會將投入時間和資源，發展特定職業訓練及就業計畫，讓退伍軍人能步入成功及永續的職場生涯。其次，我們會贊助組織機構，包括彼得・齊亞瑞里曾請求我資助的One Mind for Research，希望能進一步了解及評估創傷後壓力症候群及創傷性腦損傷研究及替代療法。第三，我們會替退伍軍人及其眷屬研發全面轉換計畫。軍人配偶的犧牲也不小，他們經常要放棄教育及職業，不斷搬遷以支持現役配偶。基金會將協助這些家庭在離開基地後，在外在的世界中找到方向。我們將和各種型態的退伍軍人服務計畫合作，實現以上的承諾。

那天晚上，在賓客紛紛道別時，我尋找一位我邀請前來、但仍未見到的人。在華府的晚餐後，拉吉夫、韋威克和丹尼爾繼續研究我們還能做些什麼，讓大家都能知道部隊在戰場上的英勇表現，以及他們在離開部隊後的價值。在他們的敦促下，我開始和拉吉夫談論寫一本書，敘述這些正直的退伍軍人故事，而且我們討論到合作。那天晚上，我們同意能組成一支互助小組；再者，我們兩人都相信，分享退伍軍人的故事是幫助人們了解這些議題的最佳方式。

假如要在退伍軍人節出版這本書的話，我們要在三個月內把它寫完。為了趕上截稿日期，拉吉夫向《華盛頓郵報》請假。

我們的用意是藉由敘述真實故事，說明退伍軍人在戰場及國內的英勇及奉獻，突顯出他們對這個社會的付出。這麼做有助於達成基金會的目標之一，也就是讓他們能成功轉換到平民生活。我們深信，美國人如果能越了解退伍軍人，他們向這些人展現支持的方式，就越可能不只是客氣地說一聲「謝謝你們的付出」，而是提供真正的機會給他們，例如就業機會。

我們兩人和全國各地的退伍軍人及現役軍人見面。然而，最令我震撼的是比爾•克里索夫醫生（Dr. Bill Krissoff）的故事。他是一名年近七十的骨科醫生，坐在我的辦公室裡，告訴我他的兩個兒子的故事。他的兒子納森是海軍陸戰隊隊員，二十五歲，砲彈炸毀了他的悍馬車，他成了在「伊拉克自由行動」遇難的第二千九百二十四名美國人。克里索夫醫生描述他是如何在一個週六早上八點鐘去應門，看到三名海軍陸戰隊士兵及一位陸軍牧師前來傳達這個令人悲痛的消息。

比爾不曾服役，當時六十一歲的他得到罕見的免除年齡限制許可，加入海軍醫療團。在戰地外科醫生訓練結束後，海軍少校克里索夫被派駐到伊拉克及阿富汗。他在那些地方主持或協助進行兩百多場戰地外科手術，拯救了許多其他父母的孩子性命。當比爾告訴我們，他在阿富汗的那七個月是三十年骨科職涯中最值得的一段日子時，我對他和他的妻子，克莉絲汀對他們的兒子及這個國家的犧牲奉獻，感到無比的敬畏。他們不希望納森白白死去。

克里索夫醫生、里洛伊・佩崔、希德瑞克・金，以及許多其他人的故事都收納在《愛國之心》（暫譯，*For Love of Country: What Our Veterans Can Teach Us about Citizenship, Heroism, and Sacrifice*）。這本薄薄的書交織了人文精神、勇氣、堅毅、意志、榮譽、無私、對人類的愛，以及對國家的義務。

這本書在全國五十州的星巴克咖啡店及傳統通路販售，銷售的收益則捐給支持退伍軍人的機構。

這本書的企劃案完成之後，拉吉夫離開了《華盛頓郵報》，舉家搬到西雅圖，讓我們有機會繼續探索新方式，讓說故事及星巴克的強大組合發揮更多的影響力。

我們在腦力激盪時，我想到不必把《愛國之心》裡的故事局限在書頁上，還有其他的方式可以讓更多人聽到這些故事。我們可以把大家聚集在一起，而我知道一個再適合不過的地方了。

二〇一四年的退伍軍人節，珍妮佛・哈德森（Jennifer Hudson）在聚集於華府國家廣場約八十萬人的面前，為一場向現役及退伍軍人致敬，並提醒大眾他們的犧牲而舉辦的音樂會演唱國歌。

讓美國民眾和軍人齊聚一堂的最佳地點，莫過於國會大廈及華盛頓紀念碑之間這片具代表性的綠地了。多年來，我夢想能在國家廣場舉辦一場活動。數十年來，來自各種背景的人們及黨派在這裡為總統舉行就職典禮，以及抗議及捍衛理念。

直到今天，我所參與的事沒有一件重要到足以正當合法地使用這個具歷史性的寬廣空間。取得許可是一項複雜的任務，安排整場活動也是如此。我們要的不只是替退伍軍人辦一場音樂會，更要提高大眾對他們的意識，讓全國各地的人們都能觀賞音樂會，聆聽他們的故事。

我們無法獨力完成，不過有兩個人挺身而出。HBO執行長，理查・普雷勒（Richard Plepler）提議製作及現場轉播這場兩小時的盛會，而摩根大通（JPMorgan Chase）執行長，傑米・迪蒙（Jamie Dimon）同意讓他的金融機構和星巴克及舒茲家族基金會一同贊助這場活動，各界藝人也自願免費演出。我要求的每個人都一諾無辭。

那天晚上天氣清朗又舒適，國會大廈在遠方散發光芒。樂手、演員及公眾人物依序上台，蕾哈娜（Rihanna）、凱莉・安德伍（Carrie Underwood）、黑鍵樂團（Black Keys）、潔西J.（Jessie

J.）、金屬製品樂團（Metallica）、戴夫・格羅爾（Dave Grohl）、阿姆（Eminem）、布魯斯・史普林斯汀（Bruce Springsteen）、傑米・福克斯（Jamie Foxx）、約翰・奧立佛（John Oliver）、傑克・布萊克（Jack Black）、喬治・洛佩茲（George Lopez）都是上台演出或演說的貴賓。

不過當天晚上真正的明星不是名人。在演出之間播放由HBO製作的短片，介紹幾位出現在《愛國之心》裡的退伍軍人。影片在大草坪上設立的超大螢幕以及HBO頻道播放，每部影片都是由名人錄製旁白，例如史蒂芬・史匹柏（Steven Spielberg）分享比爾・克里索夫大齡從軍的故事；歐普拉憶及佩崔的槍戰；蜜雪兒・歐巴馬談到希德瑞克・金的生理及心理復健。

我看到希德瑞克在聽到自己的名字時，從舞台附近的座位站起來，向響起的一片掌聲致意。當佩崔揮舞右手，頸間配戴著他的榮譽勳章。

在某個時刻，梅莉・史翠普站上舞台。她告訴大家，她的父親和公公，以及她的兩名外甥都投效軍旅。她繼續說：

> 「英勇」是一個強而有力的字眼，它存在於我們為彼此所做的美好又簡單的事之中，也能在那些令我們心存敬畏的勇敢行為裡發現，讓我們不禁要想這種勇氣是來自何方。英勇呈現在我們今晚的努力中，找方式來紀念、榮耀及支持九一一以來的二百六十萬名新退伍軍人。

這場音樂會的觀眾超過一百一十萬人。

募集的款項分配給音樂會上提及名稱及任務的十六個組織。這次的曝光增加了它們的公眾注意力、網路流量、捐款和會員。

我希望觀眾能受到感動，並且得知一些我已經得知的事。英勇值得受到尊敬，但那不是軍隊的目的，英勇是做出投身軍旅決定的副產品。然而，無論我們是否和後九一一戰爭的決策者意見相同，那些英勇的作戰者應該得到這個國家向它的二戰退伍軍人所展現的相同支持。

我納悶那些觀看音樂會的人是否也思索更深入的真相。除了道德及經濟需求，照料我們的退伍軍人也存在著國安方面的原因。任何社會能擁有一支志願軍隊均屬萬幸，但假如想要我們的國家能繼續吸引具有最高素質的男女自願保家衛國，那就必須尊敬那些已經這麼做的人。不光是說一聲「謝謝你」，而是以一流的醫療照護及就業支持。未來的世代必須相信，因為這是真的，投身軍旅的時光能帶來茁壯成長又有尊嚴的平民生活。我們大家要共同分擔確保這項的重大責任。

在為英勇而唱音樂會上，布魯斯・史普林斯汀唱出他在一九七八年推出的民謠〈應許之地〉（The Promised Land）的原聲版本：

先生，我不是個男孩，不是的，我是男人
我相信應許之地
我盡力過著正當的生活
我每天早上起來，每天去工作

我相信應許之地
我相信應許之地

這歌詞讓我想到我的母親及父親。

我也想到這個國家，以及我們每個人能如何以自己的方式，努力朝應許之地前進。

第十四章

許下的承諾

回到二〇一二年，瑪凱勒・柯玲—賀比森（Markelle Cullom-Herbison）走進了她和母親同住的套房公寓，跪倒在地上，痛哭失聲。她身兼三份工，同時念社區大學二年級，但是她剛發現三年級的助學貸款申請遭拒。她的家庭收入不足以支付學費，然而助學貸款的門檻太高，她覺得再也無能為力了。

二〇〇八年的金融危機對柯玲—賀比森家造成嚴重的打擊。瑪凱勒的母親失去了她的社工工作，她父親的地板生意瀕臨結束營業。這家人經歷過手頭拮据的時期，有幾年，孩子們在購物商場買新衣；有幾年，他們去慈善商店買鞋。在某些夜晚，瑪凱勒的晚餐餐盤上堆滿各式的健康食物；然而，有幾週吃的是乳酪通心麵。但是經濟大衰退不一樣，鳳凰城是全國受創最慘重的地區之一。柯玲—賀比森家的房子保不住，兩部車也被收回了。在這些壓力之下，瑪凱勒的父母離婚，搬進各自的公寓。瑪凱勒擔任服飾店的售貨員、保母，以及身心障礙孩子的照護員，幫忙她的母親支付雜貨開銷和房租。但是她在高中的成績始終保持優等，她也從未放棄將來要上大學的夢想。

「芭比去念什麼學校呢？」瑪凱勒小時候玩洋娃娃時，她的母親會這麼問她。「芭比做哪種工作？」瑪凱勒在長大的過程中深信，她能獲得學位及職業。但是當她念完高中，而且是在二〇一二年十二月，提早一學期畢業之後，她們家被經濟大衰退搞得天翻地覆，供不起她念大學。

瑪凱勒到星巴克擔任咖啡師。六個月後，一家社區大學提供給她兩年的獎學金。她繼續待在星巴克，兼顧工作及學業。她打算主修語言與聽力治療學，她趁午休時念書，在開車時，她會聽自己錄製的上課內容。獎學金用完了之後，瑪凱勒申請大三的助學貸款，但是遭到拒絕。那一天，挫折、失望、辛苦付出及多年來的壓力讓瑪凱勒再也承受不住，她跪在地上痛哭。

「我不知道還能怎麼幫助自己。」她告訴她母親。對這名聰慧又野心勃勃的年輕女子來說，大學之門在她面前用力甩上，她的下半輩子就這麼斷送了。

那時我還不認識瑪凱勒，但是我知道年輕又想為自己找到出路的感受。

我母親相信大學學位能為我帶來更多的財務安全，甚至是更快樂的人生。但是我在十七歲時，把大學當作一個機會，用來滿足我從小到大的渴望：帶我逃離。因此當我母親假定我會去念紐約市市民可以免費，或幾乎是免費去念的城市大學之一時，我下定決心要跑得遠遠地。當然了，我家負擔不起別州或私立大學的學費，而且我不可能拿到獎學金，我不是優秀的學生。

我認為美式足球是我離開的最好機會。

我打了三年的高中美式足球。高三時，我是卡納西酋長隊的先發四分衛。雖然酋長隊不是一支強勁的球隊，但是它有一位認真的教練。我們還有一名助理教練，經常把比賽錄下來，讓我們能觀看自己的表現，並且制定策略來對付下一支敵隊。我在沒有告知朋友和家人的情況下，要求助理教練把我這一年來的最佳動作及賽事，剪輯成一支精華影片。他很好心地同意了，製作了一段黑白影片，展現一名身手矯健的高個子大男孩，身穿背號十八號的運動衣，傳球、奔跑、得分，以及挨撞後又立刻跳起來。我對這支影片感覺很不錯。我用打工賺的錢複製了好幾份，然後寄給一些學校。

我暗中尋求體育獎學金的行動，結果收到幾封來自教練的回信，表示他們在組隊時會把我列入考慮，但是都不足以讓我離開卡納西。有一天，一名大學美式足球球探來觀察對手的一名球員。當時我不知道有球探在場。幾天後，我接到了北密西根大學美式足球隊助理教練，法蘭克・諾瓦克（Frank Novak）的來信。這是一所屬於國家大學體育協會第二級別的學校，所在的地點似乎是另一個世界那麼遙遠。我記得自己打電話給法蘭克，直接和他談，然後把我的影片寄給他。他邀請我去他們學校，在暑假時和他們的球隊一起訓練。假如我能打進北密西根大學野貓隊，我就能得到獎學金。

我說服自己，我成功了，我得到了美式足球獎學金。我真正擁有的是具備得到獎學金的素質。

我告訴我的父母。母親興高采烈，因為她兒子可以受高等教育了；父親呢？他顯然驕傲不已，因為我可能會加入大學球隊。

我父母做出了我在當時大感驚訝的舉動，在我念高中的最後一年，他們東拼西湊了一些錢，從卡納西開車把我們載到北密西根大學。大學坐落在密西根的上半島，半島的位置在威斯康辛州的綠灣以北，介於蘇必略湖及密西根湖之間。除了大約十三歲那年，我和祖母一起去了一趟洛杉磯之外，我從來不曾離開過紐約市這麼遠。

就在那年的稍後，一九七一年的夏天，我搭機前往底特律，換了一架小飛機，然後搭巴士去馬奎特。陪伴我的只有一只帆布行李袋。

在練球的頭幾天，我就知道了。從北密西根大學校隊及新進球員的體型和靈活度上，從和我對打的四分衛的速度及擲球距離上，我看到了事實真相。我不夠格在北密西根打四分衛。諾瓦克教練也看出了這點。我的表現不及我影片裡的精彩片段。他和他的團隊開始跟我談，要我擔任防守後衛，但那不是我想打的位置。

不夠格。當我打電話給我父母時，這幾個字轟隆作響。我父親沒有對我表示同情，如果他流露出任何情緒的話，應該是失望。但是一如往常，他沒有多說什麼。我隨即向憂心不已的母親保證，我還是會念完大學。不過我也告訴她，我不會回去卡納西了。我放棄的是美式足球，但不是州外大學。我向母親和自己保證，我會想辦法留在北密西根大學，而且完成學業。

三十多年來，健保及咖啡豆股對星巴克所謂的整體待遇方案做出貢獻，也幫助公司雇用許多以服務顧客為榮的人才。但是在二〇一三年，我們遲遲未實施一項新福利，這個新方法能讓我們的員工知道我們真心在乎。醫療保險對我們許多員工依然很有價值，尤其是那些兼職夥伴。平價醫療法案（Affordable Care Act）讓民眾更容易取得醫療保險，但是它只要求公司提供健保給每週工作三十個小時以上的員工。星巴克提供每週工時二十小時以上的員工健保。我們大可以改變這項政策。為較少人投保的話，我們一年可以省下數百萬美元，而且遵守這條新法規。然而，我們選擇做對的事，也就是讓數千位兼職夥伴加保。

那年，我明確地告訴領導團隊，我們要找出如何「創新夥伴經驗，而不只是顧客經驗」。一項近期全公司調查讓我們深入了解目前的夥伴：有百分之七十二的夥伴沒有大學學位。我們不禁要想：有多少咖啡師想念大學？

接著我們又得知另一項統計數字，這次是和全國有關：追求高等教育的美國人之中，有百分之五十從未真正獲得學位。我們自問，究竟有多少人去念大學，卻不曾完成學業？

但是令我們震驚不已的是第三個數據：美國的學貸欠款逼近一兆一千億美元，幾乎是消費者信用卡債的兩倍。我們自問，有多少夥伴背負著學貸的債務呢？

從我多年來替父母親擋下債主電話的經驗，以及跟里維家借五千美元來還我父親的那筆爛帳，我能痛苦地了解那種欠錢卻又還不起的恐懼、內疚及羞愧感。因此當我驚訝地得知美國的年輕人欠了這麼龐大的債務，而其中有許多是為了取得他們不曾得到的學位，這真教人心碎。學貸正在拖垮一個世代。然而，對先前的世代來說，包括我自己，學貸啟動了我們的生命。

雖然我沒拿到誘使我離鄉背井，來到國內最北端的美式足球獎學金，但我決意留在北密西根，所以我弄清楚要如何跟聯邦政府申請助學貸款。

一九七一年，我開始在北密西根大學就讀，四年制公立大學的學費、雜費、住宿和伙食費，一年要大約一千四百一十美元；以通貨膨脹率換算後，大約是八千八百元。對一個揹著一只行李袋來到大學的新鮮人來說，這是一大筆錢。要念北密西根大學的唯一辦法是借錢。所以在十八歲那年，我是美國大專院校生中，最早從政府的第一個平民學生貸款專案獲益的那群人之一。

當詹森總統在一九六五年簽署高等教育法案時，他稱立法是為美國年輕人「開啟最重要的一扇門」。藉由資助窮人及中產階級的教育，詹森說這是對全國的孩子及其下一代「做出了一項承諾」。身為這項承諾的受益人，我儘管不喜歡負債的念頭，還是滿懷感激。

助學貸款不夠支付我所有的花費，我也不會收到從卡納西寄來的錢，讓我購買食物、書本，或是當酷寒的冬天來到時，我所需要的溫暖大衣。為了負擔這一切，我在兩家熱門的學生聚會場所，安迪酒吧（Andy's Bar）和塞車酒館（Traffic Jam Lounge）當調酒師。我也盡可能常去賣血來換現金，我不是北密西根大學唯一造訪血庫去賺點零頭的學生。

我花了一點時間才在大學找到我的節奏。這裡是美國中西部地形，校園裡有古板的學院建築和寬廣道路，但是少了布魯克林的嘈雜和毅力。我可以好幾天都不會聽到汽車的喇叭聲，但我能仰望夜空，看到無數的星星，而且不只是在城市燈光的迷霧中朦朧閃爍。密西根的氣候及地勢讓這裡的人從事和我從小到大不同的活動，天氣熱的時候，學生會走到蘇必略湖，從二十呎高的火山崖跳進冰冷的湖水裡；在寒冷的冬天，我們會從三樓的宿舍房間窗口跳到一大片白色雪堆裡。布魯克林的雪從不像這裡的那麼深或乾淨。

我是大一宿舍裡唯一的猶太人，也是少數來自外州的學生之一。這裡有其他來自貧困家庭的學生，也有富裕家庭的孩子，他們不必貸款或打工，而且絕對不用去賣血賺學費。

儘管有這些差異，我終究對北密西根大學有了家的感覺，而且在遠離家人之後，我開始想找出自己究竟是誰。我蓄鬍又留了長髮，變得不修邊幅。置身在中西部人之間，我開始改掉我的布魯克林口音。我也加入兄弟會Tau Kappa Epsilon，裡面的成員都很擅長運動，我們和其他球隊對打的腰旗美式足球賽事，粗暴程度堪比我在家鄉的球賽。我成了朋友口中的霍伊。

我的成績好到足以讓我錄取，但是我沒有付出我能力所及或應該要有的努力。我不喜歡統計學和會計，但是在溝通課程的成績不錯。我認為研究人比數字要有趣得多。就連在課堂外，我也是公認的打破砂鍋問到底，老是在問朋友的生活，他們要去哪裡或做什麼，但是我在課堂上沒有表現出相同的興趣。或許在大學裡，獨立就夠令我開心了。在那個年紀，第一次能自由自在，這樣就夠了。

一九七五年五月十日，約莫七百名學生穿戴北密西根大學的綠色帽子及長袍，魚貫進入野貓足球場。我也是其中一員。但我不像其他畢業生，伸長了脖子想看到在露天座位的父母、手足、祖父母、阿姨或叔叔。我父母沒來參加畢業典禮。我記得當時感到難堪又失望，我的家人沒有出席這個重大場合，原因很簡單又明顯：他們沒錢來這一趟。

我們的畢業典禮致詞者是喬治・朗尼（George Romney），密西根前州長及米特・朗尼（Mitt Romney）的父親。米特後來成了麻薩諸塞州州長，以及共和黨的總統提名人。

朗尼在他的演講裡提到，美國是個偉大的國家，但我們生活在一個憤世嫉俗的年代。這國家需要喚醒信仰，相信我們自己、我們的同胞，以及我們的國家。他告訴我們，要找回美國的精神，我們必須從個人開始。他表示，我的世代手中握有「美國懸而未決的命運」，我們的作為將替這個國家設定未來幾十年的道路。

她沒來真是太可惜了。

我母親是我追求大學教育的一大理由。我不是為了她而完成學業，而是因為她才完成的。她的夢想變成了我的夢想，她比任何人都應該要見證我成為我們家族第一個取得大學學歷的人。

第十五章

守住的承諾

二〇一三年，在科羅拉多的炎炎夏日中，四十位來自商界、科技業、學術界及政府的各方專家齊聚在一間冰冷的會議室裡，討論如何解決一場危機：全球化及現代科技正在持續改變美國的就業環境，它淘汰了數百萬的製造業工作，打造出新的就業機會，但國內沒有足夠的人擁有這類技能或教育來填補這些職位。在接下來的五年內，美國會需要比目前預期的至少多出八百萬名以上的畢業生，才能維持我們在全球經濟的競爭力。

我出席了這場會議，大部分是聆聽那些消息比我更靈通的人士發表看法。

在會議的休息時間，我遇到了一位認識多年的與會者，國內最大的公立大學，亞利桑那州州立大學（Arizona State University，ＡＳＵ）的校長，麥可・克洛博士（Michael Crow）。我們最早的那次見面，是在星巴克的董事、ＡＳＵ校友，以及百事可樂北美洲前總裁，奎格・威瑟普（Craig Weatherup）邀請我去對ＡＳＵ商業科系學生演講的場合上。麥可認為美國的大學體系已經成了不公平的淘汰制度，讓有錢的人能得到更多取得教育的選擇權。這對國家造成傷害，因為它無法讓社經地位在光譜底層的學生擁有更多取得教育的管道。他主張，公立大學尤其不曾履行服務公眾的職責。

麥可回任ＡＳＵ之後，重新建構這所大學，並且改寫了它的使命。這所大學接受評價的標準，「不是依據它排除了誰，而是依據它錄取了哪些人，以及他們如何完成學業」。在麥可的領導下，這所大學錄取的低收入學生比例增加了兩倍以上。

毫不令人意外的是，學術界認為麥可的行徑相當魯莽。他蔑視教育的傳統模型，也就是學習必須是在課堂上面對面進行的基本概念。ASU擁有頂尖的遠距學位課程，由許多獲獎的校內教職員傳授超過六十個學科領域的相同課程內容。學生不必親自來到學校或這個州內，就能取得學位。

當麥可和我第一次碰面時，很快就發現了我們的共通點。他也是家中的第一個大學畢業生，而且小時候有一段時間是在公共住宅區度過。他父親是海軍，母親在麥可九歲時過世了。他和我一樣，從小便相信教育不只能讓個人的生活更美好，而且能提升整個社會。

他有一回告訴我他是怎麼有了這樣的頓悟。一九六八年聖誕節前的某一天，當時麥可十三歲，他和他父親擔任志工，送食物給住在家鄉附近貧窮偏遠地區的家庭。他記得有一戶人家住在一間簡陋的棚屋裡，屋頂鋪著瀝青紙，地板髒兮兮的，裡頭有一只大肚暖爐。那天晚上，麥可回到了自己的家，入迷地坐在電視機前，看著新聞播報阿波羅八號，那是第一架離開地球軌道、繞行月球的載人太空船。當天發生的這兩起事件讓麥可深深感受到其中的不公平。他心想，在這個世界上，怎麼會有人住在棚屋裡，而我們卻有能力把人送上月球呢？

「霍華，」我們第一次見面時，他對我說：「假如我們不設法找出如何利用我們所有的每一種工具來驅策人們進步，這就太沒道理了。」在五十八歲那年，麥可・克洛依然努力奮鬥，為了住在棚屋的那家人，為了年少時的他，也為了所有弱勢族群。

我們在科羅拉多見了面之後，兩人走到會議室的一個角落，對話內容轉到了國內的教育狀況。我告訴他星巴克有多少夥伴還沒拿到大學學位，以及我有多震驚於學貸的數字，以及大學學費不斷上漲的情況。這既荒謬又沒必要。

然而錢不是唯一的挑戰，他說。背負學貸入學的年輕人在校內也孤立無援，沒人幫助這些孩子在大學生活的行政迷宮及情緒起伏中找到出路。沒人建議他們如何選擇主修及課程，或是明智地花費他們的金錢和時間。他們的家庭沒有這種知識和時間。大部分的大學招募及錄取新生，但是在學生入學後卻沒幫助他們完成學業。這是一種帶有毀滅性後果的模式。大學文憑是決定某人的能力是否足以從一個收入等級跳到另一個的最重要因素。向上流動是美國承諾的核心，但是在學生離開校園時卻遲遲未發生。許多這麼做而負債的人，背負著羞愧感及消散的信心。當你感到彷彿自己已經失敗，你就很難重回校園了。

我領悟到，這個國家不僅有學貸負債的危機，它還有大學結業的危機。

在科羅拉多的會議結束後，麥可和我保持緊密聯繫。我們共同的挫折感轉換成一種共同的使命感。

回到西雅圖之後，我和星巴克新上任的策略主管，麥特・雷恩（Matt Ryan）分享麥可的深刻見解。麥特原本是迪士尼的品牌管理主管，最近加入了我們的行列。他的思維敏捷，步伐輕快，而且偏好能配合他步調的工作場所。他告訴我，他是來星巴克執行突破性的任務，而且沒浪費任何時間便著手進行。

當資深執行者加入星巴克時，他們會花時間在咖啡店工作。穿過了綠圍裙之後，他們學會如何在吧檯後方製作濃縮咖啡飲品，補充糕餅櫃，以及服務顧客。麥特在店裡工作的這段期間，他認真去了解其他的咖啡師。他們年紀多大？為何選擇來星巴克上班？他們正面臨人生的哪個階段？他也會路過其他的星巴克咖啡店，和櫃檯後方的夥伴聊天。麥特在聆聽之餘，也理出了幾個共同的脈絡。很多夥伴上了大學卻沒念完，或者他們入學後卻難以在課業和工作之間保持平衡。

在他看來，如何在職場出人頭地的問題揭露出他們的野心。麥特的結論是，假如他們沒念完大學，這不是因為他們沒有努力嘗試。他的觀察結果和公司內的調查數據相符。

我把我們的領導者找來會議室，想創新夥伴經驗的那天，麥特也在場。現在，由於聽到我和麥可・克洛的對話，麥特的心中不斷浮現全新夥伴福利的可能性：協助他們完成大學學業。目前的計畫只提供夥伴一千美元的學費補助，我們是否能找到一種方式，讓全職及兼職夥伴都能取得學位，卻不會讓他們自己或公司花太多錢？這種員工福利就像是一九八〇年代及一九九〇年代早期，我們提供所有員工醫療保險和股權一樣，是罕見又創新的做法。我讓麥特全權去處理這件事。

他召集了一支三人小組，由德瓦拉・漢利（Dervala Hanley）帶領。德瓦拉是另一位才智敏捷的夥伴，具有豐富的想像力，而且做事步調和他一樣。

遠距教育立刻引發他們的興趣，把它視為一種可能的解決方案。在經濟上，這比學生花四年的時間到大學念書要便宜很多。少了住宿、用餐及一般生活的費用，星巴克就更可能負擔得起協助夥伴付學費了。遠距課程沒有地點的限制，非常適合像我們這種分布全國各地的大型員工規模。

當麥特及德瓦拉研究ＡＳＵ時，他們發現該校已成立的遠距課程提供多樣化且備受認可的合格學位。由於我和麥可・克洛建立的關係及我們志同道合的價值，ＡＳＵ似乎是教育夥伴的不二選擇。

但隨著越來越多人聽到我們的想法，質疑也隨之出現了。在焦點團體訪談中，我們得知我們的夥伴取得學位的強烈意願，他們的財務限制、生活型態以及對彈性的需求，已經勝過了他們對學校的選擇或傳統大學經驗的渴望。假如一間聲譽卓越的遠距大學能帶來符合他們興趣及限制的學位，他們會迫不及待。

這個小組也研究其他學校的遠距課程。二〇一四年時，許多大學尚未認真看待遠距教育，有些只是直接把教學影片放上網路。許多學術人員也把遠距教學解讀成一種威脅，或是遲遲不願採納數位媒體的潛力，把它運用在互動及客製化學習、與學生合作，以及將引人入勝的視覺與圖像整合到他們的課程裡。學生需要比較負擔得起又具彈性的高等教育選項，但是美國的大學尚未滿足這種需求，即便能達成這個目標的數位工具俯拾皆是。

我非常感激麥可・克洛能預見新型態的美國大學。這種願景符合更多學生的生活現況，教職員也與實體大學相當。

和星巴克合作吸引了很多學校。大學花費驚人鉅款要招收學生，星巴克提出方法來減少那些費用，一個立即能接觸到一大群潛在的遠距學生的管道：我們的數萬名夥伴。相對來說，我們的夥伴能取得管道，以較少的學費接受大學教育，因為理論上，學校的行銷支出可以從中扣除。降低學費也能讓星巴克負擔得起這項津貼。

然而，這項提議要實際執行的話，還需要一項要件。

聯邦政府的高等教育法案長期以來提供財務資助給來自低收入家庭的學生，也就是以大家熟知的培爾助學金（Pell Grants）的型態來補助。星巴克咖啡店的許多夥伴就是設立培爾助學金所要補助的對象：那些少了財務資助就無法取得大學學位的人，而取得學位的話，他們這一生將會有更好的收入及自給自足的機會。假如有夥伴符合獲得培爾助學金的資格，這會進一步協助負擔他或她的學費。

其他的公司提供員工管道去接受遠距教育，但是我們聽說的那些方案具有我們不想要的限制：合格的員工太少、課程選擇不多，或是學費折扣有限。

目前沒有這種公家—私人贊助模式，提供免舉債的大學學費，學生、贊助公司及大學一起承擔結果的風險。我們要打造出一個這樣的模式。

ＡＳＵ願意協助我們打造一種新方式，讓學生能完成學業。麥可・克洛和他的部屬了解經濟規模和教育更多人之間的連結。增加ＡＳＵ的遠距學生人數會降低每個學生的成本，讓大學對所有入學者來說都負擔得起。所以ＡＳＵ才願意一開始就減收星巴克夥伴的學費：透過星巴克的勞動力取得大量潛在學生的輕鬆管道，能幫助ＡＳＵ更快達到規模。

麥特計算過了。ＡＳＵ調整學費，再加上我們的夥伴可能符合領取培爾助學金的資格，這樣的組合能讓星巴克比較負擔得起給夥伴大學津貼。無論要負擔怎樣的成本，我們都會從預期這種津貼會產生的人員流動率降低來獲得彌補。每當有員工要離開公司，我們要花錢去重新聘僱及訓練新人。我們相信，我們協助夥伴去念ＡＳＵ的成本，抵得過我們不用重新安排許多夥伴職務所省下來的花費。

教育員工是一件聰明的事。公司的強大程度取決於員工，想取得學位的咖啡師會給公司帶來更多的知識和活力，更多基層夥伴能進階成為管理的角色。幫助咖啡師完成大學教育能建立起管道，讓已經開始在星巴克服務的夥伴融入咖啡店的日常生活，日後成為公司潛在的領導者。

大學津貼也能吸引更多有抱負及才能的應徵者，甚至是那些取得學位之後離開公司的夥伴，也能成為我們的品牌大使。再者，現在的教育是一種競爭優勢，以及取得較高終身所得的關鍵，我們要在這樣的時刻把大學畢業生送進就業市場。對於像星巴克這樣的公司來說，對國家整體有利的事，對我們的生意也有好處。

提供這種前所未見的大學就學管道，也會讓我們的夥伴以在一家讓這種事成真的公司服務為榮。我相信，這對於就讀ＡＳＵ的夥伴，以及看到同事完成學業的夥伴，都是再真實不過的話。

這些結果令人欣喜，不過假如我們的夥伴沒有繼續就學，這一切都只是空談。繳交大學學費只是一個關卡而已，學生還要完成學業才行。

瑪凱勒因為沒錢念完大學而崩潰痛哭之後，過了一週，她登入臉書。當她瀏覽朋友的更新狀態，她注意到一則關於星巴克的最新連結。她不敢置信地讀取，她的雇主星巴克公司剛宣布一項給夥伴的新福利，假如瑪凱勒沒看錯的話，她很快就能回去學校完成學業，而且免負債。那扇關上的門喀噠地開啟了。

瑪凱勒哭了起來。她的母親站在她身旁，瑪凱勒盯著電腦螢幕，消化這項她符合資格領取的新福利：二〇一四年秋季開始，ASU的三、四年級生能得到百分之百的學費補助。

就是這個，她心想，這是我的機會。

幾天後，她參加一場說明會，進一步了解星巴克大學圓夢計畫（Starbucks College Achievement Plan）的細節。透過ASU、助學金及星巴克的組合來源，她的學費會得到百分之百的補助。ASU獎學金會替每位就讀大三或大四的星巴克夥伴，補貼至少百分之四十二的學費；大一或大二的學生則獲得百分之二十二的補貼。

我們原本的星巴克大學圓夢計畫只提供大三及大四生學費全額補助，ASU團隊告訴我們，那些是他們最成功的遠距學生，因為他們已經知道要如何念書及管理他們的時間。我們大部分的夥伴都已經就讀某些大學。取得低於六十學分的夥伴，也就是大一及大二生，ASU會提供部分獎學金，讓他們有機會取得學位。

瑪凱勒的學分足夠申請就讀三年級，她有資格領取的任何助學金將會用在減免她的剩餘學費。假如獎學金和助學金不足以支付全額學費，瑪凱勒要自己負擔那些費用，看是要申請標準學貸或是自掏腰包，不過只是暫時而已。六個月之後，星巴克會給付這筆錢，瑪凱勒就能清償她的學貸，以及她自己支付的款項。

要求學生預先暫時支付款項，原意是要激勵像瑪凱勒這樣的學生繼續就讀。假如瑪凱勒在取得給付之前便離開星巴克，她便會失去這項給付金。但是在她畢業之後，她也沒有義務要繼續留在公司服務。

當瑪凱勒入學時，她發現這項計畫有另一個與眾不同的特色：每位學生都分配到三名顧問。首先，她和財務顧問碰面。對方陪她逐步研究ASU的線上申請書，協助她轉移學分，並且指導她重新申請助學金。

接下來，她見到了學術顧問。對方問及瑪凱勒的熱情所在，以及她希望在人生中成就些什麼。他們一起做出決定，心理學比她先前主修的語言與聽力治療學更適合她，因為它提供了更多樣化的就業選擇。再者，瑪凱勒在社區大學取得的通識教育課程學分，比較多適用在ASU的這門主修。要不是有顧問，瑪凱勒可能會選擇一門不太適合的主修。他們也合力為她挑選第一學期的課程。

最後瑪凱勒和她的「成功教練」碰面。對方會定期和她聯繫，發電郵提醒她學校的截止日期，在困難的測驗之後給她鼓勵，祝賀她獲得好成績，並且提供方法幫助她減少壓力，在學校及生活之間取得平衡。

瑪凱勒告訴她的朋友，她的大學生涯從來沒這麼輕鬆過。

不幸的是，並不是每位熱切或合格的夥伴都隨即入學。大學圓夢計畫網站在啟用後的那些日子，有高達兩百萬人次瀏覽，但是我們的夥伴並沒有如預期的大量報名。

貝絲・瓦德茲（Beth Valdez）三十一歲，十年來，她夢想能完成大學學業。

她在俄亥俄州的一個農村小鎮長大，一個小到沒有專屬郵遞區號的地方。她的父母沒念過大學，二〇〇四年，貝絲中輟大學學業，擔任餐廳管理的全職職位。她只差一個學期及一個科目就能畢業，再加上五萬美元的債務。十年後，貝絲是亞克朗的一家星巴克咖啡店店長，以及兩個孩子的媽。她喜歡她的工作，但是對於中斷大學學業感到羞愧，並且背負尚未清償學貸的壓力。雖然她知道學位能讓她取得收入較高的工作職位，但是一想到又要申請貸款去付ASU的學費，即便只是暫時性，這是她所無法承受的重擔。所以貝絲沒有提出申請。

我們體會到，那六個月的等待期是大學圓夢計畫早期的缺失之一。另一個錯誤是：我們低估了決定重返校園的壓力。即便學費全免，即便是兼職學生，念大學依然是一個改變一生的決定。許多夥伴要求比這項計畫原本分配的還要更多的時間，讓他們調整自己的時間表、找出以前的成績單，或者只是進行心智轉換。我們改變了等待期和其他規定，首先延長了二〇一四年的報名截止日期。接著在二〇一五年，我們宣布學費給付會在每一學期之後，以及下一期的學費繳納期限前，匯進夥伴的薪資帳戶裡。

這時貝絲終於鼓起勇氣。是時候了，她告訴自己。

貝絲站在她的同仁前面，第一次向大家承認，她沒念完大學。接著她請求他們的支持，讓她展開一套嚴格的全新例行公事。

她通常在早上四點半上班，工作到下午，念完書，然後回家看兒子和女兒。她現在是離婚的狀態，和孩子共進晚餐，等孩子們在八點左右上床時，她也去睡覺。鬧鐘在三小時後叫醒她，她會給自己泡一杯冰咖啡，拿著筆電和書本，坐在餐桌前。接下來的幾個小時，在夜晚的寧靜中，孩子們正在熟睡，貝絲開始上ＡＳＵ的課程、寫報告、交作業，以及進行線上測驗。到了凌晨四點，她的父母親會過來照顧小孩，這時例行公事再度開始了。這是貝絲採取的嚴苛步調，加速自己的畢業日期，讓自己在學歷的加持下，邁向一個她想要的收入及挑戰性都更高的職涯。

十七個月後，貝絲取得了組織研究的大學學位。

二〇一六年冬天，星巴克為所有應屆畢業的夥伴舉辦比賽。獲勝者能贏得一趟免費行程，前往亞利桑那州坦佩，參加亞利桑州州立大學在大型的太陽魔鬼體育場舉辦的畢業典禮。以下是節錄自貝絲的參賽來信，描述她的第二次大學經歷：

> 我在二〇一五年秋天開始上課……覺得害怕又焦慮。我最不想做的就是讓自己再次失望。起初我感到尷尬又不安，不過一但我打開了心房及書本，一切開始變得順理成章。隨著每個學期過去，我的能量不斷滋長。
>
> 我的星巴克大學圓夢計畫之旅充滿了無眠的夜晚，值得我付出的咖啡癮，在我最愛的星巴克咖啡店下班後的時光，以及又讀又寫了一頁又一頁。

我樂於和夥伴及顧客分享我的故事，希望任何及每一個準備好要善用這個機會的人也能這麼做。我知道這對於追求夢想的夥伴有多特別，也知道他們在畢業後，不會背負隨著傳統高等教育而來的負債，這感覺真是不可思議。

我辦到了，我為了自己這麼做，我為了我的孩子這麼做。我這麼做是因為，有人相信我辦得到……而且我會把它傳承下去。

貝絲贏得這次比賽，而且和另外五十四位也來到坦佩的星巴克畢業生一同參加畢業典禮。五個月後，她升任資深地區統籌，這個角色讓她在職場上能對公司做出更大的影響。

一年後，有超過七千名星巴克夥伴加入了大學圓夢計畫，我們原本的目標是到二〇二五年能有二萬五千名畢業生。儘管一開始的進度比預期中更慢，這種動力不斷累積。在二〇一七年，星巴克慶祝第一千名大學畢業生的誕生。

就畢業典禮的所有象徵，以及學位帶給我的一切而言，我的大學畢業典禮對我來說沒有太多意義。但是這種說法無法套用在一九九八年，我回到北密西根去做畢業演講時，以及二〇一七年，我應麥可‧克洛的要求，在ASU做畢業演說的那一次。那次典禮在晚上七點半開始，不過首先，我在該校的廣闊校園參加了其他盛會。

當我們和大學行政管理人員、校友及星巴克夥伴共享午宴時，麥可‧克洛頒給我一個ASU

的榮譽學位。我接受了裱框文憑，說了幾句話之後，一位同僚走向我。瑪麗・迪克森（Mary Dixon）自二〇一五年二月起，監督大學圓夢計畫。她和她的團隊繼續與ＡＳＵ合作，加強改進這項計畫。

瑪麗告訴我，她要我見某人，帶我走向熱鬧的宴會場地裡的一張圓桌。一名金髮齊肩、個頭嬌小的年輕女子從她的座位站起來，面帶微笑。我伸手去和她握手，她向我自我介紹。

「嗨，我是瑪凱勒。」

我當時對瑪凱勒走到今天的漫長路途一無所知。她展現著自信和喜悅，告訴我她拿到心理學的大學學位，以優等成績畢業。我恭喜她，她向我道謝，並且問我是否願意在她的學士帽上簽名。她在帽子上畫了星巴克的商標，並且以金色寫上「勇往直前」。我看到時微笑了，因為「勇往直前」是我幾十年前提出的口號。在寫給夥伴的公司內部信件，我會在我的簽名上方寫下這幾個字。「勇往直前」也是我的第二本書書名，書中記錄了公司回歸持續成長的奮鬥史。

對我而言，「勇往直前」向來是一種號召，這個字眼連結了在任何值得經歷的旅途中，希望的必要性和努力付出，以及目的及熱情的雙重動機。在那個重大的日子裡，看到這個字眼出現在瑪凱勒的學士帽上，我領悟到「勇往直前」這個字眼是如何貼切地描述了回到校園、繼續求學，以及在畢業後繼續努力所需要的勇氣、信心及犧牲。我也非常欽佩每一位這麼做的人，尤其是那些二度就學的學生。我從口袋掏出了一枝黑色的筆，把我的名字寫在瑪凱勒的帽子上。

在同一週的過後幾天，瑪凱勒的區經理給了她一份新工作，擔任星巴克在ＡＳＵ校園裡開設的科技中心辦公室經理。她會獲得加薪。她有興趣嗎?瑪凱勒接受了。

我從瑪凱勒寄給我的一封信,得知了她的全盤故事。在信中,她坦率地敘述家庭的財務困境,他們失去了房子、汽車被收回,家人湊錢付伙食費,以及她不確定自己要如何完成學業。她也寫了以下這段:

我確定你明白,當大學圓夢計畫宣布時,我們有多麼歡喜。然而,我當時不知道,這會是一場如何改變人生的經驗。

要不是有你和你的團隊提供的支援,我不可能度過最艱難的那段時光。從學校的成功教練到咖啡店裡的投資,我得以在艱困的時光找到某種平衡。

當公司像星巴克這樣,在你的身上投資,你忍不住會感到有種必須成功的額外壓力。我想讓全世界以及其他商業界的領導者看到,投資在彼此身上會得到什麼樣的成果。

當大學圓夢計畫一開始推出時,一位股東問我,星巴克是否在做慈善事業?我告訴他,星巴克是在做投資人才的事業。二〇一七年,就讀ASU的夥伴在星巴克任職的時間,是平均夥伴的一倍半。我們的ASU畢業夥伴,有一半依然任職星巴克,儘管他們沒有義務要留下來。那些參加大學圓夢計畫的人,升職的比率是一般平均的兩倍半。

盲目提出那個問題的人,應該去認識瑪凱勒。

麥可・克洛有許多名言，不過他最常對我提起其中的某一句。「我是透過創造來批評，不是透過找毛病。」他是引用羅馬哲學家西塞羅的話。解決方法比話語更有力量，麥可和我都同意，這個概念的實踐程度還不夠，尤其是在華府的政府所在地，那裡的批評經常掩沒了創意。

我們繼續努力讓大學圓夢計畫更完善。今天，在ASU就讀的大一、大二夥伴們也能領到百分之百的學費給付，和大三及大四生一樣。同時，在星巴克服務的退伍軍人也能把大學圓夢計畫的補助延伸到家庭成員身上，讓小孩或配偶去上大學。對於申請ASU卻尚未符合資格的夥伴，我們提供入學銜接課程。這項客製化的課程會提高他們獲得入學許可的學業平均成績（GPA）。ASU的教授也為星巴克夥伴設計了領袖課程，由星巴克高層主管參與教學。

麥可和我不認為這項計畫屬於我們的機構。我們希望這個模式能被其他學校和機構複製、採用，並且改造。

我們希望商業領導者能明白，公司可以扮演讓更多美國人獲得學習機會的角色，無論是大學教育、職業訓練、利基鑑定，或是指導其他技能，例如溝通、金融知識，甚至如何應付工作面試。不只有大學四年學位，許多形態的教育機會都能幫助人們更上一層樓。

我們希望學術界的領袖能敞開胸懷，改變教學、學習及發現的方法，勇於運用科技來擴展通往知識及教育者的管道。

最後，我們希望這項計畫的成功能鼓勵更多公家及私人機構合作，激發更多的協作及創業思考。與其對破損的體系感到忿忿不平，人們應該要團結起來，進一步檢視有哪些部分毀損，設法了解原因、請教專家，並且開始更有建設性地解決問題。大學圓夢計畫絕對不是推廣教育機會的唯一方法，而是重新演繹我那睿智好友，麥可・克洛的另一種洞見，證明新的解決方法可能存在。

高踞在ASU美式足球體育場的南端看台上方，有一個封閉的觀賞區，我在那裡等著大學的二〇一七年畢業典禮開始。俯瞰球場的大窗戶能一覽遼闊的太陽魔鬼球場，八個大型區塊上的白色摺疊椅正在等待今天的畢業生。我透過窗戶觀看數千人魚貫進入球場，問候他們的朋友，睜大了眼想找到看台上的親友，最後終於入座。當人群不斷增加，我打電話給雪莉，和她分享這令人敬畏的場景，還有這一刻。

到了預定的時間，我和麥可・克洛及他的同事往下走，在舞台上就坐。我在心裡溫習我的講稿，這時有一幅美麗的景象吸引了我的注意。在蔓延到球場最後方的畢業生人海中，有二百三十名星巴克夥伴並肩坐在數排連結的區塊。你很容易就看到他們：每位夥伴的頸間披掛著特殊的金色長巾，上面有綠色鑲邊，再加上ASU及星巴克的標誌。那是面帶微笑又自豪的一群人。我凝視他們的臉孔，心中湧現一股敬佩及喜悅之情。他們每個人都有著和瑪凱勒或我那樣的背景故事，一段充滿挫敗及意外、意志力及目標的歷史，帶他們走到了這個時刻。

我聽到我的名字，於是走上講台，對三萬人訴說一個故事。

前一年，星巴克在南非約翰尼斯堡首度開設了兩家咖啡店。開幕的當天，我聚集了在新咖啡店工作的五十名年輕人。他們在會議室裡走動、自我介紹，講述著奮鬥及家庭的故事，也表達他們的感激之意。對他們大多數人來說，在星巴克上班是他們的第一份工作。他們也不斷重複一個我聽不懂的字眼：Ubuntu。一而再再而三，Ubuntu。我終於開口問：「請你們告訴我，那是什麼意思？」

一位年輕人露出了微笑，他們所有的人異口同聲地說：「你成就了我。」

「你成就了我，」我對ASU二〇一七年畢業班複述。「我要請你們把這個故事記在心裡，因為今天我要和各位分享的每一件事，都是透過Ubuntu的濾鏡去看。」

我透露了一些我自己的人生歷程，因為我猜想很多年輕人只知道我是星巴克總裁，而不知道我有一對沒念完高中的父母，以及家中的第一個大學畢業生。我告訴他們，我的人生證明了美國夢是真的，我們這些實現美國夢的人，其中有許多是藉由取得大學學位去實現夢想，而我們有責任把這個夢想傳承下去。

你們每個人都擁有創業精神，還有打造你值得的未來所需要的熱情和承諾。

然而，不要就此打住了。試著不要只依賴你在課堂上學到的東西。

鼓起你的同情心、好奇心及同理心來面對他人，以及你對服務的承諾。

付出的要比得到的更多。我保證這一切會以你無法想像的方式回饋在你身上。

我鼓勵他們別忘了，我們今天是因為有某個人，才會在此齊聚一堂。這人可能是父母、手足、老師、鄰人、良師益友。這人對我們完全信賴，懷抱信心，就像我母親對我那樣。我提出三個問題，要他們不只是在今天，而是在一生中都要加以思量：

你要如何尊敬你的父母，榮耀你的家人？
你要如何分享你的成功，帶著尊嚴服務他人？
你要如何懷抱人性及道德勇氣來帶領他人？

我沒說出口，而是留待這些畢業生自己去發掘的是，要找出這些問題的答案，有時會是一種棘手又複雜的努力。他們所做的抉擇會引發滿足及驕傲，但可能也有後悔。他們的某些行動可能會被摯愛的人誤解，說出自己的意見有時會招致批評或蔑視，甚至引發陌生人的憎恨，無論他們的用意為何。我知道這一切都會成真。但我在那天晚上並未說出口。

相反地，在體育場的光輝照亮了畢業生的時刻，我鼓勵他們要相信自己。

這場演講以它的開場作結束：「Ubuntu」。我們成就了彼此。

第三部

彌合分歧

第十六章

討論

我父親不喜歡我們邀朋友到家裡吃晚餐，但是他從來沒有拒絕麥克・納道爾（Michael Nadel）。

在我記憶所及，麥克一直住在我們家樓上，6B公寓。他的養父母沒有告訴麥克，至少在他小時候，說他不是他們的親生兒子。但是我們這些和他一起長大的小孩最後還是明白了，我們的淺棕膚色朋友是一半黑人、一半白人的血統，就算他的父母親都是白人。

麥克的出身對我或是我父母來說都不重要，我母親和父親不是偏執的人。他們教養我要接受其他膚色和宗教跟我們不同的人，而且我們周遭有太多各式各樣的人了。

我們的公寓大樓有八層樓，容納大約七十戶人家，全部的人共用一部包覆鋼皮的電梯。電梯門有一塊厚重的霧面玻璃，我住在那裡的後幾年，裡面散發著一股尿液的惡臭。隨便挑一天，擠在那部令人產生幽閉恐懼症的小空間裡頭的我們，反映出一九五〇年代布魯克林公共住宅居民的組合。我們大部分是愛爾蘭人、義大利人和猶太人血統，大約有三分之一是非裔美國人，還有一小部分是波多黎各人。

在這個城市的大熔爐裡長大，意味著你能和不同膚色、不同語言、慶祝不同節日，以及家裡瀰漫著不同食物氣味的人融洽相處。你不得不在大家共享的空間，以文明的方式對待彼此，即使是和一身汗的人，貼身擠在卡在樓層之間的小電梯裡。我們因為環境而結合在一起，產生一種令人安心的社群感受。

大家會有爭執，有些鄰居不喜歡彼此。不過在我從小到大的過程中，大部分的時候都覺得要是有人有麻煩了，大人都會伸出援手，而且任何小孩都可能成為我的朋友。不過麥克・納道爾不只是如此。在學校及操場上，男孩的階級仍然靠拳頭來決定，而麥克向來居冠。其他的小孩都怕他，因為他速度更快、更強壯，而且更會打架。

麥克最廣為人知的是他大膽莽撞的誇張行徑。有一次，他攀爬每層樓的露台圍牆，從外面爬上我們八層樓高的大樓屋頂。對體育活動的愛好是我們倆會湊在一起的原因之一，另一個原因是我們會互挺對方。如果在社區的公共區域爆發小衝突時，麥克會保護我和比利，還有他的其他朋友；反過來，如果他父親在晚上大暴走，把他踢出家門時，我們都會歡迎他來家裡。我認為他在我們的家裡感到安全，就像他讓我們在操場上感到安全一樣。麥克會挺我們，而我們也挺他。

麥克・納道爾在整個灣景住宅區無人不知，但是也有許多人對他有所誤解。我記憶中的麥克是一個有趣、忠誠又強悍的小子，要是我們出自友誼而不是恐懼，對他和氣又敬重，他就會和你站在同一陣線。當時的我沒想過，別人沒有善待他，或許不是因為他是個小霸王，而是因為他是混血人種。

我從小到大的想法是，在那部電梯裡的每個人，無論他們來自何方或去向何處，他們都應該設法和平共處，無論是哪個種族的男孩都應該在任何家庭裡受到歡迎。我從來沒有擺脫這個理想，就算它和現實相牴觸。

二〇一四年七月十七日，幾位白人警察在紐約史坦頓島的人行道上，接近一個名叫艾瑞克・加納（Eric Garner），手無寸鐵的四十三歲黑人男性，因為他們懷疑他非法販售香菸。當一名警官試圖將艾瑞克戴上手銬，艾瑞克掙扎不從，那名警官鎖喉壓制他。在一段路人拍攝的事件影片中顯示，艾瑞克臉朝下地倒在人行道上，告訴警方他無法呼吸，這時一名警官正把他的頭部壓在地面上。事發後一小時，艾瑞克死了。

艾瑞克被殘暴逮捕的影片令人不忍卒睹。這真是可怕至極。

在這起死亡事件發生的兩年前，十七歲的崔溤•馬丁（Trayvon Martin）遭到一名白人社區聯防志工槍殺身亡，而該名志工後來獲得無罪釋放。崔溤的死以及隨後的法院判決，引發了「珍視黑人生命」（Black Lives Matter）運動，把黑人遭遇暴力及系統性種族歧視的議題，推向全國關注力的最前線。

二〇一四年十二月，當大陪審團決定不起訴殺害艾瑞克•加納的警員，這項決定進一步加劇黑人社群對警方的不信任感，也激發了抗議者的示威活動。大部分的示威活動雖然難掩怒火，但是都和平進行；有些則難以控制，少部分出現暴力。許多刻意造成混亂，白人、棕色人種及黑人在公路上阻擋交通，要確保他們對正義的訴求得到應有的注意。

在這些事件展開之際，我開始問自己和其他人，這些悲劇死亡事件、法院判決，以及揭竿起義，揭露出當今美國黑人的困境。我記得詢問過幾位黑人朋友及同事的看法。

「我們在晚餐桌上談了很多，」克里斯•卡爾（Chris Carr）說。他在公司服務八年，擔任執行副總裁，負責管理我們大部分的零售營運。克里斯和他的妻子育有一名念高中的女兒，以及一個念國中的兒子。幾天前的晚上，他女兒說了一些話，讓克里斯覺得很受傷。「她說我們這個世代的非裔美國人辜負了她那個世代的非裔美國人，因為我們沒有成為我們應該成為的社運分子，也沒有為自己發聲。」克里斯反駁，他對女兒指出有色人種在美國的進步，也列出傑出的黑人名單。

「爸，」她對他說：「假如你把黑人社群當作一個派，你只是敘述了那個派的一小塊。」克里斯不同意女兒的說法，但是佩服她的信念。我對這兩種看法都表示讚賞。

我向克里斯承認，從我的觀點來看，我們似乎缺少了某種強而有力的個人聲音。我們為什麼沒看到有某個人代表或是替這個國家的黑人族群說話，就連歐巴馬總統也沒有？我找不出二〇一四年有哪個人能代表馬丁・路德・金恩的形象，這真令我萬分迷惘。這些年來，我在前往各地的行程中，結識了許多黑人公民及宗教領袖，但是似乎沒有人登高一呼。

克里斯回答說：「領袖精神依然存在，只是現在以不同的方式展現，尤其是對較年輕的世代而言。舉例來說，它透過社群媒體呈現。那是許多人的聲音。」

藉由推特當傳聲筒，任何人在二〇一五年都能以一則不超過一百四十個字元的評論，在數秒鐘之內引發關注，發起運動。克里斯說得沒錯，領袖精神依然存在，我只是沒看到，有部分原因是我還沒積極參與社群媒體。

和克里斯及其他人討論帶來許多啟發。能開始討論這個有所窒礙又引發分歧的種族議題，感覺很不錯。這幾乎像是在我意識到國內逐漸加深的混亂之中，出現的一個洩放閥。

十二月九日那天，我上床睡覺，心中納悶我是否應該給公司內部的人另一個出口，分享他們的觀點，也聆聽其他人的想法及感受。我們都在美國生活，國內發生的事也是我們集體經驗的一部分。我越考慮這件事，越相信假如我不發聲也不作為，等於是拋棄了我身為星巴克執行長的責任。召集群眾來說明國內正在發生的事，反映出我們要參與社群的使命。

隔天早上，我來到公司，跟幾個人說我要在九樓的中庭召開公開討論會。我只把主題告訴了三或四個人，當有人流露出質疑的表情，我說別擔心。這是我們能舉辦的一場對話，我很清楚，因為我們自一九九〇年代以來就有舉行公開討論會的傳統。

討論會後來演變成每季的即興聚會，公司會發表宣言，夥伴能分享意見、顧慮或想法，不必害怕秋後算帳。大家不必擔心說出問題或個人的真心話，會搞到丟了飯碗、顏面盡失或遭到懲戒。在過去的討論會上，夥伴會質疑由其他人和我所做出的決定，他們會針對政策表達憤怒或失望。隨著時間過去，討論會的特性培育出內部的信任。夥伴知道任何議題都可受公評，而且規則是每個人都要尊重彼此。提供空間給我們的夥伴討論具爭議性及令人擔憂的時事，對公司來說是新鮮但並非不合宜的事。

數百人魚貫湧入開了天窗的中庭。在我爬樓梯去加入他們時，我問一個走在我旁邊的人，他是否知道這場討論會是要談些什麼。

「假日促銷活動？」

「不是，」我說：「差得遠了。」

「過去幾週以來，」我開始說：「我感受到某種個人責任的包袱，和公司無關，而是關於美國目前的情況……感覺起來好像有什麼地方出問題，無論你的膚色是黑是白，身為美國人，這種感覺是，這不是我們最美好的年代。為了這個原因，我覺得我們應該齊聚一堂，有這個機會彼此討論這件事。假如我們繼續做生意，每天只管在星巴克咖啡店收錢，對國家經歷的這個時刻視而不見，那麼我們就成了問題的一部分。」

我承認我不知道這場討論會將會往哪個方向走，然後我把機會開放給任何有話想說的人。聚集在中庭裡的五百人，大約有百分之二十是有色人種或少數族裔。

現場出現了大約六秒鐘的沉默。大家持保留態度，我看得出來，不過在星巴克服務了一陣子的夥伴可能毫不意外，他們了解我，他們了解這家公司。

終於有人開口了：「大家好，我叫瑞秋。」

一名年輕的白人女性夥伴站起來，當她對著麥克風說話時，我走過去，靠近她一些。「我會很緊張，因為我對這件事有很多感受。」她開始說了。她表示，在過去這幾週以來，她有種無力感。「我認為這是來自於我們的社會依然呈現種族隔離。我們的學校和工作場所變得更多樣化，但我們的社會整體，我們的個人生活的種族隔離程度令人難以置信。」她為了顫抖而道歉。「我不知道我如何能幫助年輕的有色族群，假如我不是他們個人生活中的一部分……儘管有六〇年代的運動，種族歧視在我們的文化及社會中依然尚未終結。」

我向她道謝。在接下來的一個小時，麥克風往下傳，來自大樓所有角落的夥伴，無論是男是女，是黑是白，大家都站起來分享故事、看法及情感。有些人說了一、兩分鐘，有些則說得更久。有位夥伴在星巴克服務了十七年，另一位則服務了三週。有些臉孔我很熟悉，有些我只見過一、兩次，有些則是新面孔。這些人的聲音集結起來，說出了人們心中有多少憂慮及疑問。

一位有十五年資歷的夥伴站起來。他在二十二歲那年，從非洲來到美國。他說他有兩個兒子，和他們討論過他們看到的電視播出，那些我們都曾見證的影像。「我們國內目前的種族歧視狀態，有時幾乎和濕度一樣，」他對中庭裡的人說。「你看不到，但是感覺得到。」

那個小時過了一半時，一名留著棕色短髮的白人女子站起來。「我記得在多年前，早在我知道有中產階級黑人之前，從我所知的一切判斷，每個在貧民窟長大的人都不是白人。有一次，我無知地問某個人，在貧民窟長大是什麼感覺，他看著我，氣得不得了。那是我的無知。」

她坐下來，另一名女子示意把麥克風傳給她。她是黑人。她吸了一口氣，然後緩緩地開口。「這場對談令我非常感動，深受觸動，也受到啟發。」她閉上眼睛，把手放在胸口，然後再次深呼吸。「這就是我在十個月前加入這家公司的原因，」她說，她聲音上揚：「因為我們有勇氣討論對人性重要的事情。這不只是一場和種族關係相關的對話，這場對話是關乎人性，以及人性並未處理如何管理痛苦、如何應付傷害，以及如何去面對什麼叫做愛那些和我們長相不同，或來自不同背景的人。」

她望向在中庭另一頭，沒多久之前才坦承自己無知的那位白人同事。「謝謝你這麼誠實地分享自己的經歷。我認為大家越誠實，我們就越能在人類的高度上產生連結，打破偏見，還有那些成見。」她的注意力回到了場內。

「刻意讓自己和那些與你不同的人親近，以及說：『我或許不贊同你，或許不了解你；你或許不贊同或了解我。但是我有我的價值，你有你的價值，而且你的看法很重要，我們要在一個安全的空間來具體討論這件事。』這麼做將帶來深遠的影響。」

現場沒有呼喊或低語。沒人彼此辱罵或離席而去。我沒想到會這麼激動。聽到別人的想法及感受，帶來許多的啟發，有時還有信念。

在討論會結束時，我鼓勵夥伴在當天展開各自的小型聚會，繼續分享。我也說明，公司不會在種族歧視的議題上保持沉默。「我們要找出方法，把我們的價值和人性導入全國性的對話，或許我們能在國家論述上帶來一些影響。」

當人群散去時，那位雄辯滔滔的黑人女子走上前來自我介紹。桑佳・包威爾—波因特（Saunjah Powell-Pointer）最近從紐澤西搬到西雅圖，在製藥業服務十四年之後，加入了星巴克。我感謝她的發言，並且請桑佳寄電郵給我，讓我們保持聯絡。

走回辦公室的路上，我覺得比一小時之前更有希望了。那些抒發出的情感像是在紛擾之中的一個團結時刻。其他人也帶著一種連結感，離開了討論會，像是完成了某種正向的事情。我認為舉辦這種會議帶給人的印象，和會議上的發言一樣具有強大的力量。

後來有人說，這場未經規劃的討論會進行得這麼順利，是我的運氣好，但我認為這和運氣無關。星巴克花了二十多年培養一種值得敬重的討論文化，讓這類對話得以存在。因為我們擁有在公開討論會自由發言的歷程，我在心裡毫不懷疑，假如有人不同意彼此的意見，或是對某個議題感到生氣，討論的氛圍依然會保持文明。

隔天早上八點，我和一支新團隊坐在會議室裡，成員包括克里斯・卡爾、我們的多元化及包容性部門主管，東尼・拜爾斯（Tony Byers）、推動大學圓夢計畫的麥特・雷恩，主導創造就業計畫的亞當・布洛曼及吉娜・伍茲、自從我在二〇一一年寫信公開呼籲華府公職人員起，一路陪伴我到現在的韋威克・沃瑪、還有從洛杉磯的都會聯盟（Urban League）過來加入星巴克，擔任我們的社區對外推廣部門主管的布萊爾・泰勒（Blair Taylor）。出席的還有我邀請前來加入我們的桑佳・包威爾—波因特。

大家同意討論會的風氣是正向的。布萊爾說，他在社區中心及黑人社區的教會，看過無數討論種族議題的聚會，但他從來不曾在一家公司裡聽過大家討論這樣的議題，尤其是以脫稿的方式進行。他又說，我們需要更多有意義的公開對話，針對所有的種族，不光是非裔美國人而已。

那天的討論結束時，我們做出了兩項決定：

我們要研究是否有辦法轉達討論會那些值得尊重的分享內容。我們有不只一位夥伴提議，星巴克咖啡店能成為類似對話及交流的催化劑。

在創造就業機會宣傳的部分，我們設計了一種彩色的摺頁，說明這種努力背後的經濟學，讓我們的顧客明白他們的捐款如何能幫助小型企業成長。模型設定好之後，我們決定設計一份關於美國種族的手冊，在店裡分送。韋威克負責主導這件事，他會跟外面的專家合作。還有拉吉夫・

錢德拉斯克蘭，拉吉夫是最近加入我們團隊的記者，他曾以優美的文筆寫下《愛國之心》，創作出見解深刻、令人信服又正當合理的內容。

我舉辦討論會，不只是為了讓我自己暢所欲言，或是把我自己的議程加諸在他人身上。假設說，當大家抵達會場後，不知道當天的討論會主題，不過萬一與會的人在現場被激怒了或是大發雷霆，我知道我遲早會聽見。來自公司各階層的怨言經常有辦法傳到我的耳裡，不過在討論會之後，任何負面的聲音都會鉅細靡遺地呈現。真要說的話，我得到的回饋正好相反。夥伴寄電郵給我，還有當天我經過走廊時所聽到的內容，在在都傳達出他們對於舉辦這場對話的感激之情。

我們也同意要舉辦更多討論會。我有信心，在其他城市的星巴克夥伴也會一樣感興趣，並且展現相同的尊重態度。

奧克蘭、紐約、芝加哥、洛杉磯。從二〇一五年一到三月，在這些城市有將近兩千名星巴克夥伴，自願參加關於種族關係的公開討論會。在西雅圖的討論會中，與會者並非強制出席，有些夥伴是在固定安排的上班時間前來，有些是利用自己的空閒時間。然而，和西雅圖不同的是，我們會事先公布主題，那些出席的人都是自願前來。

我們挑選在星巴克咖啡店以外的場地舉辦討論會，比方說空的停機棚，或是大學禮堂。有些夥伴開了好幾個小時的車前來參加、有些攜家帶眷，有些城市的討論會比其他的更多元化，不過在每一場會議，各種膚色及種族的人都會站起來發言。從大多數討論會的規模及時間看來，會場內的人想發聲的渴望是無可否認的。會議通常持續兩到三個小時，與會者則是在一百到五百人之間。

每座城市的會議模式都和西雅圖相同。在每個地區，發表的看法總是坦率真誠，大家都樂意傾聽。我們打造了一個平台讓大家分享，結果讓封閉的情緒及經歷源源流出。

一位白人女性夥伴說，她一直到十二歲時才有人告訴她，種族歧視字眼是錯的。有一名黑人母親說，由於目前的事件，她覺得自己不得不對她六歲的兒子解釋什麼是種族歧視，雖然她預期要許多年後，他才可能碰到那種事。另一位黑人女性說，她每天早上都要提醒她的青少年兒子，在他進出校門時，不要把帽兜拉起來遮住頭部。有好幾位擁有不同種族伴侶的夥伴提到他們遭遇的歧視，包括來自自己的家人。警察的配偶、手足或孩子，無論黑人或白人，全都說他們擔心自己摯愛的人置身那份工作與生俱來的危險。

在某座城市裡，一名口氣溫和的黑人女性夥伴站起來，輕聲地告訴我們，她在距離我們開會地點的不遠處，遭到警察毆打。

這些話都未經修飾。我有種直覺，這些話除了他們自己的親朋好友之外，不曾對別人說過。我認為對我們的白人夥伴來說，尤其是如此。我能聽見許多人，包括我自己，絞盡腦汁在想該怎麼說出自己想說的話，小心翼翼地不要冒犯其他人。在多種族的公司裡談論種族問題並不常見，也不容易。

在聖路易的公開討論會是規模最大、為時也最久的一場。過去六個月以來，兩度發生的抗議、激烈暴動和搶劫摧殘了附近的城鎮，密蘇里州的非加森。第一次是發生在一個名叫麥可・布朗（Michael Brown）的年輕黑人男子遭到一名白人警員槍殺身亡，第二次是因為大陪審團裁決無罪釋放那位殺人的警員。非加森的零售業遭到嚴重破壞，建築物燒得面目全非，商店遭搶之後關門大吉，因為沒有東西好賣了。州長宣布進入緊急狀態，實施宵禁。國民警衛隊派駐到當地。非加森成為種族不平等及警民之間不信任的象徵。

在討論會中，一名年輕的黑人女性夥伴站起來，拿了麥克風。她表示，她的家族世代以來都住在聖路易。

我住的地方離市內幫派暴力最嚴重的地帶，只隔了一個街區。無論何時，只要出了事，你會打電話給鄰居，你永遠不會打電話報警。萬一有人傷害你，你會打給你的朋友，因為你無法信任警察會盡快趕到。這就是信任感缺乏的來源……我們了解社區優先，而警察不是社區的一分子。非裔美國人社區的分歧就是這麼大，在任何真正的對話能滲透進來之前，我們需要替這種分歧搭起橋梁。

她的話讓我想起了我和另一家公司的執行長，一位非裔美籍人士的另一場對話。「霍華，你是怎麼教你兒子開車的？」在我們碰面談及種族關係時，他這麼問我。我說我可能是教喬登怎麼輕踩油門，平行路邊停車，而且要當心交通規則。他告訴我，他給兒子的駕駛原則裡包括了告訴他，當他在路上被警察攔下來時，永遠要把雙手明顯地放在方向盤上。

執法者的偏見、種族歸納，以及有時候的暴力及非法行為，成了國內針對種族的討論主題。在公開討論會裡，夥伴持續提起警方的話題。

當我們造訪更多城市，我開始閱讀。一位同事給了我一本新出版的回憶錄，由布萊恩・史蒂文森（Bryan Stevenson）撰寫的《不完美的正義》（*Just Mercy*）。布萊恩是知名的公設辯護律師，他服務的非營利機構，平等司法倡議組織（Equal Justice Initiative）為那些無法得到公平合法對待的被告，提供免費的法律諮詢。布萊恩在書裡寫到，在九〇年代末期，他當時二十八歲，是亞特蘭大的民權律師。有天他把車停在他家公寓大樓的門口，在他下車時，兩名警察朝他走過來。其中一名持槍對著他的頭部，威脅他。

「你敢動一下，我就轟掉你的腦袋！」那名警察大喊。他們命令布萊恩高舉雙手，兩人開始非法搜索他的車。他們沒有合理理由。他只是工作了一整天後，下班回家。

當其中一名警察質疑他在這附近做什麼時，布萊恩冷靜地解釋，他住在這裡。最後他們放他走了。

在布萊恩向亞特蘭大警局提出申訴時，他發現司法局的統計顯示，在一九九八年，黑人遭到警方殺害的可能性是白人的八倍。根據他的說法，美國的警察行凶史是美國一個四百年來的問題在近期呈現的表徵。

我是如此深受這本書的感動，所以我找了布萊恩的電話，突如其來地打給他，向他自我介紹。我們談了一會兒。布萊恩是個溫和但堅定的人，投身平等正義運動。我告訴他關於討論會的事，詢問他對國家現況的看法。他指出，不幸的是，在美國推定黑人有罪又危險的普遍信念，持續危及執法單位。他表示，這種延伸性影響不是新鮮事，只是更廣泛地暴露了出來。

我對美國的警務所知不多。我在舉辦討論會的許多城市裡，安排認識當地的執法人員，作為自我教育的一部分。

在紐約市，警察局長威廉・布拉頓（William Bratton）及社區事務局局長瓊安・賈夫（Joanne Jaffe）跟我談起他們的警員再訓練計畫。

在洛杉磯，警察局長查理・貝克（Charlie Beck）描述他們如何努力減少公共住宅區的暴力，派出洛城警署警員，而不是公共住宅區保安人員，常駐在那些地區。這一來，警員能認識當地居民，反之亦然。貝克局長打開櫥櫃，取出一把手槍。「這不是真的。」他說，把那把輕量玩具槍放在我手上。他說明，這把槍在街頭販售，他的警員分不出真槍和假槍的差異，因此很難得知他們是否該在自衛的情況下開槍。

西雅圖素有在偏見底下執行警務的詳盡歷史。我和當時的警察局局長凱瑟琳・歐圖爾（Kathleen O'Toole）見面，她受到徵召來整頓警力。她想嘗試恢復民眾對警局的信任，因此增加警力的多樣性、加強訓練，並且聘僱更多當地人加入警員的行列。她告訴我，她的想法確實遭遇局裡的某些人提出異議。凱瑟琳也為她的同儕發言，在她執法的數十年裡，她見過當腐敗或濫權遭到揭發時，就連心存善意的警員也會被蒙上陰影。

「沒人比好警察更不喜歡壞警察。」她說。我們同意雖然美國執法人員抱持偏見的歷史由來已久，還是有些好警察。

我們離開聖路易之前，我提出要造訪非加森鎮的要求。在暴動時期，三十七家商店遭到搶劫及破壞，包括一家全家一元店（Family Dollar Store）、一間沃爾瑪（Walmart）、一間富樂客鞋店（Foot Locker），還有一家當地人開的美容用品店。一間加油站和一家汽車零件行慘遭燒毀，殘破的招牌歪斜地垂掛著。

當我們的車行經那些安靜的街道時，羅德尼・海恩斯公司（Rodney Hines）也是我們車上的一員。他建議我們去找CDFI來配合「創造就業機會」，並且帶領我們的社區計畫許多年。羅德尼是非裔美國人，在西費城長大。他的父親是奧斯卡邁耶公司（Oscar Mayer）的肉品包裝員，母親是裁縫師，教導他要幫助發揮貧窮社區居民的力量、韌性及潛力。他一直在職場上朝這方向努力。

在我們經過一些建築物的正面以噴漆噴上×或〇，代表裡面還能不能住人時，羅德尼想起了二〇〇五年，卡崔娜颶風摧殘後的紐奧良。那場災難是天災，他說。我們在非加森看到的是不同的災難，那是人們在試圖告訴這世界，這就是他們和家人在世代以來，遭受以公然種族歧視及系統性隔離的非正義壓迫之下所產生的結果。數百萬非裔美國人在貧困的鄰里出生，感覺似乎無法逃離，尤其對年輕人來說，他們覺得工作機會、好學校，甚至是新鮮食物都與他們絕緣。在非加森，許多人感受到的無助在許多世代以來不斷累積的憤怒時刻爆發了。

這就是引起這世界關注的代價，我心想，包括我的在內。

星巴克在非加森附近有八家咖啡店，但是唯一在市內的只有位在塔吉特商場（Target）裡頭的那一家。沒有一家可以讓人們聚在一起的獨立咖啡店。當我們前往機場時，我說：「我們必須在這裡開一家分店。」車裡的人點頭贊同。他們想的是同一件事。

社區嚴重毀損、公開討論會，以及和朋友及同事的私下對話，讓六十一歲的我逐漸認識了美國的種族主義、族裔歧視以及經濟不平等的殘酷真相，這一切比我所認知的更加普遍及深植在這個國家的意識裡。我體驗過的反猶太主義是以言語貶抑的形式表達，或許還有其他我沒領悟到的微妙方式。但是我對於在美國身為少數種族的感受一無所知。這也就是說，我把身為多數種族的特權，以及身為白人帶給我好處、日子過得更輕鬆的許多枝微細節視為理所當然。我早該注意到了，現在我逐漸醒來，我迫不及待想知道更多，而且覺得有責任採取行動。討論會是一個開頭，不過然後呢？

大約在這時候，有人提醒我，在二〇〇六年，廣告公司替星巴克製作了一支電視廣告，但是從未播出。影片的標題是「討論」。他們在六個地點拍攝真正的顧客，面對鏡頭即席回答一個問題。什麼是美國夢？我們談的是真正重要的事嗎？

在某個地點，十一名身穿綠圍裙的咖啡師說出他們認為咖啡店扮演什麼樣的社會角色。

「我認為這是一個適合所有形式對話的場所。」一名年輕女子說。

「這是一個好地方，能坐下來比較對照各種想法，」另一個人說。「我們的想法不盡相同，但是假如我們能彼此傾聽，或許我們可以想出好主意……。」

最後的回答來自一名較年長的親切咖啡師：「我們能解決問題的唯一方法是把問題說出來，和大家討論。誰知道呢？你可能從其他人身上學到一些東西，或許假如我們都能對自己不想談的事多說一些，或許那些事有可能成真。」

在某些同事認為那支廣告片無關緊要而禁止播放之後，過了七年，我問自己同一個問題：「我們談的是真正重要的事嗎？」

在我參加公開討論會時，答案再清楚不過了。

聖路易的討論會進行一小時後，一位身穿灰色運動衫、頭戴棒球帽的店長站起來。他表示，他一直懷疑自己該不該來。他假定這次想減輕這座城市種族之間的緊張情勢，一樣會徒勞無功。「現在我相信我們可以認真看待它。謝謝你運用你的聲音。我想看到它被運用在全國性的規模上，因為我認為星巴克應該成為第三生活空間。我們可以進行那些對話，不只是在聖路易而已。」

「為什麼不在我們的咖啡店裡呢？」下一個發言者說。這個想法一再被提起。

我創立這家公司不只是為了賣咖啡，也是為了打造產生連結及社群感的地方，一個所有人都能找到歸屬並融洽相處的地方，大家能以互相敬重的態度並肩站著，就像在我年少時的電梯裡。

如同我一直以來的說法，假如這個國家對企業的社會參與規則真的需要改變，那麼或許時候已經到了，我們能以一種讓大家團結起來的方式，在星巴克咖啡店討論和種族一樣會引起分歧的議題。

二〇一五年三月五日，當我和一個小組前往冰天雪地的芝加哥，參加我們第六場關於種族的公開討論會時，我收到一封電子郵件，帶我們走向星巴克有史以來最具爭議的時期之一。

第十七章

第三生活空間的第三軌道

我們計畫在我們的咖啡店裡，發起一場關於美國種族關係的運動，我們把它叫做「種族團結」。「種族團結」也是我們和《今日美國》共同創作的討論指南標題。這份八頁的手冊以十二乘以二十三吋的新聞用紙印製，在星巴克咖啡店免費分送，而《今日美國》也會在全國性報紙的週末版刊出。

我們沒有把指南的設計外包，而是決定自行製作。手冊內頁列出事實、統計數據、個人趣聞，還有經過設計的問題，要激發思考及引發對談。內容是由《今日美國》記者、星巴克內部人士及我找來的幾位時事專家，共同研究蒐集而成。

裡頭有一份時間表，記錄了百年來的種族不公及發展。一份提問表，重點提出美國的移民及財富不平均集中的趨勢。六位美國人以第一人稱敘述的趣聞，包括一名雷諾的社工、南卡羅來納州的一家汽車修理廠老闆，還有路易斯維爾的一家健康照護公司員工，講述各自第一次意識到自己的種族時的經歷。三份美國地圖，描繪出從一九六〇到二〇六〇年預估的全國族裔及種族人數成長。五十年後，美國不會再有多數族群了。

在前往芝加哥去參加另一場公開討論會時，我收到一封電郵，來自西雅圖負責這項運動的團隊。他們詢問我對這個點子的看法：咖啡師可以在咖啡杯寫下「種族團結」，吸引顧客注意到那些討論指南。這點子很吸引人，而且能延續我們上一次利用咖啡杯來實行社會目的，在二〇一二年推動的「大家一起來」運動。

我把這封電郵轉寄出去，徵求回饋。在印度旅行的韋威克是最早回信的人之一：「我不喜歡這點子。」他明確地說。他提出警告，在沒有解釋的情況下，這顯得語意不清，很容易引起誤解。手冊的第一頁為讀者清楚說明指南的用意，但是寫在咖啡杯上的「種族團結」會在缺乏上下文的情況下，交到顧客的手裡。我也聽到其他的顧慮，萬一顧客的回應是困惑、憤怒或質疑，我們是否會讓咖啡師處在一種尷尬的位置。公司內部也爭論說，國內不同地區可能會有不同的反應。還有寫這些字是否會讓服務的速度變慢，尤其是在早上的尖峰時段？

我詢問董事會成員的看法，包括梅樂蒂・霍布森（Mellody Hobson）。梅樂蒂是艾瑞爾投資公司（Ariel Investments）總裁，這家理財公司的資產高達一百三十億美元。她也是雅詩蘭黛及數家非營利機構的董事。她在二〇〇五年加入了星巴克董事會，是裡頭的兩位非裔美籍成員之一。梅樂蒂是堅定的實用主義者，她的真誠坦率經常搭配親切的笑容。她在二〇一四年發表TED演講：「色勇」（Color Brave）的點閱率極高，內容揭露她在企業界遭遇的種族偏見經歷，並且激勵更多人能鼓起勇氣，在與自己不同的族群之中談論種族議題。我詢問梅樂蒂，她是否願意在我們發起「種族團結」運動的那一週，在星巴克的年會上演講。她同意了。我們倆也針對在我們的咖啡店裡提及種族議題一事，坦誠地交換意見。

當我告訴梅樂蒂，我覺得自己像個旁觀者，想要更深入地參與這個議題，她對於我該如何選擇參與的方式，提出了審慎的主張。

「霍華，有色人種從事這項志業是一回事，就許多方面來說，這也是大眾所期待的，」她在寫給我的電郵裡這麼說。「但是由一家全球性公司及其領導者直接應對這個議題，那又是另一回事了。」

她勉強承認星巴克處於一個獨特的地位，能打造有建設性的對話，但是也提出了兩項勸告。雖然我的立意良善，但是我對這個議題並沒有道德權威。許多人為了平權及種族歧視奮鬥而奉獻生命，而我現在只是把自己投入一場和這個國家一樣古老的悲劇。

我自問，我一直以來都在做什麼呢？我有黑人同事、朋友及商場夥伴，但我也是美國的有錢白人男性，是最不可能被歧視的那群人，而且事實上，也是歧視政策向來專門保護的那群人。

其次，梅樂蒂告訴我，我不會也無法真正知道在美國身為黑人的意思是什麼。我從未明確地說我知道，不過梅樂蒂提出了我還不理解、也不曾留心的建議：同理心和情感不等於知道或真正了解他人的遭遇。我是為種族正義而戰的新手，還沒努力去了解種族歧視深植在美國日常生活中的根源及一貫方式。

我接受梅樂蒂的勸告以及公司裡其他人的意見。星巴克一直以來都是能正當辯論的地方，過去這些年來，許多人不同意我想做的事。有幾次，有些人對我的觀點提出質疑，而我也接受了他們的勸說；但也有些時候，我沒有接受那些提議，而是依照自己的直覺去進行。假如我一味聽從他人的意見，或者只依照自己的想法做事，星巴克不會成為今天這樣的公司。所以當我們規劃「種族團結」運動，我知道有人會對這個倡議感到不自在，但也有人會表示支持。到頭來，這一切要由我來決定如何進行。

公開討論會讓我非常感動，也受到鼓勵。他們引發了值得尊重又隨興的分享，產生了一種情感連結。這一切真實不假。我想像一只咖啡杯上寫著「種族團結」，幾天後還會推出閱讀指南，這些都會在咖啡店引發類似的效應。我錯了。

隨之而來的對話不是我想的那樣。

推文如快速球般朝我們迎面襲來：

不知道星巴克在想什麼。我沒時間跟你解釋四百年來的迫害，然後還趕得上火車。

儘管我們各有差異，無論是左派或右派、膚色黑或白，大家都同意星巴克這個討論種族的點子真的蠢斃了。

對於星巴克的咖啡師和顧客討論種族議題，唯一會感到開心的是那些管理公司的大頭。

我想做的事：一、吃披薩。二、繳清貸款……七十七、和蕾哈娜出去玩。八百九十五、在星巴克討論種族議題。

我喝的咖啡要盡量多一點咖啡因，盡量不要摻什麼政治議題。

你們會讓咖啡師去上批判種族裡論及種族關係的課程，確保他們擁有足夠的學識能力嗎？

驚駭的推特用戶貼了川流不息的批判推文，和咖啡師互動的惡搞影片爆紅，喝咖啡時夾雜種族用詞的雙關語像野草般到處散播。《PBS新聞一小時》（*PBS NewsHour*）受人尊敬的非裔美籍共同主持人，關・艾菲兒（Gwen Ifill）的推文寫著：「說實話，假如你在我早上喝咖啡之前，開始跟我談種族的事，下場應該不會太好。」

那些評論以一種我沒料到的方式聯合眾人：大家一起反對我們。

在二十四小時內，我們原本認定自己對這項敘述可能擁有的任何控制力喪失殆盡。推特上的公眾回應變成了新聞：「星巴克的#種族團結運動完全失準，這些推特用戶的反應證明了這點。」「對星巴克『種族團結運動』罵得最厲害的推文。」「網友一致鄙視星巴克的『種族團結』咖啡杯。」公司從沒見過這種程度的負面注意力。

我不使用推特，但星巴克這個品牌在推特具有重大的影響力。柯瑞・杜布拉瓦（Corey DuBrowa）負責我們的全球傳播業務，是公司在社群媒體平台最常見到的臉孔，以他自己的名字代表公司發布推文。我很了解柯瑞的背景。他先前在微軟及Nike服務，後來加入星巴克。這些年來，我們交換彼此的成長故事。柯瑞也是在補助住宅區長大。他住在洛杉磯以南，社區裡大部分是黑人。他父親在長灘的高中以及康普頓的夜校教書。我知道他預期公司和我都會面臨強烈反彈，但沒料到情況會如海嘯般鋪天蓋地而來。

柯瑞在週一發了推文：「一個種族：人類。」這是避雷針。「你說得簡單，美乃滋小子。」一則攻擊性較弱的推文之一直接點名。那些回覆越來越惡劣，有些人稱柯瑞為種族主義者，他也成了白人至上主義者的目標。他封鎖了某些最惡毒的用戶後，卻引來了更多。網路攻擊的程度和基調令人無法招架，到了週一大約午夜時分，柯瑞倉促地刪除了他的推特帳號。到了週二，他成了新聞主角。

「星巴克『種族團結』運動弄巧成拙：傳播副總裁刪除推特帳號」，《華盛頓時報》下了刺耳的標題。柯瑞的致命一擊出現在全國性新聞上，讓他成了中止公司開啟的對話的執行者。當柯瑞回到線上時，他接獲死亡威脅，也有人在網路公布他家的地址。星巴克安全部門判定這些威脅的可信度夠高，有必要監視他的住宅，向他的家人做安全措施的簡報。

在這段期間，辛辣的標題、斥責的文章、有線電視新聞的批判言論，以及深夜電視節目的諷刺笑話，紛紛出現在各種媒體版面，從小眾的部落格到全國報紙都有。星巴克被說成是搞不清楚狀況及自認高人一等。人們指控我們跨越了企業應有的界線，抓住國家出現危機的時刻，替自己的品牌打知名度，利用公司當傳聲筒來對大眾說教。公司遭到抹黑撻伐，說我們沒有在黑人社區開設咖啡店、管理團隊清一色都是白人，以及「命令」我們的咖啡師談論種族議題。我被貼上「頂層的百分之一」標籤，利用公司來減輕自己的白人罪惡感。這些反應變成了新聞。《紐約時報》寫著：「憤怒及困惑歸結成一個簡單的問題：星巴克究竟在想什麼？」

辛辣的批評持續了一整週，社群媒體的大量回應也帶來傷害，因為這和我們的用意完全相反。我挺得住。在我的職場生涯中，我把自己放在脆弱的公開位置。當超音速隊離開西雅圖時，外面的猛烈抨擊反映出對我的不滿怒火。然而，我們公司從未承受過這種不友善的攻擊，即使是在我們最黑暗的時期，我對公司的夥伴感到萬分抱歉。那些站在我們事業最前線，聰明又勤勞的夥伴們，不該承受也沒有辦法能轉移這項計畫引發的公眾怒火。

在所有的指責聲浪中，最令我震驚的是在同一週，發生在我們兩家咖啡店裡的事件。在其中一家咖啡店，一名白人顧客拒絕由我們的黑人咖啡師替他服務；另一家店則是在我們的夥伴去上班時，發現窗戶有一個看起來像是彈孔的痕跡。一顆鋼珠射穿了玻璃，這可能會害死人。我們假定這些事件是針對種族團結運動所做的回應。

我們的立意良善，讓人暴露在危險下是所有可能的結果之中最糟的一個。

種族團結討論手冊依計畫在週五送到咖啡店裡時，根本沒有什麼人會多加注意。咖啡杯引起的爭議把它們淹沒了。我們告訴夥伴，假如他們依然在咖啡杯寫下「種族團結」，可以不用再寫了。在西雅圖，我們開始進行事後反省。

我們的內部討論會向來令人振奮又深具啟發。但是在公司裡聆聽自願出席的夥伴說出個人見證，這是一回事；把一杯咖啡遞給一個毫無戒心的陌生人，然後開始談論種族的話題，這是截然不同的另一回事。現在回想起來，我知道這似乎顯而易見。

當我們對店內夥伴進行意見調查時，許多人表達他們的不滿，說這項行動引發不和及難堪，而且根本沒說個明白。這是真的，這次的執行頗為草率，沒有適當地安排順序，而且太突然了，這是毫無疑問的。我開始問自己，假如咖啡杯沒有引起這麼直接的摩擦，手冊的推出是否會比較順利。或者提出種族議題的本身就是個錯誤？

也有人讚美我們的努力，鼓勵我們繼續下去：CNN的范恩・瓊斯（Van Jones）推文說：「有些激進主義分子就是不接受『贊成』的回答。我們說需要更多種族對話，但是把嘗試這麼做的星巴克釘上十字架？」其他的推文有：「年輕人要投入這些討論，這是一個很棒的開始！」以及「我讚賞星巴克試圖以種族團結運動展開一場對話，光是這種企圖心便值得讚許。」

事實是，我把星巴克推上社會的第三軌道，把不公平的負荷加諸在咖啡師及店長身上。大家需要展開這些討論，但不是以這樣的方式去進行。

對於那些惡意的抨擊言論所說的，美國人已經準備要以誠實且具建設性的態度，從民族的觀點來討論種族議題，我也心存質疑。正如公司的作者寇納・費里德斯多夫（Conor Friedersdorf）在《大西洋月刊》（*The Atlantic*）發表的一篇評論裡指出，「持種族歧視態度的公司比較不會招來攻擊。」他寫道，種族團結運動「絕對稱不上企業惡行或不法行為，即便最後對員工、股東或兩者都帶來不良後果……雖然種族團結運動應該持續成為嚴格監督的對象，負面反應更可能造成傷害。它傳遞的訊息是：『在美國，任何想解決種族議題的努力都逃不了被懲罰的命運。』」

星巴克遭遇的這種爭鬥不休的回應，是否會讓其他公司打消以嚴肅方式處理種族相關議題的念頭？

「最簡單的決定會是舔舐我們的傷口，就此撒手，溜之大吉。」當那些敵意逐漸消散後，我在一份對內的備忘錄裡寫著：「但是爭取種族平等及機會，不光是為了幾個人，而是每個人，這場戰鬥必須繼續下去。這不是撤退的時候，而是要深思熟慮，帶著至高的紀律繼續前進。」我不希望我們退縮，只是需要找到更好的方式。

在接下來的日子裡，種族團結運動會在星巴克引發更多的學習及正向活動，而如果它能達到我們原本希望的目的，努力的成果會好很多。

星巴克的歷史是由許多單一事件記錄組成，有些有所規劃，有些則否，但是都迫使我們去思考公司的根本價值，並且依此做出回應。通常我們展現更好的一面，但總是會遭受批評。

當華盛頓州議會要投票決定是否讓同婚合法，星巴克為婚姻平權的利益積極進行遊說。某個反對同婚的組織呼籲消費者抵制星巴克。該法案通過後，在我們二〇一三年三月召開的年度股東大會上，有位股東不贊同我們的立場，於是在公開問答時間當面質問我。

「在去年一月之前，我們公司並沒有把同婚納入我們的核心價值，」他在擠滿了禮堂的股東、記者和夥伴面前，對著麥克風說。「在去年的年會上，我問過你，為了能造福我們少數員工的私生活，拿所有股東的經濟權益及夥伴的飯碗去冒險，這麼做是否顧慮周全。」他是在聲稱抵制行動損害銷售成績，但實際不然。

他結束發言後，成排的緊張臉孔轉向我。我站在台上，聆聽著。我不希望不尊重他。

「我和去年一樣，歡迎你提出問題，」我說。「因為不是每個決定都是經濟決策。」我就他的不實指控，說我們的生意差是因為我們支持同婚，做出了回應。

我只需要一個數據來解決他的特定顧慮：在二〇一二財政年度，星巴克的表現極為亮眼。「我不知道你投資了多少標的物，」我說。「不過我猜沒有太多東西、公司、產品、投資在過去十二個月以來，擁有百分之三十八的報酬率。」對我而言，支持同婚不是經濟決策。我告訴他：「我們是透過公司成員的觀點，做出那個決定。我們在這家公司雇用了超過二十萬人，我們希望能擁抱多元化，包羅萬象。假如你真心覺得你可以得到更高的報酬率，超過去年的百分之三十八，這是個自由的國家。你可以賣掉你的星巴克股份，改買其他公司的股份。謝謝你。」

星巴克在堅守核心價值之餘，得以成長茁壯。假如公司並未追隨這些價值，它就不再是同一家公司了。

兩年後，我對於決定提出種族議題也有類似的感覺。這麼做不是一個經濟決策，它體現我們的價值，藉由促進複雜議題的公民對話，盡力維護人類尊嚴。即使遭遇公開抨擊，我們會繼續應對處理，但是採用不同的方式。

我們舉行了更多夥伴的公開討論會，包括在休士頓、密爾瓦基、巴爾的摩及亞特蘭大。他們依照和先前的公開論壇相同的模式。和之前一樣，每次會議都有一百到一千名夥伴出席。許多人對於我們試圖在咖啡店裡進行對話，表達了驕傲之意。

我們也鼓勵星巴克咖啡店成為居民和警方齊聚一堂的場所。這麼做的用意是要透過對話及共通的觀點，設法促進更深的了解及信任。我們最初是和一個已開辦的全國性計畫，「和警察喝咖啡」合作，協助安排這些活動。促成這些活動的是社群團體代表，例如YMCA或公民領袖、警局代表，或是星巴克自願參加的夥伴。

我在西雅圖的一家星巴克咖啡店，首次參加和警察喝咖啡計畫，出席的還有警察局局長歐圖爾。店裡人山人海，大部分是這個社區的黑人居民，還有更多人排隊等著要進來。一小群抗議者在店外不斷呼喊「珍視黑人生命」。警員不分黑白，也都出席了。唯一的議程是讓出席的人發言分享。他們講了兩小時，敘述故事、提供意見、提出抱怨，並且提議要如何改善警民之間的關係。對話中湧現各式各樣的話題：

有效的警務是什麼模樣？白人特權及無意識偏見如何影響黑人男性的看法？話題內容從美國的大規模監禁、不合格的學校、年輕人缺乏就業機會，一直談到警員巡邏一個不信任警方的地區是什麼感覺。整場對談從頭到尾都保持著互相尊重的氛圍。

這些活動參與者提出的正向回饋，激勵我們進一步參與這項計畫。到了二〇一八年，全國各地的星巴克咖啡店一共主辦了超過五百場的對談。

我同時也接受邀請，發表種族團結議題的演講。在斯貝爾曼學院（Spelman College），我加入一個名為「我們能談論種族問題嗎？」的專題討論小組，在座的還有該校校長，貝佛利・丹尼爾・泰坦（Beverly Daniel Tatum）及聯合黑人學會基金會（United Negro College Fund）會長，麥可・洛馬克斯（Michael Lomax）。二〇一七年，我在全國黑人執法管理人員組織（National

Organization of Black Law Enforcement Executives）做一場演講。我的用意很簡單，只是想談星巴克一直以來在做的事，以及我們學到了什麼，回答問題，誠實以對。

我也繼續自我精進。我向種族正義及非正義的專家請益，閱讀更多關於白人至上及無意識偏見如何塑造這個社會、組織和日常互動的書籍。我認識一些試圖改革那些崩壞制度的人。在西雅圖附近，我去見金郡（King County）的前警長，蘇珊・拉爾（Susan Rahr）。她帶我看她打造的改革計畫，訓練新進警員如何化解不穩定的情況而無須再次訴諸武力。我也去阿拉巴馬州，親自拜會布萊恩・史蒂文森。我們再次談到他在加強美國司法體系公正性方面的努力，並且增強它和國內奴隸歷史連結的意識。

二〇一五年夏天，美國的星巴克咖啡店販售布萊恩發人深省的出色作品，《不完美的正義》。

我重溫羅伯特・甘迺迪的民權演講及作品，他的肖像就掛在我的辦公室裡。「每次有人為理想挺身而出、採取行動來改善他人生活，或是打擊不公不義，這人就掀起了小小的希望漣漪，」一九六六年，甘迺迪在南非發表的一場演講，譴責自己國內的種族隔離及歧視時，說出這些名言。「當數百萬個力量及勇氣的中心點散發的漣漪彼此交錯時，匯集的洪流便足以沖倒迫害及抵抗的高牆。」在公司的會議上，我播放他這段演說的影片。掀起漣漪不是只有激進分子或執政者才能做的事。

對抗種族歧視不只是透過對話及人際關係來改變感情與理智。我後來領會種族歧視如何以各種的方式呈現，而且必須藉由做出具體的努力，透過政策、法律及實踐來打造出更多的平等及公平，以解決這個問題。在我們的咖啡店裡，少數族群占了星巴克夥伴總人數約百分之四十四；但是說到在總部工作的員工多元性，我們還要繼續努力。

二〇一五年，我們逐步改進管理訓練、指導、聘僱、津貼及升遷的施行方式，以便應對種族歧視及無意識偏見的問題，讓所有的夥伴能依據個人專長，確保獲得公平的職務、升遷及平等薪資的機會。二〇一七年一月，山姆會員店（Sma's Club）的前執行長及總裁，羅莎琳・布魯爾（Rosalind Brewer）加入我們的董事會。當她被任命為星巴克總裁及營運長時，這位非裔美籍女性成了公司位階第二高的領導人。

我們已經在中、低收入社區開設星巴克咖啡店，但是我們設立更多家，包括在皇后區的牙買加、芝加哥的英格塢，以及密蘇里的非加森。這些咖啡店的角色之一是雇用來自當地的年輕人，提供場所讓他們接受職業訓練。

當我們試圖在如此變化多端、競爭激烈的環境中找到立足點時，這些倡議之中有許多從公開討論會及種族團結運動衍生而出。

討論種族問題無法療癒國家，或是消滅種族不公平。不過我把它視為一個起點，我們必須從某個地方開始。我依然相信對話能讓我們慢慢前進。

我們生活在一個逐漸兩極化的社會。沒多少人會跟那些和自己不同的人交談或傾聽。然而，星巴克咖啡店是每天會有數百萬不同種族、政治立場及背景的人並肩或站或坐的地方。這些人越來越常盯著手機或電腦。和陌生人交流或是開始聊一些，比方說當天新聞的機會越來越少，就算是在專為讓大家聚在一起而設立的公共「第三生活空間」也是一樣。

然而，這麼做會帶來的好處，依然值得我們一試。

我的兒時好友及保護者，麥克・納道爾至今依然令我念念不忘。比利和我離家去念大學之後，麥克就從他父母親的家被趕出來了。他也不准再踏入灣景公共住宅區一步。他去住在格林威治村的街頭，無家可歸。有好些年，比利和我偶爾會看到他。後來我們和麥克失去聯絡。最後我們聽說，在他父親死後，他搬到佛羅里達州和母親同住。後來謠傳說他過世了。

最近比利和我在搜尋他的生活點滴時，發現卡納西有人在臉書上貼了麥克的舊照片。第一張是一九六四年六月，幾個小孩和他們的母親在國小畢業典禮當天，在P.S.272小學外面的混凝土階梯上擺姿勢拍照。四個繫領帶的瘦巴巴男孩和兩個穿裙裝的女孩站在前排中央，神態驕傲又優雅。有些人的母親把手放在孩子的肩膀或手臂上。在這群人的後面，你可以看到麥克的臉從那些較高的身形之間探出來。不是整個身體，只有那張臉。他面帶微笑，下顎揚起，頭略歪向一邊，你看得出來他踮腳尖站著，竭力想在人群中露臉。

我們找到的其他照片是本地警局貼出來的三張嫌犯大頭照，拍攝時間在二〇一一到二〇一三年間，麥克因輕罪罪名被捕。每張警局肖像都呈現一個神情疲憊、部分禿頭的六十幾歲男子。他眼帶血絲、鬍髭發臭、嘴唇乾裂，而且每張照片裡好像都穿著同一件灰色T恤。那些罪名的內容和重複出現的衣服暗示著這些年來，他都在街頭生活。其中的一張照片上，麥克緊皺著濃密的雙眉；另一張照片中，他的頭朝側邊揚起，嘴巴微開，露出了缺牙的部分。嫌犯大頭照裡的那個人不像我所認識的麥克，那個有力氣攀爬八層樓高的大樓，或是捍衛自己，對付那些膽敢招惹他的人。我記得的麥克聰明勇敢，有趣又忠心。他無人不知的暴怒特質是後天養成的。

假如那個渴望在人群中被看見的男孩能得到收養家庭的更多關愛，得到學校的支持和社區的接納，他可能會過什麼樣的人生呢？假如他不曾為了他的膚色受到懲罰，或者必須為了捍衛自己的存在而努力拚鬥，他會變成什麼樣的人？

梅樂蒂曾告訴我，美國生來就帶著蓄奴的先天缺陷。「先天缺陷的問題呢，」她說：「是你的功能可以運作，但它總是會在那裡。」

我成年的時候，大約是在五〇到六〇年代民權運動進行到結束後的期間。在那段時期，這個國家在許多重大方面都經歷改革，讓我們變得更好，不過離完美還差得遠。隨後的幾十年，我見證了美國黑人在各方面都有出色表現。

我也是許多愚蠢的美國人之一，把國內選出第一位黑人總統當成是民權遊行的最後一哩路。但是白人至上的蓄奴歷史、制度性種族歧視、系統性貧困，以及無意識偏見依然存在於我們的窮困城市、資金不足的學校、過度擁擠的監獄、企業會議室、執法單位、法庭，以及黑人及棕色人種家庭的日常生活中。

歷史的錯誤無法抹去，不過假如能面對這些錯誤，我們就能開始學習，改變現在，並且打造更美好的未來。討論是一個好的起點，但是紙上談兵永遠不夠。

在種族團結運動之後，我的同事和我在公司內部及外部發起新的倡議。最具影響力的措施會反映出一件事實，這也是我的同事布萊爾・泰勒在我們一起參加公開討論會時，經常提起的：最初引起我注意的種族動盪不安原因之一，就是經濟失衡。

「這是不平等，」布萊爾說。「這是缺乏機會。」

第十八章

重新思考可能性

我念高三時，下午一點放學後，我會搭L線地鐵去曼哈頓，最後來到第二十九及三十街之間的第七大道三百四十五號。那是我在一九七〇年的工作地點，我在一家毛皮工廠打工。

在毛皮尚未退流行之前，貴婦們經常圍著狐狸披肩，或是穿著黑貂或水貂毛皮大衣，走在紐約、芝加哥及波士頓的冬日街頭。這些昂貴的服飾有很多都是在紐約市西城所謂的毛皮區生產製造的，那裡的四個街區有數百家小型工廠，坐落在林立的高樓裡。

我在那裡的一間燈光昏暗的作坊，度過了我的課後時光。他們將狐狸毛皮進行處理、切割並縫製成大衣。狐狸皮送來時，已經去除脂肪和鮮血，但是生皮依然讓空氣沾染一種腐臭發霉的氣味。我的工作是整理生皮，準備切割及縫製成大衣。我穿上工作服，當每條棕色的紅潤厚片毛皮落在我的長工作桌上，我會把一只鬃毛大木刷在刺鼻的化學溶劑裡浸一下，然後猛刷每塊生皮的表皮面，直到它變得柔軟到足以延展。我用雙手抓住厚生皮的兩端，然後拉到它和我工作桌上的服飾紙樣對齊。那塊溼答答又毛茸茸的生皮一旦符合紙樣的大小和形狀，我就把它交給在我旁邊工作的切割工人，然後等著下一塊毛皮。

因為我是依照生皮數量算工錢，我會在時間內盡可能多刷、拉幾塊毛皮。那不是血汗工廠，不過是累人的勞力活兒，我的手掌起水泡，手臂也長滿了紅疹。

有時我也會運送我們生產的服裝。我會推著一整架的毛皮大衣，沿著第七大街送給附近大樓裡的批發商，或是抱著一堆盒子到UPS公司，請它們寄給全國各地的顧客。

我會得到這份工作，是因為工廠老闆是我父母親和我唯一認識的中上階級家庭：里維家。他們對我很好，工作結束後，他們會開車載我一起回卡納西。兩年後，我出現在他們家門口，替我父母跟他們商借五千塊美金。

我年輕時做過別的工作，例如在灣景的公寓送《紐約郵報》，在一家簡餐店站櫃檯，當服務生等。但是在毛皮工廠拉生皮是最辛苦的差事，它讓我深刻體會勤奮工作的價值。我清理越多生皮，就能在口袋裡裝越多的鈔票和銅板回家。我把一半的錢交給母親，另一半自己留著開銷。不過我也因此學到，工作能讓你帶回家的不只有錢而已。工作的殘酷本質在我心裡撒下種子，我渴望能用一種不會讓皮膚起疹子的方式來賺錢謀生。

二〇一四年夏天，雪莉在北費城的某間會議室裡。她能眺望窗外的布洛克稅務公司（H&R Block），還有一棟滿是塗鴉的磚造建築。在會議室裡，牆面裝飾著手寫海報。其中一幅寫著：「努力工作，善待他人。」

當時是午休時間，雪莉傾身向前，想確定她聽見這名二十歲的女子，卡門・威廉斯（Carmen Williams）所說的每個字。卡門個頭高挑，體態輕盈，舉手投足帶著自信。她的棕髮直順光滑，耳朵上戴著大圈圈耳環，捲起的袖子露出前臂的刺青。

「在我長大的過程中，對正常有著不同的定義，」卡門說。她母親染上快克古柯鹼的毒癮。卡門小時候，在某一個下雪天，她母親把她和她弟弟送去一位友人家。他們的腳上沒穿鞋子。「我弟弟跟我，她就這樣丟下我們。」卡門再也沒見過她母親。接下來的幾年，她和弟弟跟會對他們以言語及情緒施暴的繼祖母住在一起。十三歲那年，卡門離家出走，接下來的三年裡，她住了超過十二個以上的寄養家庭。

那天，雪莉和丹尼爾・皮塔斯基在費城，查看舒茲家族基金會和YouthBuild USA共同研發的就業訓練計畫。費城是訓練地點之一。YouthBuild成立於一九七八年，是由民權社運分子及有遠見的教育工作者，桃樂絲・史東曼（Dorothy Stoneman）所創立。它是一個全國性計畫，結合高中課程及實地工作經驗，讓十八到二十四歲的年輕人藉由重建房屋、學校及其他社區空間，學習營建工程。這種實地操作方式幫助學生完成高中學業、找到工作，或者繼續升大學。它的目的是逐漸灌輸必要的自信，讓這一切都可能實現。

會議室裡還有幾位YouthBuild的老師及管理人員，以及十多位學員。他們吃午餐餐盒的三明治，喝思樂寶（Snapples）水果飲料，同時聆聽彼此的故事。現在輪到卡門發言，她以勇氣十足的坦誠態度敘述：

> 我在十六歲那年輟學，但不是因為我是壞學生，我熱愛上學。原因是我的寄養家庭養了三十隻左右的貓，牠們在我的學校制服和所有的衣服上撒尿。當我要求五美元去送洗衣服時，她（我的養母）告訴我，她早上去Dunkin' Donut要用到那些錢。我把這件事告訴我的學務主任，他跟我說，制服要價二十美元，他要罰我停學，直到我歸還乾淨的制服為止。我負擔不起。這時有人介紹我去跳舞，賺錢買制服……而且養活自己，免得流落街頭。

卡門沒有為中學生涯做規劃，而是拚命想找個晚上睡覺的地方。她在一家成人俱樂部找到一份舞孃的差事。後來，有一名舞者同事把YouthBuild的消息告訴卡門。卡門在十八歲那年成為YouthBuild的學員，並且抓住這項計畫提供的每個機會。在接下來的兩年，除了上高中及社區大學的課程，她也是進階營造小組及組織社區服務計畫的物流經理。她被票選為班長以及高中舞會皇后，她很努力，認真念書，並且成為畢業班的致詞學生代表。

後來星巴克找到我，成為我的寄養家庭。星巴克的夥伴很照顧我，但這不僅是得到一份工作而已。起初我心想，我只是咖啡師。然而，我獲得的是良師益友。他們會問我：「你過得好嗎？學校還好嗎？」他們會依我的時間表調整工作，彷彿我占有一席之地。我一開始會想，我只配當咖啡師。後來我的店長找我去培訓咖啡師，我看到了未來的可能性。

那年稍早，卡門從YouthBuild結業了。在她的畢業生致詞中，她提起在她短短一生中戴過的三頂帽子。她一面說，一面輪流戴上那三頂帽子。第一頂是鮮黃色的工地安全帽，那是她在YouthBuild工作時戴的。她說，這頂帽子對她的意義最大，因為它救了她一命。接著她戴上星巴克的綠色棒球帽，這代表她得到的機會，和關心她的人一起工作。第三頂「帽子」是她的舞會后冠。

「在我小時候，我一直希望能當公主。但是我沒有公主般的純真，我必須長大，成為我不想當的那種女人。這頂后冠代表了一個機會，讓我成為我應該當的那種天真女孩。」那天卡門跟雪莉說她的帽子故事時，她哭了，並且解釋說：「YouthBuild沒有讓我接受現況，而是協助引導出我的真實本色。」

YouthBuild的學員在早上六點抵達工地，堆砌磚塊及油漆牆面，練習如何負起責任，成為團隊中的一分子。許多人也體驗成功是什麼感受，對某些人來說，那是他們人生中第一次因為達成目標而獲得讚美。他們也賺到錢，而且在完全翻新的住宅看到自己的辛勞果實。

在費城，YouthBuild除了打造家園之外，也嘗試擴展進行雪莉在西雅圖從事多年的咖啡師訓練計畫。在丹尼爾的敦促下，基金會擴大課程，囊括範圍更廣的技能，讓學生除了煮咖啡之外，有資格從事更多類型的工作。丹尼爾和雪莉也嘗試把這項計畫推廣到其他城市，並且在費城查看他們的新課程，「卓越客服培訓」（Customer Service Excellence Training）的進度。

「現在我身邊有了這些人，他們愛護我、支持我、關心我，而且在我無法督促自己時，激勵及督促我，我有天可能會當總統。」卡門說。她笑了，抹去淚水，然後坐下。那時卡門在一家當地大學就讀，而且在星巴克工作。

雪莉回到西雅圖，把她的見聞和想法告訴我。我們倆都同意，協助年輕人取得好工作是解決社會及經濟不平等問題的最佳方式之一。

「你好，我是全錄公司（Xerox Corporation）的霍華・舒茲。」

在一九七六到一九七九年間，週一到週五，我每天都要把這句話說上五十遍。

大學畢業後，我沒有立刻回紐約。我身上沒錢，也不確定該怎麼做，所以我在密西根的一家滑雪度假村打工，思索著我的未來。我母親對我抱持的特定夢想在大學時期就化成泡影，我們倆都不知道「下一步」會是什麼模樣。我離開密西根後的第一站是回到我父母親的家。

念大學時，我主修傳播學，當時叫做口語溝通。我選擇這個科系不是因為我知道畢業後要做什麼，而是因為這似乎是順理成章的選擇。我的大學經歷沒有讓我準備好走向哪個特定職業。我沒有精神導師、沒有行為榜樣，也沒有人脈網絡讓我看到我的教育和內在才能，要如何轉換運用到工作生涯上。沒人自願幫我分析選擇，或者甚至是跟我解釋有哪些選擇。我也不知道該怎麼開口去問。

一九七五年，當時二十二歲的我確知三件事：我需要賺錢，我很擅長跟人相處，還有我不想住在卡納西，至少不要住太久。

起初我和父母親住在一起。一面找工作，一面存下足夠的錢，和一位友人合租一間公寓。我父母親搬出了灣景，在一個有小型連棟磚造住宅的開發區，海景村（Seaview Village）租了一間樸實二層樓房之中的一層。他們的房東也住在同一棟屋子裡。每天早上，我看報紙的求才廣告，應徵最符合我的外向本性和快速賺錢需求的工作：業務員。

我的第一份工作是在一家叫做APECO的小公司服務。公司銷售商務影印機，和全錄公司成了競爭對手。我在APECO的表現出色，於是全錄把我挖角過去。忽然間，我在一家全美國最令人羨慕的公司之一上班。

全錄等同當年的蘋果公司。它的創辦人可說是發明了一項產業：大規模影印。按一下按鍵就能複製文件，創新的程度堪比一九八〇年代的個人電腦、一九九〇年代的網路，以及二〇〇〇年代初期的智慧型手機。在一九六〇年代，全錄是影印機產業的霸主，不過到了一九七〇年代末期，公司在某個因素的影響下，逐漸舉白旗投降。這個因素比大家想的更常壓垮成功的企業：驕傲。在多年來的快速成長之下，全錄公司的內部形成一股過度自信的風氣，再加上管理人的官僚層級體系，根本沒意識到市場已經被廉價的競爭對手滲透入侵了。全錄也沒有充分投資新產品以保住一席之地。它最強大的資產是那批訓練精良、充滿鬥志的業務人員。

二十三歲的我對全錄的內部問題一無所知。全錄依然是一塊金字招牌，我只是很高興能賺到足夠的錢，終於有能力搬出我父母親的家。

在工作的前三週，全錄的新進銷售人員秘密前往位於維吉尼亞州利斯堡的大型訓練中心，我們在那裡學習全錄專有的銷售技能及產品說明技巧。這是我接受過最正式又深入的商業訓練，我在利斯堡的努力程度遠超過就學時期的表現。在面對這群來自白領家庭及就讀常春藤名校的同事時，我曾經只用在運動方面的好勝心再次浮現。我們都想當最好的。表現最佳的業務員能獲得升遷及認同，並且得到比較高的佣金。我也想要贏。所以我逼自己去了解全錄機器的每個面向，以及他們教導的每種銷售話術。我帶著強大的自信從訓練課程中脫穎而出，有一次他們還要我去當訓練講師。我婉拒了，因為我比較想上街頭去推銷。

我被分派的業務小組不賣影印機，而是一種新式的辦公電腦，叫做文字處理器。在前六個月裡，像我這樣的新進業務員不准獨力完成交易，我們要跟著老鳥辦事。這些資深業務員有的衣服發皺又古怪，有的打扮光鮮且精明，和我父親恰恰相反。他們是自動自發的拚命三郎，工作收入十分豐厚；他們每天早出晚歸，體現世紀中期的美國工作倫理。他們也是這一行的鬥士，擁有天生的盔甲來對抗拒絕：在業務圈子，你聽到「不要」的次數遠超過「好」。我還有很多要向他們學習。

我的工作是每天至少要親自撥打五十通陌生行銷電話。我用兩種方式去找銷售對象，第一種是翻電話簿，等同於現代的Google。有時我會撥打某家公司的主要電話號碼，要求跟辦公室設備的負責人談。假如沒人掛我電話，我通常能安排一場預約面談。

然而我更常使用的方式是挨家挨戶拜訪，跟不知道我要來訪的櫃檯接待員及經理自我介紹。我的目標是在離開之前，成功取得擁有辦公室設備採購權的負責人姓名。回到位於中城的全錄總部時，我把我蒐集的資料交給正式銷售人員，這些人再去進行後續動作，親自完成交易。我跟在這些人的身旁觀察學習。有時候我會跟著我的主管吉姆，他是公司的業務好手。

我終於獲准自行完成交易，賺取全額佣金。我被分派的範圍是在第五大道和東河之間，從第四十二到四十八街的市中心熱鬧區塊。這範圍包括了紐約中央車站、克萊斯勒大樓、聯合國總部，以及龐大的紐約市立圖書館，那兩隻叫做耐心及堅毅的石獅，永遠在大門口守護著。

一九七〇年代末期的曼哈頓充斥著活力與犯罪。這座城市正處於轉型期，我小時候的自動販賣機和派餅會不斷出現的神奇牆面，正要謝幕退場了。大白天行凶搶劫不算罕見，這座城市髒亂無比，地鐵車廂亂噴塗鴉，公共電話亭污穢不堪，路邊堆滿垃圾，人行道散落著菸蒂。時代廣場還沒成為日後的觀光景點，而是一條充斥著窺視秀和賣淫活動的骯髒街道。

儘管如此，對二十出頭的我來說，一九七〇年代末期的紐約市丰采依舊，這座島吸引了來自世界各地，懷抱雄心壯志的人們。我選擇的銷售業包括了頂尖大學的畢業生，他們在草木修剪齊整的郊區長大，父親每天穿西裝打領帶上班。但是和比較墨守成規的法律及金融專業領域相比，業務這一行的鬥志更高昂。全錄的業務團隊有像我這樣的人，在地鐵路線最後一站的地區長大。

和其他的職場相比，業務的成功更是奠基在功績及個人表現。銷售讓那些原本由於性別或種族而遭到忽略或阻礙的人，有更多贏得改善經濟情況的機會。有著聰明、魅力及決心的強大組合，像我的老闆吉姆這樣的人，也是我在全錄服務的那幾年遇到的幾位黑人專業人士之一，擁有潛力和來自格林威治的常春藤名校白人畢業生賺得一樣多，甚至是超過。在一九七〇年代，銷售也給了女性及少數族裔一個成功的機會。

我們在辦公大樓之間進進出出，口袋裡揣著名片，腋下夾著一本銷售話術手冊。我走進大廳，和已經跟我有交情的門房打招呼，然後像一陣風似地進了電梯。在當時沒有什麼保全設施，所以我會沿著樓層走進辦公室大門，永遠不知道在門的另一側會是誰。可能是整天諸事不順的會計事務所秘書，或者是想找人聊天的進出口貿易公司辦公室經理。

我拜訪過數百家公司，和成天坐在辦公桌後面的人交談。在我小時候，我遇到的大部分工作者都是從事駕駛或服務業。這個穿西裝打領帶，並且擁有新技術的全新族群，令我深深著迷。

我的好奇心為我的銷售話術增添幾分色彩。「這家公司是什麼時候成立的？你們賣的是哪種保險？你在北美洲有幾家工廠？俄亥俄有兩家啊？我女朋友是來瑪人耶！」

我很擅長銷售，部分原因是我努力工作，另外部分是因為我天生能快速地和他人建立感情。我的風格是說得少、聽得多，因此我的全錄機器銷售業績始終比許多同事還要好。也有幾次獲得幸運女神的眷顧，包括接到一張律師事務所的大訂單，我因此拿到公司頒發的獎牌，還有高階經理寫的讚美信。要是我繼續留在全錄公司，我可能會飛黃騰達。

不過我在很早的時候就知道了。我知道在全錄上班不適合我。文字處理器感覺冷冰冰，我對硬體沒有熱情。全錄的系統化企業文化也讓我處處受限，我想要有創意的自由，不是照本宣科的銷售話術。我想要更具有創業性的環境，即使當時在我的意識中並未出現那個字眼。

儘管我渴望能獲得比父母親更多的財務安全，我也想要享受我的工作，對於我如何賺取薪資，而不是賺取薪資這件事，感到滿意自在。在成長過程中，我父親每天都苦不堪言，他的工作生活不是我想要的那一種。我對尊嚴及享受的追求，和金錢一樣多，這種理想抱負是我父親那種人無法理解的。喜歡你的工作？熱情？這些對於在公共住宅區養小孩的大多數人來說，是荒謬至極的奢侈品。但我想要的不只是有個棲身之處。我在全錄的成就讓我相信，還有更多的可能性。

當我告訴我母親，我辭掉了全錄的工作時，她哭了起來。我每個月賺一千美元，再加上豐厚的佣金。打從我第一次工作，擔任送報童開始，我們都預期我會把收入分給父母親。他們會指望我這麼做。我不認為我母親是擔心假如我離職的話會沒錢，她擔心的是我的穩定性。在她的眼裡，全錄是一家受人尊敬的企業，而我居然擠進去了！為什麼要離開這種安穩及保障呢？對於自己的兒子能在這種備受推崇的品牌旗下工作，她感到十分驕傲。

我要承擔的風險是經過算計的。有另一份工作在等著我：替一間我們家沒人聽過的瑞典公司做業務。Perstorp正在設立居家用品部的美國分公司Hammarplast。替這家公司販售商品給消費者而不是企業，這種工作機會令我感到興奮，到歐洲出差的想法也引起我的興趣。我有所不知的是，在Hammarplast工作，最後把我帶到了星巴克。

儘管我對全錄並未抱持熱情，在那裡工作的那三年十分寶貴，因為我們在第一份工作所花費的時間通常是如此。它讓我接觸到一些我當時還無法領會的技能，我變成更棒的聆聽者及更富同理心的溝通者。挨家挨戶的推銷也訓練我在遭到拒絕時能釋懷以對，甚至是做出善意的回應。在挫敗後帶著樂觀精神繼續努力，以及在自我懷疑中穩步前進，這些都成了一種習慣，韌性成了第二天性。而且因為我在銷售方面的成績遠勝過學校的課業表現，我的成就讓我對自我感到滿意，我能在運動以外的領域出人頭地。當我在十年後真的想成為創業家，設法跟投資者募款來資助Il Giornale時，在第一份工作學到的經驗給了我莫大的助益。

在銷售及行銷之中，我找到了揮別公共住宅區的途徑。

許多年過去了，我在全錄的日子，或是在那之前的那些毛茸茸的下午，全都成了越來越遙遠的記憶。不過在二〇一四年，雪莉想讓年輕人得到人生第一份工作的努力，讓我想起我在年輕時有多困惑，以及在工作世界中感到多茫然，因為它距離卡納西只有一個地鐵站的距離，但是和我所知道的那個勞動階級生活相差了十萬八千里。雪莉協助的那些孩子讓我想到，第一份工作和文憑一樣有價值。對我們某些人來說，它的價值甚至更高。

二〇一四年，年紀介於十六到二十四歲的美國人之中，估計有五百六十萬人（大約是這個年齡層的年輕人之中，每七個就有一個）並未就學或就業。他們住在小鎮及內城區，有白人、黑人、拉丁美洲裔以及美國原住民。有些人從沒念過高中或就業。有些念過一、兩年高中，或是依然註冊了他們從未出席的低績效學校，或者甚至有文憑，但是沒有去念商業學校或大專院校，而且工作經驗非常少。有些人沒念完大學，毫無工作前景可言。

即使他們以前有過工作，其中許多人是來自接近聯邦貧窮線的地區，而且只差一點就要淪落街頭了。總言之，這些年輕人缺乏經濟流動性的機會，無論他們有多想要或嘗試達成這個目標。他們拚命想找到安全又負擔得起的住處，以及健康規律的三餐。結果他們極可能變得無家可歸，而且有健康問題，參與非法活動，並且仰賴政府援助。

這些人被稱為高風險、脫節、弱勢、貧窮、疏離，以及資源缺乏。然而，最近白宮社區發展方案理事會（White House Council for Community Solutions）在歐巴馬的指示下，試圖突顯這些孩子的潛力而不是把焦點放在他們的問題上，於是想出了一個新名詞：機會青年。

對於在不分城鄉的低收入及貧窮地區長大的多數人來說，阻礙他們發展的不是他們想成功的意願，而是缺乏機會及適當支持的管道。他們面對出生在收入較高地區的孩子不會遇到的障礙。許多人不知道要怎麼寫履歷，或是工作面試會是什麼情況。有的人沒有適合上班穿的衣服，或者沒有前往工作場所的交通工具，假如靠步行走不到的話。萬一他們沒念完高中，或者有任何的犯罪前科，許多雇主甚至不容許他們填完申請表，或者和招募人員面談。很多年輕人也不知道哪裡有就業機會，或者有哪些工作類別，或是除了查看擺放在店面櫥窗裡的徵人啟事之外，還能上哪裡找工作，大公司不會來到他們的社區招募新人。他們的困境隨著經濟大衰退而更加惡化，但這些年輕人必須和大學畢業生，以及願意接受較低薪職位的有經驗成年人競爭。

問題的一部分在於，在美國企業界的我們沒有太多人把這些年輕人視為資產，現有的趨勢是把他們當成負債對待，不去理會他們。但假如商業界不提供更多就業機會，在工作上支持他們，這些求職的年輕人就沒有任何機會。到頭來，受苦的會是每一個人。當每七個年輕人之中有一個沒就業或就學，國家經濟便冒著失去未來納稅人及消費者的風險。年輕的失業者也對社區造成財務壓力。根據由非營利組織美國社會科學研究理事會（Social Science Research Council）所贊助的計畫——「美國測量」（Measure of America）的估計，在二〇一三年，「年輕人脫節」的總成本，包括健康醫療、公共援助、入獄監禁等，一共是二百六十八億美元。

雪莉和丹尼爾與一家全國性顧問公司，ＦＳＧ合作，進行一項國內機會落差的分析。研究包括訪談這方面的專家，而研究結果證實了機會青年最大的差距是沒有就業的管道。基金會希望能建立就業途徑，但是這需要一種根本的改變，包括年輕人如何接受訓練，以及提供就業機會的企業如何與年輕族群互動。

正如丹尼爾的說法，雪莉和我處於一個獨特的位置，要解決年輕人的就業問題。雪莉知道年輕人會是好員工，而我知道除了星巴克，還有哪些需要好員工的公司。

在這段期間，基金會及星巴克同時執行我們服務退伍軍人的個別努力。基金會專心處理協助退伍軍人和他們的家人，成功轉型脫離軍中生活，而星巴克則繼續提供他們就業機會。我們都認為機會青年也是類似的情況。這兩個族群都包括有能力及意願在工作崗位好好表現的人，但是這兩個族群也都遭到普羅大眾的誤解，並且被雇主忽略。各式各樣的政府及非營利組織專為協助退伍軍人及年輕人而成立，但似乎都零碎片段，無法為他們的服務對象帶來最好的結果。這個國家不但辜負它的退伍軍人，也辜負了數百萬的年輕人。企業出面協助退伍軍人，同時也要出面協助年輕的男男女女。

我認識的全球性金融機構摩根大通的執行長，傑米・迪蒙，以及丹尼爾認識的慈善勞動力倡議主席，蕭西・藍能博士（Chauncey Lennon），負責一項退伍軍人招募計畫，叫做「十萬個工作任務」（100,000 Jobs Mission），協助加強及號召公司投入聘僱退伍軍人的行動。

有天晚上，丹尼爾在漸漸入睡之際，心思在退伍軍人及年輕人之間切換著。忽然間，他在床上坐了起來，跟他的太太說，他有個主意。他從床頭櫃抓了一枝筆，還有隨手找到能在上面寫字的東西，一個空的牙膏盒。他潦草寫下「十萬個機會倡議」，然後寫出一個模式，提出雙重需求：增加預備就業的年輕人人數，並且連結聘僱他們的公司。

隔天，他把昨天半夜的想法告訴雪莉：這次和他們為了協助退伍軍人轉型所進行的軍人安置計畫類似，舒茲家族基金會可以協助組成一個聯盟，號召雇主承諾雇用數萬名年輕人，或許打造一個全國性的商業網絡。不同之處在於這次不去軍事基地，年輕人計畫要走進有龐大比例的脫節年輕人居住的社區。

雪莉愛死了這個想法，要丹尼爾放手去研究這個計畫。

丹尼爾也和我分享這個想法。在布萊爾・泰勒的指導下，星巴克已經向全國各地住在城市的年輕人伸出援手，和市長們合作，提供資金以鼓勵招募行動。布萊爾已經把他長期以來抱持的意圖付諸行動，讓星巴克雇用機會青年，成為其他企業的楷模。

我們都達成共識。一項集體聘僱的努力可能會帶來長遠的重大影響。

二〇一五年春天，許多事件的匯集造成一項決定，打造出最大的雇主導向聯盟來訓練、聘僱及留住機會青年。我們把它叫做「十萬個機會倡議」（100,000 Opportunities Initiative），內容分幾個部分，包括研發全新招募機制，讓年輕人擁有新的就業技能，將他們和公司做出連結，然後協助他們在職務上有所發揮。

星巴克會負責聯繫潛在公司來加入我們。基金會的焦點是投資及研發創新的訓練、聘僱及留存計畫，最後能運用在全國各地的社區。

將公司和機會青年連結在一起的部分，也需要建立或強化和公民媒介的關係。這些媒介包括在低收入社區已經存在的政府資助社群團體及非營利機構，還有市長辦公室，因為市長能訂定該市的議程、提撥稅金，以及號召大家關切議題。

接下來的幾個月有如一場旋風，讓人回想起二〇一一年策畫打造就業機會運動的熱鬧時光。布萊爾帶領團隊，開始連絡企業主，要求他們加入我們的行動，組成聯盟。星巴克的早期參與似乎擁有一種號召的力量，參加聯盟的公司名單不斷增加。

除了企業成員，這項計畫也需要資金。舒茲家族基金會承諾提供種子基金，以便吸引願意協助執行計畫的外部機構，一開始有亞斯本研究發展協會（Aspen Institute）的社區解決方案論壇（Forum for Community Solutions）以及FSG顧問公司。丹尼爾和他的團隊也聯絡加入的地區及全國性慈善機構，包括洛克菲勒基金會（Rockefeller Foundation）、沃爾瑪基金會（Walmart Foundation），以及家樂氏基金會（W. K. Kellogg Foundation）。

到了六月，一個小組飛到芝加哥去探查該市和聯盟合作的興趣。芝加哥有大量的失業年輕族群，其中有百分之四十一是二十到二十四歲、未就業及就學的黑人。芝加哥市長拉姆・伊曼紐（Rahm Emanuel）承諾要協助雇用他們。這座城市也是芝加哥庫克郡勞工夥伴組織（Chicago Cook Workforce Partnership）的所在地。這個組織是全國最大型的政府贊助團體，目標在創造都市就業機會。

蕾西・歐爾（Lacey All）也參加了這次的芝加哥之行。這位在星巴克服務十三年的夥伴從路易斯安那州遠道而來，是我們的社會影響力團隊成員。她和小組跟芝加哥的當地參與者碰面，說明聯盟的目的。經過幾次造訪後，她和布萊爾建議所有的聯盟公司齊聚芝加哥，公布他們的結構、目的，以及和市府官員的合作。

韋威克一如往常，鼓勵每個人懷抱更遠大的目標。「我們不要光談聘僱的問題，我們就開始去做吧！」我為了呼應他的話，提出一個想法。我們可以舉辦就業博覽會，為聯盟的行動拉開序幕。假如我們能把足夠的雇主和年輕人在同一天帶到同一個空間裡，博覽會會是一個令人振奮的公開場合，實踐聯盟的目的：把年輕人和工作連結在一起。

這個概念沒有引發太多熱烈反應，大家的腦海中浮現的景象是，失業的求職者在乏味的會議室裡，蒐集公司的簡介手冊，然後留下履歷表。這種枯燥至極的事不值得我們冒險提出。

但是一種勇往直前的創業精神逐漸增強。我們心想，為何不重新考慮就業博覽會？我們可以想辦法讓它的外觀及感覺都很吸引人，展現互動、友善又有趣的特性。打造出一個空間，讓人感到受歡迎，類似我們試圖在星巴克咖啡店裡打造的氛圍。為何不把年輕人當成顧客，帶給他們激勵人心的體驗，讓他們感覺被需要又有價值？幾十年來，星巴克不斷重新想像咖啡店；我們當然可以用相同的脈絡去重新想像一場就業博覽會。

假如運作得宜——而且非得如此不可，因為在種族團結運動之後，星巴克不想要引發另一場引人矚目的災難——一場熱鬧的就業博覽會能展現聯盟想替年輕人找到就業機會的真誠意圖。

基金會和不斷成長的聯盟負責替年輕人打造新路徑，為就業做準備、求職，並且在職務上有所發揮；星巴克則負責就業博覽會的外觀及感覺。

凱文・卡洛瑟斯（Kevin Carothers）加入了團隊，腦力激盪就此火力全開。凱文是蒙大拿本地人，自一九九〇年代中期起持續參與星巴克咖啡店活動，當時我們的慈善焦點放在ＡＩＤＳ、藝術、文化及環境，他也負責安排最近在非加森及其他城市舉辦的公開討論會。凱文有著深具感染力的樂觀熱情，精準的計畫風格，以及我們都需要的無畏精神。

蕾西、凱文和布萊爾帶領一支努力不懈的小組，入駐在我的辦公室附近的一間辦公室。他們設法想像一個全新風格的就業博覽會應該有著什麼模樣。牆上貼滿了寫著他們的想法及待辦事項的紙張，小組每天都和攤商、活動企劃以及芝加哥的人商談。他們預訂市內最大型的會場，日期是八月十三日。和我們的目標青年族群來自相同地區，芝加哥土生土長的表演者答應出席，免費對參加者演講。

在策劃小組所做的事情之中，最富成效的一件是設法讓他們自己跟那些年輕又缺乏經驗的求職者換位思考。除了履歷表，還有什麼能替他們做好求職準備？小組詢問雪莉的看法，她分享她知道機會青年有哪些需求：他們需要適合上班穿的服裝。許多人沒有履歷表，而且從沒參加過求職面試，更別說知道如何管理金錢，或者甚至拿到駕駛執照。有些人需要安全的住處。許多人無法使用電腦或印表機。雪莉相信博覽會能找來專家，提供資源，協助這些孩子們克服前述的就業障礙。

在小組進行策畫時，更多公司加入了聯盟，而且所有公司都同意做一件大多數企業不曾做過的事：在博覽會現場聘僱數百個人。

在活動前的兩週，我們舉辦由小組安排的多場博覽會事前研習營其中的一場，讓參加博覽會的年輕人能練習面試，在學校及市民中心先整理好履歷表。在第一場研習營，有將近五十位年輕人出席。這真令人擔心。我們規劃的博覽會能招待數千人。

根本問題的真相浮出檯面。沒有就業或就學的年輕人分散各地，因此很難找到、聯繫及協助他們。小組見證了什麼叫做找不到管道。

第一場研習營的出席率太低，當天晚上蕾西下定決心，和芝加哥的公民領袖碰面，一起吃深盤披薩。他們想出了一個基層遊戲計畫。在接下來的兩週，他們撥打電話，聯絡教會的牧師，鼓勵他們帶年輕的教友來參加博覽會。他們也請求廣播及電視台播放宣導廣告，邀請媒體播報活動日期，以及前來參加。

做了這麼多審慎計畫及基本工作後，我們依然無法預期出席率。我們為了這座城市的年輕人舉辦一場盛會，有多少人會出席？

第十九章

找個起點

我拄著拐杖，一跛一跛地走在會議中心的寬闊走廊。六週前，我和喬登及他的朋友打籃球時，拉傷了阿基里斯腱。我一面走，一面眺望落地窗外的街道。我震驚不已。現在是早上八點鐘，有將近一千人在芝加哥的悶熱濕氣中等待。有些人盛裝打扮，陸續從巴士下車。雪莉無法置信地站在我身旁，幾乎要落淚了。

當全國最大的會議中心，麥考密克展覽中心（McCormick Place）的大門開啟時，成群的求職者紛紛湧入，沿著電扶梯往上，擠滿了為他們準備的五十呎高大型空間。就像觀光客參觀時代廣場一樣，他們欣賞著這個充滿活力的場景。一名新聞記者形容，這是一場施打了類固醇的就業博覽會。

幾十個標示著大公司名稱的色彩鮮豔攤位散布在場內，每個攤位都配置了熱心交談的招募人員。志工們身穿紅襯衫，面帶微笑，在場內到處走動。DJ大力放送芝加哥的饒舌錢斯（Chance the Rapper）音樂。多種色彩的標誌引導人們該往哪裡走。沿著這個巨大空間的周圍擺設了許多小隔間，裡面的專家們熱切地想提供協助，他們知道如何管理金錢、申請獎學金、取得普通教育發展證書（GED）、登記投票、申請公民身分，或者甚至是刪除犯罪紀錄。在履歷站及申請站有好幾百台的筆電，甚至還有一個站別是讓參與者在跟真正的雇主坐下來談之前，先和志工進行模擬面試。

這場博覽會最特別的、也是重要元素的主要活動，占據了幾乎一半樓面，並且隱藏在黑色簾幕後方。在那裡頭設置了成排的圓形咖啡桌，每張桌子上都放了瓶裝水，桌邊還有三張椅子，一張是給接受面試的人坐的，兩張是為面試官準備的。二十多家公司預期要跟超過一千五百名未來的員工面談，並且在當天提供幾百個工作機會。

在那個夏日，總計有將近四千名求職者在早上九點到晚上六點半之間出現。其中有一位輕聲細語的二十三歲女子，名叫哈佳（Hagar）。

二〇一二年，哈佳在念大二時，由於健康因素，離開了喬治亞南方大學（Georgia Southern University）。她最近搬到芝加哥，和家人一起住在城南，希望能找到比喬治亞鄉下更多又更好的工作。

哈佳四處奔走了好幾週，把她的姓名及電話留給經理和售貨員。那些回絕動搖了她的信心，她得到的唯一工作機會是兼職收銀員。她接受了那份工作，但是心裡清楚她有能力做得更多，賺得更多。有位表親建議她去一趟社區中心，取得一些求職的建議。哈佳迫不及待地去了，但是諮詢服務是提供給年紀較大又失業的成年人，不是還在找第一份工作的年輕人。

她在中心時，看到一個推廣城市計畫的橫幅，替這些年輕人安排季節性工作，所以她登記報名了。過了一個月，什麼也沒有。最後她收到一封電郵，通知湖面上的玻璃帷幕會議中心將舉辦一場年輕人就業博覽會。

信中建議想參加博覽會的人，可以事先報名研習營，調整履歷表內容及練習面試。哈佳參加一場週末研習營，和志工練習模擬面試，並且接受安排在博覽會上和三家公司面談。

在博覽會當天，哈佳搭了十五分鐘的火車，前往會議中心。她沒想到場面會這麼盛大，人潮這麼多。大部分的參加者都是黑人，和哈佳一樣。競爭對手，她心想。她隻身參加，但其他人都有朋友、教會團體、父母或阿姨之類的陪同。有些人穿西裝外套，看起來很專業。有些人則穿球鞋搭牛仔褲，還有皺巴巴的襯衫。她看到有年輕人打了領結，頂著辮子頭，有些則沒打領帶，蓄著小平頭。

哈佳把她的H&M上衣紮在黑裙裡，頭髮剪得短短的。她原先染了一頭綠髮，但有人提醒她，這樣給人的第一印象不佳，所以她染成了黑色。她今天想展現自我本色，但是不想讓選擇因此受限。她已經對罹患濕疹的雙手感到不自在了。

一名神采奕奕的志工在報到處替她登記，遞給她一個識別證，並且祝她有順利的一天。距離面試還有一點時間，所以與其焦慮地等待，心想他們是否會喜歡自己，或者自己是否會喜歡他們，她決定四處走動，保持冷靜。她告訴自己，我就把它當成是一場冒險。

她觀看眼前的熱鬧場景。到處都是年輕人，從一個攤位逛到另一個攤位。現場有希爾頓、凱悅、塔吉特、微軟、諾德斯特龍（Nordstrom）、Lyft、Potbelly、FedEx、沃爾格林（Walgreens）、T-Mobile等超過三十家公司。這麼多的選擇，這麼多名片要拿，她心想萬一當天面試的公司沒有錄取她的話，這些就派得上用場了。她發現在LinkedIn的攤位，有人在拍線上個人檔案用的大頭照。哈佳沒有在用LinkedIn，她擔心了起來。或許今天她就加入。在一堆鏡子旁，JCPenney和Sephora的員工正在幫人化妝。畫一點好了，哈佳心想，上點眼影，但是不要太搶眼。她抱著她的筆記本，前進戰場。

我設法透過哈佳的目光去想像這場博覽會，讓自己了解機會青年的挑戰、希望及不安。同理一個人比同理五百六十萬人要來得容易，而芝加哥博覽會有助於將這個統計數字人性化。我要做的只有走進會場，四下觀望，然後找人交談。

雪莉和我看到有個青少年跑向一名坐在輪椅上的年長婦人，大喊著：「我們找到工作了！」那位祖母歡呼了起來，她的孫子俯身擁抱她。

起初我很驚訝，有這麼多年輕男女和父母及祖父母一同前來。不過這提醒我們，孩子在支持家庭中所扮演的角色。一份工作影響的不只一個生命，它也會改變一個家庭。青少年或二十出頭的年輕父母有年幼子女要照顧；一位單親父親告訴招募人員，他帶了女兒過來，希望為她樹立好榜樣。

一名年輕人走到我身邊，跟我打招呼。他拉起他的T恤，讓我看他身上的槍傷痕跡。他說他沒有加入幫派，他只是走路回家。許多與會的年輕人來自幫派及槍械氾濫的地區，然而我沒看到有哪個人把自己看成單純的受害者，雖然他們之中有許多人絕對遭到暴力、貧窮，以及一個冷漠且有時懷抱敵意的體系迫害，但是他們知道自己還有更多潛力。他們會來到這裡，因為他們相信他們的人生還擁有可能性。

哈佳的母親鼓勵她到星巴克找工作，她告訴她的女兒，這家公司會負擔大學學費，醫療保險對她也有好處。但是哈佳對加入餐飲服務業的公司心存疑慮。她不喜歡先前在喬治亞州的餐廳工作。

哈佳在預定的星巴克面試時間之前，前往位在主樓層的星巴克獨立攤位。攤位裡擺設了濃縮咖啡機，我們的夥伴正在教導博覽會的參與者如何製作濃縮咖啡。當我們的夥伴之一詢問哈佳是否有任何問題時，哈佳低頭看著筆記本裡的一頁。

「你是否能告訴我，成為咖啡師之後，我在星巴克可以有哪些不同的發展？」提問的女子對哈佳的認真態度留下深刻印象，所以她們聊了一會兒。哈佳離開的時候，把餐飲服務業重新列入考慮。這位友善的女子似乎對她很有興趣。在當天舉辦的多場研習會之一，這兩名女子又碰面了，哈佳認真聆聽以及做筆記。

當哈佳的星巴克面試時間到了，她在一張圓形咖啡桌旁坐了下來。在她的身旁，其他應徵者在巧妙地回答店長的提問，爭取星巴克在當天提供的錄取機會。哈佳被問到她的工作經歷。

「要是你發現自己和顧客處於一個尷尬的狀態呢？你會怎麼處理？」

她說出腦海中浮現的第一件事。當她在一家百貨公司擔任收銀員時，只有賺取佣金的特定售貨員可以賣鞋子給顧客，哈佳只能負責收銀部分。有一天，一名女子走到收銀台，告訴哈佳她需要一雙鞋去參加葬禮，但是她不知道該穿哪一種來搭配她的服裝。這名女子似乎非常焦慮，不斷問哈佳她的看法。當時附近沒有任何售貨員。「當你有那麼多事要煩惱，你不會有心情去考慮造型。」哈佳對面試官說。所以她離開收銀台，陪這位顧客在樓面逛了一圈，查看各種高跟鞋和平底鞋，建議她可以穿的款式。

星巴克當場就錄取了哈佳。

哈佳接受了這個工作機會後，跑到展場樓層去找那位稍早認識，身穿綠圍裙的友善夥伴。「我被星巴克錄取了！」哈佳大喊。我們的夥伴伸出手，給了這位新同事一個擁抱。

四天後，哈佳前往在密西根大街的星巴克咖啡店，第一天報到上班。不到六個月後，她調升值班主任。二〇一六年，她調到位在英格塢一帶的星巴克社區咖啡店，協助培訓其他錄取的機會青年。

我們在與博覽會主展場相鄰的禮堂布置好舞台，安排幾位神秘嘉賓上台演講。但是當預定的時間到了，我們要請大家從博覽會移駕到討論會時，沒有人想走。與會者是如此熱情投入他們進行的對話、結識的雇主、接收的資訊，以及就業的機會，我們無法把他們帶離這裡，進入下一個會場。蕾西試著宣布演講者有誰，包括凡夫俗子（Common）、亞瑟小子（Usher），以及黑眼豆豆團長威爾（will.i.am），不過就算這些名號也無法把人們拉走。我也邀請了我在沃特里德結識的退伍軍人，希德瑞克•金。他已經出院，到全國各地演講，以他的堅忍事蹟激勵聽眾。我希望每個人都能聽聽他的故事。

一開始，看到大家對安排好的活動興趣缺缺，令人大感沮喪。然而，我們這才領悟到，這是博覽會辦得成功的證明。這些年輕人會來到這裡，因為他們渴望獲得就業機會，想要工作。他們不是要來看表演。

最後，大家終於進入了大禮堂。雪莉也是站在台上的成員之一。她恭喜坐在她面前的數千名年輕男女，有這份勇氣能來到這裡。她也向他們保證，那些公司面談會有好結果。

「明天以及接下來的一天，只是你們人生的開始而已，」她說。「霍華和我都相信，每個人都要有個起始點。」我坐在前排，看得出來她對這場盛會的成果有多喜悅。二十年前，她在小貨車後面分送襪子；今天，有好幾百人得到就業機會。我們親眼見證了雪莉的一生努力獲得實現。我經常有上台的機會，站在聚光燈底下。這是雪莉的時刻。我的心中充滿驕傲之情，聽她分享她的智慧以及她的內心想法。她真心希望這些年輕男女有最好的前途。

當天有三十幾家公司提供了六百個工作機會。至於那些沒有得到工作的人，他們也帶著收穫離開博覽會。或許是一份履歷表，或是申請大學獎學金的方法。一份儲蓄計畫、招募人員的建議、自信心，或是一點啟發。

歌手及詞曲創作者凡夫俗子在芝加哥長大，稍早在好萊塢為他演唱的電影《逐夢大道》（Selma）主題曲〈榮耀〉（Glory）領取奧斯卡獎。他演講時獲得全場起立鼓掌。「今天，企業和世人得以看見在座的每個人擁有的潛力、能力、天賦、才能、智慧以及才華。」

我知道我們要再辦一場。

到了二〇一八年，「十萬個機會倡議」在另外六個城市舉辦了博覽會。

在鳳凰城，每五個年輕人就有一個被視為與社會「脫節」。在當地舉辦的博覽會有一萬七千人參加，包括一個十七歲，名叫安吉（Angel）的年輕人。他需要第二份工作來幫忙養家，他有四個弟妹，而父親被資遣了。安吉接受了星巴克提供的工作機會。

在洛杉磯，史坦波中心（Staples Center）擠滿了六千多人。在會場開門之前，至少有半數的人已經抵達，形成了一條蔓延的人龍，這種令人屏息的景象讓芝加哥的求職人潮相形失色。這些參加者之中，有一名短小精悍的年輕男子，他在找工作的期間，在朋友家睡了好幾個月的沙發。「我有種被需要的感覺！」他在那天得到工作機會之後這麼說。

在西雅圖，我們請卡門・威廉斯從費城飛過來，站在台上敘述她的故事。她以拳擊掌地說：「這個會場有那麼多資源，好好利用這個機會，改變你的人生！」當天有三十二家公司提供了七百份工作機會。

在初期的博覽會之中，有一次我注意到一名衣著凌亂的年輕人，慢慢走進了梅西百貨（Macy's）設立的攤位，一個類似百貨公司男裝部的地方。年輕人低著頭，閒逛著走進去，走到一張桌子旁，上面有幾十條領帶呈扇形擺放。他回頭看，不確定該怎麼做。他在那些條紋及圖案的彩色領帶上方看了好久，好像在評估一個難解的謎。

我正想走過去，親自幫助他，這時一名穿著整齊的志工走到他身旁，跟他說了些我沒聽到的話。這名年輕人挑了一條領帶，走到一面全身鏡前面，低頭看著地面，把那條光滑的布料繞過脖子，套在T恤上。志工跟他說明那套規矩，就像在我的成年禮之前，我父親和我肩並肩站在鏡子前，對我說過的那樣：「把寬的那端交疊在窄的那端上，現在往下繞，然後再往上拉，接著把寬的那端穿過領圈」——用手指保持環結寬鬆，霍華——「然後，現在輕輕地，把寬的那端穿過領圈拉出來。」這名年輕人慢慢地把領結朝脖子的方向收緊，確保它不會鬆散開來。大功告成。

他站在那裡，不再低垂著頭，而是抬起下巴，欣賞自己的倒影。在那一刻，他的肢體語言改變了。我看著他的姿勢從不自在的彎腰駝背變成了自信滿滿的抬頭挺胸。我看得出來！我發誓他的身高多出一吋！然後他露出微笑，謝謝那位教他打領帶的男子，然後闊步走回喧鬧的主會場，準備迎接任何挑戰。

那個短暫又充滿人性的一刻，呈現出十萬個機會博覽會及討論會對參加其中任何一場的年輕人，帶來怎樣的莫大影響。把一個年輕人打扮整齊，送他一條領帶，這不是重點。學會怎麼打領帶，重點不在於這個世界如何看待這名年輕人，而是他如何看待他自己：讓他有能力，而且能掌控他如何將自己呈現在世人的面前。

薩維爾・麥克伊拉斯—貝（Xavier McElrath-Bey）小時候遭到繼父虐待後，送到寄養家庭。九歲時因為偷糖果而被捕，加入幫派，十一歲那年臉部遭到槍擊，十三歲入獄。

「我出獄之後，加入了機會青年的行列，」二十八歲的薩維爾說。他在達拉斯博覽會上，向一群企業高階主管及當地政界人士敘述他的故事。「我走進星巴克的那一天，我的人生改變了。」他說，店長給了他一個機會。他回想起在櫃檯後方工作時，觀察著他的顧客。「我想成為他們之中的一分子，一個使用筆電的專業人士。」薩維爾在星巴克半工半讀，取得碩士學位。他目前在少年司法界服務，擔任「青少年公平判決運動」（Campaign for the Fair Sentencing of Youth）的資深顧問及全國倡議者，他的工作是協助年輕犯罪者減少不合理的長期監禁判決。薩維爾是我見過最出色的年輕人。

那天稍後，我和雪莉在位於大型的達拉斯會議中心舉辦的博覽會主展場走動。會場入口處附近有一座六呎高的塑膠雕塑，上面寫著舒茲家族基金會的座右銘，也是博覽會的推特標記：#startsomewhere。這個鮮紅色的標記幾乎和我一樣高，在當天接近尾聲時，那些白底的字上覆蓋了出席者及志工的簽名和訊息。我們離開會場之前，我從口袋掏出了筆，單膝跪下，在標記的正中央寫下兩句話：

> 你在人生中的身分地位無法定義你是誰。
> 美國的承諾適用於我們所有的人。

和我成長的那段時期相比，現在在公共住宅區，或是美國任何一個貧困的低收入社區長大的年輕人，更不可能搬到收入較高的地區。在千禧世代裡，每五人就有一個生活在貧困之中，而且和其他世代相比，這個世代有更多人和父母親同住。他們可能擁有自宅的機率，大約只有一九七五年年輕人的一半。而且根據目前的趨勢，他們有許多人要到七十五歲才能退休。至於對那些最貧窮和跟社會脫節最嚴重的人來說，機率就更低了。

我從過去的工作經驗中慢慢學會樂觀，並且基於幾個互相交集的信念，認為未來會有出路。

其中的一個信念是，我相信工作是年輕人「決定加入」美國的方式。我不是唯一從沿門銷售展開職業生涯的執行長，雖然我很可能是唯一在青少年時期刷過毛皮的一個。那些工作教會我的是，早期工作經驗的價值勝過薪資的數字。認真做好工作，不管是蓋房子、幫顧客找到那雙完美的鞋，或是送咖啡做促銷，這些都為我們注入一種自我價值感，還有一種使命感，而且帶著尊嚴。假如你是個迷失的年輕人，無法證明自己的潛力，工作能讓你更了解自己。工作也能讓我們見識到內心渴望的模範，例如薩維爾想效法的那種使用筆電的專業人士，或是我在紐約市的推銷路線中遇到的辦公室經理。第一份工作能讓我們感覺自己是某種遠大目標的一部分。雖然第一份工作的薪水通常不夠養家，或是和你的理想職業沒有直接相關，但它們是不可或缺的第一步，每個美國人都需要的機會。

「十萬個機會倡議」想強化的另一個信念是，企業的社會參與規則已經改變了，它們必須為自家的員工以及服務的社區做得更多。而且我認為，不是只有它們自己的社區。

在美國創立、擁有或領導一家公司是一種非凡的特權。在美國，我們打造出空前的環境，讓創業者把理想變成一種營利行為，讓公司有可能達到幾乎毫無上限的成長與榮景。但是沒人能保證美國生活獨特的這一面能禁得起時間考驗。我們的經濟無法靠自己維持，除非我們能把通往自給自足（而不光是巨大財富）的途徑開放給更多人。不過就目前而言，太多美國人想靠自己出人頭地，但是卻毫無管道。沒人教他們怎麼打領帶，能在一開始就為他們注入自信的人不夠多，能帶他們通往更美好的生活的橋梁不夠多。

我相信私部門能代表這個國家，做更多它為自己所做的事。不是要取代政府計畫，而是在政府扮演的必要角色之外多做一些。企業能協助革新，它們能協助改造及解決問題。它們能利用它們的資源，幫助國人及消費者變得更富學識、技能、見識、生產力，以及自給自足。不是以隔離或犧牲自我的方式，而是和政府及非營利機構進行創意合作。公、私部門都要合力負責。

在新的公、私合作關係中，我們能重新想像各種方式來提升人們的生活、脫離貧窮，並且重新展望美國人如何為就業接受訓練及教育，以及雇主要如何開發他們的潛力。在合作關係中，公司及政府能彼此學習，我們能把更多熱情灌注到企業裡，為更多公共實體注入企業成功的守則，例如負責、創新、財務責任，在道德使命及高績效之間取得更好的平衡。

沒有任何市政當局曾經像我們最初在芝加哥所做的那樣，為了這麼多年輕人把這麼多雇主和支援服務集結在一起，並且這麼快就提供這麼多工作機會。而且因為我們在其他城市複製這場博覽會，企業聯盟有了私人基金會的支持，能夠擴大它的成功規模。

博覽會是第一步，不是最後一步。在我們舉辦博覽會的每座城市，舒茲家族基金會持續贊助各種創新努力，協助當地年輕人做就業準備，在承諾雇用就業青年的公司獲得他們的第一份工作。除此之外，聯盟成員會定期聚會，分享他們認為可行的想法。這麼做的目的在於協助取得最佳解決方案，並且複製到全國各地。我們在不斷地學習。

星巴克本身持續雇用機會青年，而且就全公司來說，他們的流動率低於一般的夥伴。到目前為止，十萬個機會聯盟已經達成了最初的聘僱目標。

我並不是說，就業博覽會及公、私合作關係是萬靈丹，能補救國內逐漸擴大的經濟不平等。但是像這類的計畫不見得要當成特例，它們可以複製、改進並擴大辦理。即使它只改造了少數的人生，仍然值得一試。最起碼，它們證明了全新的解決方法是有可能存在的。

第二十章

分享你的毯子

「當你領悟到你所有的人生計畫一下子全被打亂了，真的很痛苦。」

崔西・斯伯丁（Tracy Spaulding）形容在他得知他的父親、祖父、兄弟、叔伯、堂表兄弟，還有鄰居工作的礦坑，在二〇一三年聖誕節前夕關閉時，他是這麼反應的。每張解雇通知單意味著某人失去了那份薪水和健保。對崔西來說，他在高中畢業後，唯一能預想的未來就此消失了。

崔西是個親切熱情的年輕人，他的體格健壯、蓄著鬍子，而且笑容可掬。他在西維吉尼亞州登洛出生長大，那是位在阿帕拉契山脈的一座小鎮，居民不到一千人。鎮中心是一個設有兩個泵浦的加油站，礦場則是鎮上唯一的雇主。由於附近沒有其他的謀生方式，有些礦工前往肯塔基，到一家汽車製造廠謀出路；也有人前往北達科塔，希望在頁岩油產業工作。

不過對崔西而言，登洛才是家鄉，依照他的說法是，屬於他的「那塊美國土地」。遠離家鄉，離開他母親的料理、他垂釣鱸魚的溪流，以及他獵捕鹿、熊和火雞的森林，對他來說既沒有吸引力，也令人卻步。然而，隨著礦場關閉，他沒有別的方法賺錢。這個新事實令人大感震驚，但是不全然意外。

二戰之後，煤業成了這地區的經濟支柱。在接下來幾十年繁榮興盛的日子裡，這種從山裡採掘的黑色礦石為工廠提供動力，讓城市大放光明。但是從一九七〇年代起，這項產業逐漸衰退。自動化持續減少人力的需求，更乾淨的能源出現使得需求量不斷降低，而法規迫使煤的價格節節攀高。美國對煤的愛好逐漸消退，其他國家的需求量也是如此，比方說中國。它們以前會從美國進口，但是已經開始逐步提升自己的能源生產。儘管有些政治人物許下承諾，曾經讓幾個世代的家庭吃飽穿暖的數萬個礦場工作，再也回不來了。

二〇一七年初，我得知這些事實。但是我不喜歡這些經濟力量如何突然停止對人們的援助，像崔西這樣。大約在這時候，我讀到一本書：《絕望者之歌：一個美國白人家族的悲劇與重生》（*Hillbilly Elegy: A Memoir of a Family and Culture in Crisis*）。這本暢銷書的作者傑德・凡斯（J.D. Vance）在自身的窮困成長歷程之下，透過個人視角帶領我及其他讀者認識住在阿帕拉契山區人家的艱困生活。

傑德飽受忽略及暴力的家庭生活令我深感悲傷，但是他對那種生活的坦承，以及他的祖父母的愛與支持帶給他的啟發，令我感動不已。他讓讀者看到一個孩提時代，裡頭充斥著習慣推卸責任的大人經常做出的錯誤判斷及常識。我想到自己的孩提時期，父母的爭執、喧鬧的牌局、父親對用錢的輕忽態度，以及母親的重度憂鬱。我很少跟別人提起這些不堪的回憶，因為它們讓我感到羞愧又痛苦。但是傑德勇於赤裸呈現許多人情願保密的成長過程，我深受激勵。我準備好要以公開的方式，進一步探索自己的童年事件，以及它們如何影響我在事業上的優先順序。

傑德似乎能平靜以對他的過往，這部分也令我深感著迷。在書中，他和摯愛的人所做出的壞行為和解，尤其是他染上毒癮的母親。他設法從阿帕拉契的文化背景下，去了解及接受他們的行為。他對該地區的貧窮、毒品危機及不斷改變的政治效忠的評斷，讓讀者有機會一窺少有外人了解或認識的這群人。阿帕拉契是美國大家族的一分子，然而這個國家似乎背棄了這群人，但我們要做的其實是支持他們。

簡言之，《絕望者之歌》讓我不僅更了解自己，也更了解我的國家。就像我們的退伍軍人、機會青年，以及仍然在為種族平等奮鬥的那群人一樣，這是另一小塊真實存在的美國，但是資源不足，而且被遺忘了。

三月份，我和傑德見了面。我們大部分的時間都在談國內的鴉片類藥物氾濫，這情況在阿帕拉契最為顯著。

一場匯集各種因素的完美風暴加重了這場公共衛生危機：體力勞動的工作經常是小鎮唯一的就業機會，然而從事這種工作的人容易遭遇重大傷害，導致慢性疼痛，而醫生越來越常開立製藥公司強力行銷的高成癮止痛藥物。許多醫生使用麻醉止痛藥物來快速舒緩患者的不適，同時也避免病患指控醫生治療疼痛失敗的訴訟。阿帕拉契和其他社區一樣，經濟衰退及產業萎縮導致工作流失，人們紛紛陷入絕望，開始聲稱自己失能。他們想治療病痛的藥物經常遭到濫用，或是透過黑市轉賣，並且導致海洛因的使用。

藥物濫用成了國內意外死亡的最大肇因。傑德告訴我，他在俄亥俄州西南方出席了一場鎮民大會。當鎮民被問及是否有認識的人死於藥物濫用時，有四分之三的人舉手。

我們也談到對仰賴煤炭經濟如何導致阿帕拉契地區缺乏創業精神。礦場的工作收入一年大約六萬到十萬美元以上，不太需要新的創業想法。傑德當時才加入由創業投資者及ＡＯＬ共同創辦人，史蒂夫．凱斯（Steve Case）展開的一項運動，也就是透過撒下創業的種子，讓鐵鏽地帶（Rust Belt，與阿帕拉契相鄰，包括工業衰退的其他地區）能獲得經濟舒緩。傑德和史蒂夫展開一項廣為宣傳的公路旅行：「其餘的興起」（The Rise of the Rest），前往分布在五個州的七座城市，從當地創業家的身上尋找創業想法，協助刺激經濟成長。

我除了捐款一百萬美元來贊助他們，同時決定要親自去看看那個地區。我希望這趟造訪能讓我有辦法了解這些鄉村城鎮，以及這麼多美國人的現況。我們公司在這個地區擁有五百一十七家咖啡店，身為執行長的我也覺得，有必要進一步了解經濟動盪及鴉片類藥物氾濫，還有這可能為我們的夥伴帶來什麼影響。其中有一個州是這一切的中心，我安排要過去一趟。

一個四月的早晨，太陽尚未升起，我離開西雅圖，前往摩根鎮。它是位在西維吉尼亞州的東邊，一個約有三萬人的城鎮。我和一個小組一起前往，成員包括雪莉和拉吉夫。我在路上說了一個故事。

一九九〇年代中期，我和一個商業領袖團體造訪以色列。我們去見一位知名的猶太學者及教師，諾森・茲維・芬克爾（Nosson Tzvi Finkel）拉比。我們幾個人被帶到他的書房，等待他的到來。大約過了十五分鐘，芬克爾拉比終於走進來，在桌子的主位坐了下來。我不知道芬克爾拉比原來罹患了帕金森氏症。他的身體抖動得如此厲害，以至於我們刻意別開視線。

「各位，看著我，現在就看看我，」他說，並且以手猛擊桌面。他說話的困難比顫抖的身體更加明顯，但是他說起話來沒有絲毫的侷促不安。「誰能告訴我大屠殺的教訓是什麼？」他引起了我們的注意。他問了兩個人，但是拉比對他們的回答都不滿意。

「各位，讓我來告訴你們人類精神的本質。」他回憶著說，在二戰的那些年，納粹把數百萬的人像牛隻一樣關進貨車車廂，載往集中營，然後屠殺。男女老少彼此緊貼地站在黑暗的車廂裡，沒有廁所，沒有暖氣。

「在這種不人道的畜欄裡待了好久之後。」他說，車廂門忽然打開了。光線好刺眼。他們把男人和女人、母親和女兒、父親和兒子都分開，每個人都被送到大通鋪睡覺。

在大通鋪裡，每六個人只分到一條毯子。「拿到毯子的人，當他上床睡覺時，他要決定，」拉比說：「我是要和其他沒分到毯子的人一起蓋呢，還是裹在自己身上保暖？」

芬克爾拉比的身體還在抖動，眼神掃視桌邊的人。「在這樣的時刻，我們學到人類精神的力量。」集中營裡的囚犯，他說，分享他們的毯子。拉比站起來，直視我們的眼睛。「帶著你的毯子，把它拿回去美國，和另外五個人分享。」然後他便離開了。

我思索拉比的指引不知道多少回，這比我原先想的還要複雜。這種隱喻帶有無限的暗示，尤其是在我們這些「擁有」毯子和那些「沒有」毯子的人之間的裂縫逐漸加大之際。「分享」代表著什麼呢？在現代的社會裡，一條毯子又代表什麼呢？

這就是拉吉夫會跟我過來的部分原因。

拉吉夫在星巴克任職的那兩年，他把他的記者技能套用在幾項企劃案上，包括就業博覽會，還有星巴克主導的一項募款活動，幫助西雅圖數百個無家可歸的家庭，搬進安全的庇護所。在那段期間，拉吉夫也開始嘗試運用影片。星巴克擁有數百萬固定的顧客群會到咖啡店，使用我們的行動應用程式，因此我們要負責發布內容。但是為何要局限在分享現有的書籍和影片呢？我們難道不能打造自己的內容？

我們進行腦力激盪，討論星巴克能分享哪些有意義的故事。我們原本的構想半途夭折了，最後敲定一個點子。在二〇一六年，拉吉夫和一支工作團隊，包括才華洋溢的攝影師及製片，喬許・楚吉羅（Josh Trujillo），製作了一系列的短片，內容是關於解決自己社區問題的美國人。拉吉夫和喬許走遍美國各地進行訪談，有時候我也會加入。最後我們集結了一群兼容並蓄的核心人物，我們稱之為「挺身而出者」。他們每一位都努力想讓某一小塊的美國復原、保全，以及恢復生機。在鹽湖市，一位保守的會計師在設法減少長期以來的遊民問題。在巴爾的摩，一位高中老師投身一項運動，阻止大型焚化爐蓋在她的社區。在佛羅里達，一名洗車場老闆雇用患有自閉症的成人。我們也發現一名曾坐過牢的女子，敞開家門收容其他剛出獄的更生人，讓他們在過渡到監獄以外的生活時，能比自己當年更順遂。一位年輕創業家的應用程式能把餐廳食物改送到遊民收容所。還有一名前國家美式足球聯盟球員成立一家截肢者專用的健身房。美國人在幫助美國人，而我們要播放他們是怎麼做的。

二〇一五年秋天，《挺身而出》（*Upstanders*）第一季首播。這十集原創短片可以在星巴克的官網、數位應用程式及臉書上免費觀賞。到目前為止，現在第一、二季的瀏覽次數超過一億五千萬，而且在亞馬遜的影片服務也看得到。

我們希望，敘述這些真實故事不只是讚揚這些傑出市民的主動及創新精神，而是要鼓勵大家解決更多的問題。我們的目的是利用公司的平台，增加更多好的想法及行動。

二〇一七年春季，在我們前往西維吉尼亞時，第二季的《挺身而出》正在籌備中。我們希望能在一個可能需要解決方案的州，找出這些方法。

位在卡納瓦大道上的星巴克咖啡店距離西維吉尼亞的金色圓頂州議會大廈只有幾哩遠，當我們抵達時，區經理和店長都來接待我們。我走到櫃檯後方去打招呼，應邀拍了幾張自拍照，然後才拉了一張椅子，在聚集的咖啡桌旁坐下。

大約有十四名夥伴在這家及西維吉尼亞的其他星巴克咖啡店工作。我請每一位說出自己的名字，他們來服務多久了，以及任何有關他們背景的事。有些人的故事很類似：一位店長，班・強森（Ben Johnson）在星巴克服務了將近十五年，他和妻子凱西（Kacey）是在第一天上班時認識的。現在凱西是護士，班說要不是把咖啡豆股賣掉換現金，她不可能去念護理學校。區經理告訴我們，當州內發生一起化學品溢漏，污染了水源時，星巴克必須暫時關閉一家分店。她非常驕傲自己有辦法繼續支付那些無法上班的夥伴薪資，直到那家店重新營業為止。

其他的故事是我在夥伴圓桌會議上從來沒聽過的。班也告訴我們，他擔任一支小聯盟球隊的教練。隊上的十二名球員中，有十個孩子接受祖父母的照料或養育，因為他們的父母染上鴉片類藥物毒癮，或是因此死亡。另一位店長，崔西・柯林斯（Tracy Collins）說，她父親原本是位礦工，但是背部受傷，再也無法工作了。

「他服用止痛藥物成癮，」她不帶感情地說。崔西精力充沛，而且懷有身孕。雪莉問她，她是如何避開有可能成為家族循環的失業及藥物濫用問題。「我母親性子烈的很，她教導我們要注重工作及家庭的價值。」

在接下來的日子裡，我們聽到更多艱辛及堅忍的故事。

「今天？要不是我的刀子不夠鋒利，我就不會在這裡了。」說話的女子拉起她的袖口，露出手腕上的疤痕，那是她試圖自殘的痕跡。她表示，她兒子的父親想把孩子從她身邊帶走，而她的丈夫要離婚。她沒錢去做別的事，成天沉溺在毒品裡，而且為了某種她不肯說的原因，從行駛中的車子裡跳下來。她的聲音微弱又疲倦。「那些該死的刀子不夠利。」

在她旁邊的女子蜷縮在椅子上，照料她的乾咳。這裡是摩根鎮赤斯納特嶺（Chestnut Ridge）醫療中心的一個房間，裡頭共有七名病患沿著牆邊就座，包括這兩名女子在內。像他們這樣的人總數超過五百多位，每週會過來參加療程。他們都是使用止痛藥物及海洛因成癮，最近開始接受治療。這群人很幸運，赤斯納特嶺的等候名單超過六百人。

茱蒂絲・芬伯格（Judith Feinburg）醫師是今天的主持人。她是維吉尼亞一所大學醫學院的教職員，也是鴉片類藥物成癮的醫療成果權威。芬伯格醫生表示，她可以給我們數據，但是要想清楚了解成癮的囚籠，最好的方式是親眼觀察那些想要掙脫的人。她容許我們旁聽當天早上的兩節療程。第一堂是剛開始加入中心復原計畫的鴉片類藥物成癮者。我發現聽他們的故事令人感到心痛，但是芬伯格醫生說得沒錯：他們的聲音以一種統計數字辦不到的方式向我們傾訴。

一位成癮精神科醫師帶領的六女一男小組。他問學員，他們那天過得還好嗎？包括那位企圖傷害自己的女子在內，這群人的回答令人心碎。

一名女子抖動著腿，說她在背部手術之後開始服用止痛藥物。「我的醫生給我吃這種藥物十五年。」她以前參加過一次這項計畫，然後故態復萌。現在她回來了。

一位較年輕的女子告訴小組成員，她有兩天沒碰大麻、一天沒碰酒了。「我的家人都喝酒又抽菸。」她父親是一名礦工。

另一名女子說，她盡量不去碰那些東西，但她的保險公司不肯支付她的處方箋藥物。她指的是舒倍生（Suboxone），一種廣泛使用的藥物，藉由抑制渴望來協助治療鴉片類藥物成癮。赤斯納特嶺的病患全都拿到舒倍生的處方，也參加密集的行為治療療程。參加療程是拿到藥物的必要條件，這兩者對協助他們重獲新生都不可或缺。

房間裡的人繼續回答「你今天過得好嗎？」這個問題。

「糟透了。」一名中年婦人說。她穿著一件黃色運動衫，胸前印著「信仰」的字樣。她開了三小時的車來到這裡。她說，她的男友習慣在她面前吸毒，前一天晚上被逮捕了，他們住的旅館只付到隔天而已。她說，在那之後，她就不知道該怎麼辦了。稍早發言的那位較年輕的女子說可以借住她家。

唯一的男子是海洛因使用者，想要戒毒但是不斷故態復萌。他的兄弟兩個月前過世，女友剛和他分手。他不想變成毒蟲。

「我會盡一切努力來取得協助。」他說。

戒斷期的感覺可能比染上流感還要難受十倍。房間裡的每個人似乎都形容枯槁，身上的衣服穿了好幾天而皺巴巴的，沒幾個能好好坐著。毒癮將他們推入萬丈深淵，要爬出來而且順利康復，對我來說似乎難以想像。當你無路可走時，你要去哪裡？然而，他們來到了這裡。他們出現了，拒絕放棄自己。他們想要突破難關。

他們辦得到的證明就在走廊對面。我們加入的第二個治療團體包括至少二十名在復原期的男女，他們在這趟旅程中走在更前頭了。每個人的發言都從自己戒除了多少天開始。這房間裡的每個人至少都有一年完全不碰毒品或酒精了，有些人甚至更久。和走廊對面的那群人相比，這些人顯得平靜，安穩地坐在位子上，而且穿著整齊。襯衫紮進去，頭髮也梳理過了。房間裡沒有緊繃的氛圍。這些人持續出席，因為鴉片類藥物成癮是一輩子的糾纏。它和癌症一樣會復發；它也跟酒癮一樣，需要社群的支持來協助防止故態復萌。

這兩個團體之間的差異令人震驚。

在第二個療程之後，兩名女子同意和我們及芬伯格醫生在中心的大廳坐下來聊。

莎拉是一位年輕的母親，應該只有二十出頭吧。她穿著黑色緊身褲，雙手插在拉鍊式運動衫的口袋裡，把她的故事告訴我們。她在只有一個交通號誌的小鎮長大。在高中時期，她的男友給了她一些他父親的處方止痛藥，她這才認識了Percocet這種藥物。她結婚生子，但仍繼續使用。在兒童福利局解除她對兩歲及三個月大兒子的監護權之後，她終於設法戒掉這個惡習。現在她不碰毒品了，也把孩子要了回來。

我問她是否能說明，這種習慣為什麼這麼難以戒除，尤其是冒著失去孩子的風險。這問題來自於我對毒癮的有限經驗。我的母親和父親在成年後便一直與香菸為伍，父親死於肺癌。我從不抽菸，念大學時試過一次大麻，對它也不感興趣。我年輕時會喝啤酒，但成年後，我比較喜歡在晚餐時小酌一、兩杯葡萄酒，但是我從不酗酒。

芬伯格醫生插話說：「大家以為成癮是一種選擇，其實那是一種疾病。」這名女子點頭贊同。她解釋說，鴉片類藥物會改變你的腦部化學作用，形成異常迴路，導致衝動行為。你的大腦相信沒有藥物便活不下去，就算藥物會毀了你的人生。海洛因及鴉片類藥物是如此容易成癮，甚至壓倒了為人父母的直覺。這種危機造成了許多寄養兒童。

「我就是這樣開始的，」年紀大一些的那名女子，珍妮佛說。她穿著流行的刷破牛仔褲，灰T恤外面套了一件法蘭絨扣領襯衫。她的長直髮幾乎垂到腰際。在十三歲那年，她染毒的母親叫她帶著藥片去學校賣給同學。她吸海洛因多年。現在戒除之後，珍妮佛管理一家餐廳，也擁有三個孩子的監護權。「假如我沒過來這裡，我會失去我的工作、房子，還有我的小孩。」

這些是聰明又有自覺的年輕女子。要是我在別的地方遇見她們，我不會懷疑毒品曾侵蝕她們的人生。她們回憶悲慘過往時，帶著實事求是的決心，沒有自憐，讓我們能了解鴉片類藥物及海洛因是如何挾持一個人的自我。和其他疾病一樣，想治癒不能只靠意志力。復原需要來自醫生、精神健康顧問，以及開立正確用藥劑量的個案工作者集結起來的團隊支持，讓他們對自己的行為負責，但是不要對已經深感羞愧的他們加諸更多羞辱。芬伯格醫生說：「常識和成癮沒有關係。」

然而，罪惡感很常見，特別是對寶寶在子宮裡便暴露在成癮藥物下的母親而言。

我們從摩根鎮橫越西維吉尼亞州，來到了亨丁頓。鎮上有一幢單調的磚造建築，裡面設立了第一個私人非營利中心，專為治療罹患新生兒戒斷症候群的寶寶。這種症候是源自懷孕期間，寶寶在母親的子宮內便接觸到鴉片類藥物。前門的標誌畫了一個蜷曲的嬰兒，睡在一片綠葉上，上面寫著「莉莉之家」。裡面是粉紅及粉藍色系，而且寂靜無聲。一個圓點設計的公布欄上釘著十片沒用過的尿布，上面有油性麥克筆手寫的趣味留言：你的愛及關懷改變我的一生！！！你正在帶來改變！！因為你的付出，上帝祝福你！這就像是寶寶們在說話。莉莉之家的小寶貝們是鴉片類藥物氾濫的最小受害者。

一名護士出來接待我們，帶我們走過幾段燈光昏暗的短廊。她准許我們偷看一下粉彩色的育嬰室。每位寶寶都配有一張搖椅、一個尿布更換台，或許還有一個動物旋轉吊飾或畫作。我們能聽到有些傳出搖籃曲的音樂。這些房間讓雪莉和我想起了我們孫子的房間，只不過在莉莉之家的每張搖籃都有一個監測生命徵象的裝置。

每個寶寶都在戒除對成癮藥物的依賴性。

這些寶寶的戒斷症候群包括過度哭泣、顫抖、腸道問題，以及癲癇。他們對刺激極度敏感，所以莉莉之家才會如此悄無聲息。這些襁褓中的寶寶躺在搖籃裡，或是蜷縮依偎著護士的肩膀，和其他新生兒沒兩樣。他們的內在痛苦並未顯露出來，他們也無法清楚表達。當雪莉輕搖著懷中的寶寶時，她感動得落淚了。

莉莉之家自二〇一四年十月啟用以來，有超過二百二十個寶寶在這裡住過二到六週不等。它的預算起碼有一半是仰賴捐款及補助。這裡是靠一小群熱心的工作人員運作，包括一位全職主任，蕾貝嘉・克洛德（Rebecca Crowder）。蕾貝嘉流露出那種友善又熱情的倡導者氣質，我在ASU校長麥可・克洛的身上也見過。雖然她個頭嬌小，卻讓我感覺猶如另一股自然的力量。她是頑強的代言人，替那些無法為自己說話的人發聲。她帶著同理心和統計數字來和我們開會。

她告訴我們，新生兒戒斷症候群的高盛行率是一種全新現象。大多數醫院過去一年只診治少數幾例，現在全國每二十五分鐘就有一個新生兒被診斷罹患鴉片類戒斷症候群。在亨丁頓，有家醫院強制要求每位生產的母親都要接受藥物測試，診斷出具有藥癮的新生兒比例是全國的十五倍，醫院照護藥物暴露新生兒的費用是照顧健康嬰兒的五到十倍。不過在莉莉之家的花費，大約是新生兒住加護病房每日費用的五分之一。

我們被帶到一個開放區域，和寶寶在莉莉之家接受照護的兩位母親見面。她們的嬰兒成功戒絕出生時便存在於身體內的藥物，兩位母親也在復原中。在場的還有社工安琪拉・戴維斯（Angela Davis），她在我們跟兩位母親交談之前，先把我們拉到一旁。除非我們答應遵守她的一項規矩，否則她不會替我們引見。

「我對批判抱持零容忍的態度，」她說。「莉莉之家的大多數母親們已經夠內疚，她們知道自己做錯了。」安琪拉說。蕾貝嘉重申安琪拉的重點。她對我們說，假如家長無法成功，她的寶寶也辦不到。這些家長需要正能量。

我們遇到一位年輕的母親，懷裡抱著一隻泰迪熊，還有一個胖乎乎的女嬰。女嬰約莫四個月大，毛髮纖細的頭上綁著一個銀色蝴蝶結；另一個女孩穿著藍色的蕾絲上衣跟塑膠涼鞋，朝我坐的地方走來。我問能不能抱一下小寶寶，把她接過來之後，放在我的大腿上。兩個孩子都笑了，他們的母親也是。雪莉親切地和媽媽們聊天，問她們過得好嗎。她們說還好，就把握當下的每一天吧，繼續努力。安琪拉恭喜她們的進步，告訴我們，她們十分認真努力。她們來這裡的原因是公開的。這裡沒有隱瞞，也沒有批判。

要責怪這些女子太容易了，不過蕾貝嘉和安琪拉拒絕這麼做。沒人打算沾染毒癮，尤其是為人父母的人。芬伯格醫生的話在我的腦海中響起：「成癮不是一種選擇，而是疾病。」擁有健康的媽媽，寶寶最有機會過著健康的生活。

那天晚上，我們離開莉莉之家後，蕾貝嘉加入拉吉夫和我，一起在亨丁頓古老的費德里可飯店吃晚餐。飯店翻新了數百間客房，但大廳依然維持著堂皇氣派的老式氛圍。和我們共進晚餐的還有另外五位，全都是打擊亨丁頓盛行的鴉片類藥物氾濫的鬥士。在二〇〇七到二〇一二年間，有四百萬顆鴉片類藥物流入了亨丁頓市內以及附近的卡貝爾郡。當政府終於嚴厲取締藥物工廠，也就是那些販售大批廉價處方箋止痛藥物的小型家庭式雜貨店，成癮者轉而使用透過複雜的販毒集團在街頭販售的海洛因。

本市的前警察局長也在座，他承認自己之前做出錯誤的假設，認為可以藉由逮捕行動讓這座城市走出危機。蕾貝嘉說，就算怪罪也於事無補。大家開始相信藥物成癮者不該被妖魔化。「我們也無法靠開立藥物來脫困。」有位醫生說。少了支持和諮商，醫療復原的努力就不會有成效。這個州和郡的舒倍生夠多了，少的是社工及個案工作者。

我們的摩根鎮及亨丁頓之行是一場令人警醒的學習，讓我更了解美國有史以來最嚴重的藥物濫用所引起的悲劇及複雜性。這是一場人禍，由製藥業領袖、醫生、立法者、政府指派的監督委員會，以及販毒者串連共謀。他們的玩忽、失責，以及失控的貪婪讓止痛藥及非法藥物得以在美國的社區流竄。用藥過量在二〇一六年奪走六萬四千條性命，是二〇〇一年九月十一日恐怖攻擊遇難人數的二十倍以上，也幾乎等同在越南、伊拉克及阿富汗的戰爭中犧牲的美國人人數總和。然而，面對這場加諸在人民身上的自我攻擊，這個國家並沒有竭盡全力採取反撲的行動。

在晚餐桌上，我又聽到了那句熟悉的話。「唯一的出路是經濟，好的就業機會。」

和全國各州相比，西維吉尼亞州擁有最低的勞動參與率。失業醞釀的絕望及乏味，加上缺乏雇主提供的保險，在在加重了非法藥物的使用。照護生病的人只是打勝了一半的仗，另一半是預防罹病。

隔天，我們開車深入煤炭之鄉，和阿帕拉契的另一種病痛，高失業率面對面接觸。橋下社區推廣中心（Under the Bridge Community Outreach Center）的廚房架子上堆滿了Del Monte玉米罐頭、一盒又一盒的Jell-O，還有Chef Boyardee義大利餃。遊民收容所的牆上貼了一張紙，列出住戶守則：

房間要每天打掃。
禁止藥物或酒精。
收容所租金每月一日到期。
雜務要每天完成。
和其他住戶和平共處。

未遵守所有守則的人會被要求離開。

這間最近啟用的收容所位在西維吉尼亞的荒蕪小鎮，洛干，裡面的住戶是失業者。他們每個月要繳納七百五十美元的租金給收容所，方法通常是拿著桶子和標語，在鎮上四處收錢。

洛干的街道停了成排的小貨車，兩旁是棄置的店面，還有閒晃的抽菸者。我們開車經過一家開門營業的達樂一元店（Dollar General）和一家救世軍商店。路上每隔十呎就設置一盞高聳優雅的路燈，還有一家門可羅雀的家族經營家具店，這些是一座曾經繁榮的煤礦小鎮遺跡。

「這真令人震驚，就像是經濟大蕭條，」奎格瑞・卡波（Gregory Carper）說。他是一名律師，在查爾斯登負責一個YouthBuild團體，也曾經在洛干住過一段時期。他提議帶我們四處看看。許多還沒淪落到無家可歸的人，距離這樣的下場也不遠了。「這裡的人除了山區之外，就不知道別的生活方式了。」他說。他安排我們造訪收容所，以及一場所內主管及社區成員都會出席的小型會議。

我們來到二樓，和六位鎮民圍成一個圈子坐著。

「我們是驕傲的人，但危在旦夕。」一名抱著一隻小狗的女子說。

一位名叫查理・柯瑞（Charlie Curry）的先生在阿帕拉契電力公司上班，他談到不得不把那些付不起電費的家庭切斷電源時，感覺有多痛苦。「人們必須選擇要付電費、食物，或是藥物。」查理的父親在礦場工作，罹患了塵肺症及乙二醇中毒，還有脊椎骨骨折。他的雇主試圖拒絕給付承諾的福利。這是資遣及退休礦工的常見情況，當礦業公司宣稱破產，因此得以合法逃避對員工的責任義務時，這些工人便失去了退休金及醫療給付。

現場最年輕、也最坦率的是喬伊・甘迺迪（Joey Kennedy）。他三十九歲，是第五代的礦工。他說他從不請假，最後爬到了年薪十一萬五千美元的管理職位。在這個產業服務了十七年之後，喬伊突然遭到解雇，沒有半毛遣散費。他在出差的回程聽到了這個消息。現在他是教會的本堂牧師，同時進修想成為護理人員，並且擔任醫院的夜班護理員。他的深藍色醫院制服上夾著一張塑膠的員工識別證。喬伊和他太太的薪水加起來勉強達到四萬美元。上個禮拜，銀行把他的小貨車收回去了。

喬伊的身旁坐著另一個版本的他，髮色較灰白、身形也略胖一些。他的父親穿著牛仔褲和鮮黃色T恤，但是神態比他兒子要順服許多。

我父親和這些人在某些方面很類似，但是他沒去工作，有許多礦工也是一樣，因為他們知道自己很可能遇到生重病或受傷的危險。

「如果可以的話，你會回去上班嗎？」我問喬伊。

「休想，再說我老婆會殺了我。」他微笑了。

最後，我問這些人，他們希望洛干和西維吉尼亞以外的人，對他們的狀況有哪些了解。喬伊傾身向前，彷彿他準備要回答這個問題好多年了。

「舒茲先生，我希望能讓大家了解一件事。我們不是白痴。我們不是一群愚蠢的鄉巴佬。這真是最背離事實的說法了。我們想要工作，我們需要機會。這些都從我們身邊被剝奪了。」喬伊對這個產業、政府，還有整個體系都很生氣。西維吉尼亞的大片土地都是由州外的地主持有，他們根本沒繳納州稅。「要是他們有的話，」喬伊說：「我們就會擁有一份安全保障。」

西維吉尼亞人要的不是施捨。他們需要，也值得擁有一座通往第二次機會的橋梁。

第二十一章

進取心

我們來到亨丁頓的寂靜郊區，在一棟看起來像廢棄工廠的建築前面停好車。我們走進這個空殼子裡，日光燈從椽木垂掛而下，照亮了蜿蜒的管線及數十根支撐天花板的方柱。在一面牆上有個褪色的標誌，表明先前的住戶身分：科本公司（Corbin Ltd），男士服裝製造廠。

幾十年來，這個十萬平方呎的工廠裡充斥著成排縫紉機的轆轆聲響，裁縫師替成衣製造商縫製長褲；在二戰之後，這些無褶長褲是講究衣著的男士們必備的單品。科本在一九四〇年代創立於布魯克林，並且在一九五七年搬遷到西維吉尼亞州。據說，它一度成為該地區最大的雇主。

二〇〇三年初，科本宣告破產，工廠從此閒置，積滿灰塵及占住客製造的垃圾。它原本已經安排好時間要進行拆除，但是在二〇一四年，一名西維吉尼亞的年輕人，布蘭登・丹尼森（Brandon Dennison）以一平方呎一美元的價格，買下了這個產業。布蘭登和他的團隊慢慢地收回這個空間，當作他們的事業基地：煤田開發集團（Coalfield Development Corporation）。

我們來見布蘭登。在開車前來的路上，拉吉夫告訴我原因。我們抵達西維吉尼亞州以來，見過了種種困境，也遇到一些激勵人心的人物，莉莉之家的安琪拉和蕾貝嘉、赤斯納特嶺的醫生及個案工作者。布蘭登是一種不同類型的療癒者，把就業機會、專業工作者及新興企業注入這個剛起步的經濟，設法為西維吉尼亞付出一份心力。

他的家族六代以來都住在西維吉尼亞，他在一個叫做奧納（Ona）的小鎮長大，父母親都是大學教授。布蘭登擁有歷史及政治學的學士學位，以及公共事務碩士學位。他經常前往全國及世界各地，從事以信仰為基礎的推廣及志工活動。他可以住在任何地方，但是他選擇回到家鄉。

一名精瘦的年輕男子身穿藍色牛仔褲，胸前口袋夾著一枝筆，從原本是工廠的空間走過來迎接我們。由他孩子氣的臉龐看不太出來，他已經三十一歲了。我們握手，他很開心我們能過來，並且開始帶我們參觀。

他解釋說，煤田開發集團是由五個社會企業單位組成的非營利網絡。每個單位提供一種西維吉尼亞需要的商品或服務，包括安裝在屋頂的太陽能板、新鮮蔬菜，還有訂製木家具。他們的目的是要讓每個單位都能成長為自給自足的營利性事業。目前，煤田開發的營運仰賴補助金、政府資金及私人捐款，任何的獲利都會再投資到生意裡。對一個新創事業來說，這似乎呈現出相當多樣的選擇。不過多樣化是布蘭登的策略之一。阿帕拉契變得太依賴單一產業，他想示範的是其他產業也能茁壯成長。

除了培育新企業，布蘭登還有一個更重要的目標。每個企業單位的存在目的都是為了提供就業機會及技能訓練給西維吉尼亞的失業人口。

許多創業家都有「種子故事」，描述在某個機緣湊巧的時刻，他們的技能及興趣碰撞出某個想法。對我來說，那個時刻是在我將近三十歲時，發現了米蘭的咖啡吧。布蘭登把他的故事告訴我們：幾年前，在一個炎熱的七月天，他在幫忙整修一位年長女士的家，作為社區服務計畫的一部分。他正在院子裡，熱得汗流浹背，這時他抬頭一看。他透過馬路上方微微晃動的熱浪，看到遠處有兩名男子，肩頭上搭著工具帶，朝他的方向走過來。「這就像是電影裡的場景。」他說。兩名陌生人走到布蘭登所在的地方，問他是否需要人幹活兒。布蘭登解釋說，他和他的夥伴是志工，沒辦法給他們支薪的工作。那兩個人便繼續往前走了。這場客氣有禮的互動持續了不到一分鐘，卻在布蘭登的心中揮之不去。對他來說，這代表了西維吉尼亞面臨的兩難窘境。

「我們有聰明、活力充沛又有才能的人，他們想要工作和學習，而且有參與感，」他說。「但是因為經濟變得如此困難，這些社區也很不景氣，他們無處發揮那份進取心。」

進取心。我喜歡這個字眼。它描繪出那些湧入就業博覽會的年輕人，以及我在軍事基地見到的退伍軍人。*美國，我心想，是一個尚未開發的進取心寶庫。*

我們繞過一個角落，進入一個有環境控制的小房間，裡頭的一個大型未塗裝木製層架占據了大部分空間。每個層板上都有極小的綠色植物種在塑膠淺盤裡，整齊地排放在明亮的白色生長燈下。「微型菜苗」布蘭登說明。煤田開發的企業單位之一，「鮮活阿帕拉契」（Refresh Appalachia）販售營養豐富的蔬菜給本地的廚師。

我們離開建築物，漫步穿越外面蔓生的草地。布蘭登指著一處「實習」屋頂，那是另一個企業單位，「重建阿帕拉契」（Rewire Appalachia）的工班學員正在學習如何安裝太陽能板。他表示，煤田開發是該州南方第一家取得執照的太陽能安裝業者。我們走進一間高隧道溫室，裡面一排排的狹長種植區栽種了羽衣甘藍、萵苣、菠菜、胡蘿蔔、番茄和青椒。西維吉尼亞州缺乏健康又便宜的食物，它們會把這些蔬菜拿到農夫市集販售，也會賣給食物批發商。「鮮活阿帕拉契」把山巔移除露天煤礦場變成了永續農場，教導那些舊日的礦工如何栽種及販售他們自己的食物。

「你好！」我對一名在溫室裡工作，戴上墨鏡及穿著牛仔褲的男子揮手打招呼。他微笑回應。煤田開發的員工叫做工班學員。要是礦場沒關閉的話，他們大部分的人還是會從事礦業工作。在煤田，他們學習多種行業，同時也要上課學習。每位學員要參加兩年半的計畫，每週有三十三小時的支薪工作，上六小時的課，以便取得GED證書、副學士學位，或是專業證照，再加上三小時的生活技能訓練，例如金融知識及身心健康方面。煤田的訓練課程也免費開放給任何有興趣學習新技能的人。

我們回到建築裡面，經過地板上的一個大洞，這些拆除工程是屬於另一個企業單位，「改造阿帕拉契」（Reclaim Appalachia）的一部分。這個單位銷售來自預定拆除的建築物廢料，例如木材。在地下室，他們打算建造一個劇場以及一個藝文空間。

我們走進木作工坊，地板上灑滿了鋸木屑，橡木及櫻桃木條板橫架在鋸木架上。裡面有約莫六名年輕人，有幾個戴著護目鏡，每個人都身穿藍色牛仔褲和堅固的工作靴，操作著帶鋸及車床。工班學員在這裡學習打造書桌、書架、桌子等各式家具。

我們回到工廠空曠的主要空間，布蘭登邀請了工作人員及工班學員來和我們聊聊。他們把六張附紅色坐墊的木製教堂長椅呈三角形擺放好，這些長椅在工廠的碎石堆中顯得有些突兀。布蘭登是在某個跳蚤市場上，以每張一百美元的價錢買下這些長椅。但是在一座為了重新振興人們生計而再度啟用的廢棄工廠中，把這些長椅派上用場，說起來似乎又挺適合的。

每個人都找了位子坐下。我有許多問題，而大家也不吝回答。

「這個州是否有反對太陽能的傾向？」大家搖頭否認。其中一位年輕人說明，支持太陽能並未被視為是反煤炭之舉。到了這個時候，經濟如此不景氣，唯一重要的是你是否有工作。

「這裡出現過好心的煤礦公司嗎？」他們表示有幾個。但是多年以來，那些集團擁有它們的員工居住的房屋、採購的商店，以及整個家庭的生計，就這樣把好幾個世代的繁榮成果都放在它們自己的口袋裡。公司關門大吉，這裡的一切也隨之凋萎。這個地區必須從頭來過。在場的那些人似乎都接受了事實，知道煤礦業不會再回到西維吉尼亞，雖然有些政客做出了承諾。這裡的每個人都重新改造自我，打造自己的安全毯。布蘭登分享毯子的方式是利用他的商業技能，協助這些人重新想像他們的未來。

「我們企圖為西維吉尼亞打造一個新故事。」布蘭登說。他們不是要改變這個州的本質，而是要善用它的創業根基，以及那股強大的進取心。

外面有鳴笛的貨物列車動力十足地轟隆駛過，害我很想去看一下，確定它不會破牆而入。

「要是煤業回來了呢？你們會歡迎它嗎？」許多工班學員點頭。我一開始有點懷疑。根據我聽到的故事，大部分的礦業公司對那些替它們賣命賺錢的人，沒有表現出多少關切，或者根本毫不在意。它們的做法跟我試圖帶領星巴克的方式完全相反。在阿帕拉契，煤礦公司對人命的極度輕忽，完全缺乏責任感及同情心，已經超越了不道德的程度。然而，這些年輕人還是說他們會回去工作。

布蘭登有位同事想必是察覺到我的疑惑。「當某種事物已經成了你自我認同的一個重要部分，也是你所知的一切時，你很難跟它分隔開來，即便它會讓你的生命遭遇危險。」他說。

他們想待在原地的動力，和我天生求新求變的精神截然不同。在我年輕時，我很興奮能前往國家的另一端，展開新生活。但是在這間廢棄的工廠裡，和我坐在一起的這些人，不想離開他們的家鄉。他們和煤礦及山區有感情。離開可能會切斷那種連結，那種自我的感覺。重新安置，甚至是搬到更繁榮的地方，對很多礦工來說都不是一個選項。對某些人來說，他們認為有尊嚴的人生，就是在父母及祖父母謀生的地方活著及死去，跟隨他們的腳步，延續他們的傳統及文化。在他們看來，強迫他們離開，讓他們成了無根的候鳥，這不僅危險又可怕，而且也讓他們感到卑微渺小。

對許多美國人來說，地理及產業和身分認同密不可分。我心想，這份落地生根的渴望和對冒險探索的渴求同樣代表了美國精神。我們國內的機構，包括業界及政府，都要更加努力，帶給人們滿足這兩種渴望的可行選項：在進步又適合的安定社區落腳，或是深入充滿活力的未知領域探求。

「我難以想像一個不同的未來。」一個體格高壯、身穿藍色短袖襯衫、頭戴輕便棒球帽的男子說。我在木工作坊見過他，現在他自我介紹他叫崔西。他說和他的家鄉登洛相比，亨丁頓是大城市。三年前，崔西的家人和朋友失去了礦場的工作，他對未來的規劃也隨之消失。但是在高三那年，崔西去上焊接課，老師告訴他，附近某家公司的代表當天來到學校，要招募實習生。崔西和煤田開發的代表面談，對方邀請他加入工班學員的行列。他表示，他已經準備好要工作和學習。

崔西現在十九歲，即將完成他在煤田為期兩年半實習的第一年。他每天在工坊切、鋸、磨砂木料，直到下午三點，然後吃點東西，休息一下，六點鐘再去上社區大學課程。他從沒料到自己會踏上高等教育之路。

他說，學校課業有時令人感到氣餒，工作時間表也很累人，這裡的時薪是他在礦場可能賺到的一半。他想念家人，所以到了週五，他會開一個半小時的車回登洛。

但是崔西沒有怨言，他滿懷感激。

這是他加入非礦業經濟的機會。

到二〇一八年夏天為止，有超過一百二十人參加煤田開發的獨特職訓計畫，其中有六十人以上完成訓練，超過六百人上過訓練課程，許多人在新行業獲得認證。崔西・斯伯丁後來到一家鋼鐵工廠上班，要不是有煤田的經歷，他不會得到這個工作機會。

無論是創業者或個人的表現，布蘭登都令我大為驚豔。面對他摯愛的西維吉尼亞逐漸惡化的經濟，他大可視而不見，搬到更繁榮的地方。但是他拒絕袖手旁觀。他結合熱情與資本主義，幫助他的弟兄們重新打造人生。創立煤田開發不只是要打造就業機會，而是要培養堅毅及自助的精神。

布蘭登・丹尼森不是唯一渴望帶來改變的人。二〇一七年秋天，《挺身而出》第二季開播時，他也在我們拍攝的十一位啟發人心的主角之列。在鏡頭前曝光後，煤田開發收到更多的私人捐款，他也接到很多人的來電，想把他的社會企業模式套用在國內的其他鄉村地區。星巴克及舒茲家族基金會也分別為此捐款。

布蘭登說過一句話，我一直記在心裡：「阿帕拉契的故事是美國故事的中心。」我心想，我們對國內的每個角落也可以同樣這麼說。

第二十二章

孝道

我母親在電話上告訴我，我父親被診斷出罹患肺癌。醫生預計他只剩一年可活。他才六十歲。

我母親打電話來的時候，雪莉和我正在把東西打包上車。那是一九八二年，我們打算隔天離開，把黃金獵犬放在後座，開車三千哩，橫跨這個國家。我們會在勞動節週末抵達西雅圖，我要走馬上任，擔任星巴克的行銷主管。

這個消息讓我震驚不已。大學畢業後，我在父母家住了一陣子，然後在紐約市和一位室友合租一間小公寓，後來娶了雪莉。我不喜歡回到父母在卡納西的家，那裡的氣氛總是很沉重。這些年來，母親的憂鬱症狀越發嚴重，我也很少跟父親說話，甚至當我們處在同一個空間裡的時候。不過他依然是我爸。我知道那代表什麼意義。

我能想見未來的幾個月不會太好過，我覺得有責任幫忙照顧他。我也覺得我有義務幫忙母親，她很依賴我的力量。我弟弟麥可離家去念大學，我妹妹羅妮住得離卡納西很遠。我很為難，我現在要怎麼丟下紐約不管？但是我怎能不這麼做呢？我答應星巴克的老闆要在九月初抵達。我需要工作，不只是為了養我即將添加人口的家庭，也是要幫我父母付住家和醫療照護的費用。再說，我等不及要加入那間小咖啡公司。我感覺那是個大好機會，我不想錯過。

在我們出發前，我去醫院看父親。母親陪在父親的病床旁，她顯然受到驚嚇，但是努力保持鎮定。我站在他身旁，體驗到一股強烈的感受，摻雜了深深的痛苦及懸而未決的怨恨。這些衝突的情緒，加上是否該延後搬家的困惑，教我幾乎無言以對。這可能是一個父子掏心交談的機會，一個清算、道歉、原諒或表達愛的時刻。但我們從來不曾培養出可能做出這種表達的關係。所以我只是緊握一下他的手。

「去西雅圖吧，」我父親說。「你和雪莉要在那裡展開新生活。」

「你一定要去。」母親附和他的說法，她的臉又紅又腫。

父親和我尷尬地說了再見，我回家去，在愧疚及擔心的情緒之下，完成打包裝載。在開車前往西雅圖的路上，我每停一站就打電話回家，心想不知道是否還能再見到父親，或是再跟他說話。

當瑞秋（Rachel）的母親出現了症狀，醫生懷疑是癌症而要她住院時，她並沒有立刻告訴女兒。瑞秋住在武漢，也在那裡工作，她的父母則住在中國南方的柳州市，兩地相距二十個小時的火車車程。瑞秋的母親不希望女兒千里迢迢地回家，她知道瑞秋管理的星巴克咖啡店很忙。

瑞秋是中國人，她和國內的許多年輕人一樣，為了工作取了一個英文名字。

「要是我父母的健康出了狀況，我又住得這麼遠，誰來照顧他們呢？」瑞秋反問我。她的母親坐在她身旁，身上穿了一件紫丁香色粗花呢外套，拿面紙輕擦了一下眼睛，然後摩挲瑞秋的背。她的身體已經康復了，今天大老遠到北京來當女兒的貴賓，也過來見見我。這兩位女子顯然很親近。打從瑞秋還是小嬰兒起，她母親就拿了小記事本，記錄她的每一件人生大事。

當時是二〇一七年春天，我們三個人以及另外六位中國夥伴，還有他們的父母親，大家都坐在北京的一家星巴克咖啡店裡，地點在一個叫做798藝術區的地區。沿著街道林立的舊時軍事工廠已經整修成藝廊及藝術家工作空間，許多建築都保留原有的混凝土及教堂式的外觀，打造出一種工業氛圍，讓這地區在前衛的藝術場景及高檔零售店之間，成了這座擁有二千一百萬人口的大城市裡的熱門景點。

自從星巴克於一九九九年在中國開設第一家星巴克咖啡店之後，我每年都會來這裡好幾趟。我們目前所在的這家店是比較新的一家，位在一棟線條簡潔的三層樓建築中，牆面還有手繪壁畫。陽光透過高窗灑落進來，室內漂浮著春天的花粉。我的耳機傳來同步英文翻譯，這一個多小時以來，我聆聽瑞秋和她的同事回想著困擾過他們家庭的健康問題。他們都是來分享個人的故事。

艾蜜莉（Emily）的父親務農，小學沒念完。艾蜜莉小時候，他買書給她，讓她學習。艾蜜莉念完大學，得到法律碩士學位。她為了付學費，到星巴克打工當咖啡師。畢業後，艾蜜莉拒絕了大學教職，選擇較低薪的星巴克全職工作。她父親無法理解女兒為什麼不去教書，而是到咖啡店上班。劉先生筆挺地坐在椅子上，身上穿著一件灰色的羊毛薄背心，在女兒發言時，神態莊嚴地注視前方。她對他解釋說，她的同事就像是她的第二個家，顧客則跟朋友一樣。艾蜜莉獲得升職，她父親也逐漸接受，甚至是支持她的工作選擇。艾蜜莉說，現在她的父母年紀大了，她想用她的部分薪水替他們買醫療保險。

對大多數的中國人民而言，政府給付一部分的基本醫療照護。但是全國各地的保險涵蓋項目不平等，而自行負擔治療慢性病或急症的費用，可以輕易地把一個家庭推向貧窮。雖然在中國有許多公司，包括星巴克在內，為員工提供醫療保險，但是數百萬住在農村地區的人，像艾蜜莉的父母這些人，仰賴的是政府的補助。個人保險的費用很高，所以艾蜜莉的父親才會拒絕女兒替他和妻子買保險。

艾蜜莉及瑞秋的故事呼應同一個主題：對家庭的奉獻。孝道的觀念是幾百年來的儒家倫理思想，深植於現代中國文化的中心。星巴克的中國執行長王靜瑛（Belinda Wong）多年來一直在教導我這個道德準則。「中國的孩子認為給父母過好日子是自己的責任，不只是金錢方面，還有關愛。」

她也說明，隨著中國社會產生巨大的改變，這項準則也更加複雜化。中國的大學每年有將近七百萬名畢業生，許多人選擇住在離家鄉數千哩的地方，在較大的城市，就業機會較多，薪資也比較高。賺錢對這個世代來說格外重要，他們大部分都是家中的獨生子女，因此也是父母親的唯一照顧者。對許多年輕人來說，謀生是為了自給自足，完成自己的目標，同時也要養家。我多少能夠感同身受。

我們繼續聽圍坐在一起的夥伴訴說故事。

「在我十八歲那年，我母親病了，我立刻從一個年輕的女孩轉變成女人，因為我知道我必須長大，幫忙照顧家裡。」瓊恩（June）穿著一件硬挺的白色開領襯衫搭黑長褲，頭髮從臉龐兩側往後紮起，並且搽了鮮紅色唇膏。瓊恩的母親和癌症奮戰了六年多。她父親原本是計程車司機，後來辭掉工作來照顧妻子，而且為了支付醫藥費，把房子和車子都賣了。瓊恩的母親不久前過世了，今天她父親搭了十小時的車，過來坐在女兒的身邊。當瓊恩訴說她們的家庭故事時，你能明顯察覺到他的悲傷。

從我多年來往中國各地的過程中，我明白了家庭在這個文化裡所扮演的重要角色。但是我直到今天才完全了解。

「我認為我唯一的幸福及喜悅來源是我的家庭。」夏天（Summer）說。夏天戴一副黑框眼鏡，是一名有五年資歷的夥伴。她表示，最初加入星巴克是為了它的醫療保險，但是隨著時間過去，她和同事變成朋友，而且和艾蜜莉一樣，把他們當成了家人。夏天的父親對於來到這裡，似乎相當震驚。

「在我住的地方，那個小鎮哪，幾乎不敢想像會受到邀請來跟大老闆見面，」他告訴我。「我以為這是在開玩笑。」他的同事也有同感，警告他別上北京去見星巴克的總裁，堅持這是一場詐騙。

這不是我們第一次舉辦這種見面會。這三年以來，星巴克中國邀請數百位夥伴的伴侶、孩子和父母（其中有些人從沒離開過他們的村子，或是搭火車或飛機）來到上海、北京及廣州，成為我們的年度家族見面會的座上嘉賓，我們把這種見面會叫做夥伴家族討論會（Partner Family Forum）。

在中國，有許多父母認為服務業的工作不值得孩子去做。而我們想讓他們知道，星巴克不只是幾間咖啡店，或是沒良心的跨國企業。在這裡，全職和兼職員工都能擁有醫療保險、公司股票，還能領到住宅津貼來幫忙支付城市生活的費用。他們也有機會學習新技能，發展職場生涯，服務社區，以及找到第二個家。討論會也是表揚夥伴父母的一種方式。我們想讚揚這些家庭，彰顯父母以孩子為榮，以及我們的夥伴以工作為榮的理由。

「謝謝你們放心把孩子交給我們。」我對這些父母說。然後我感謝夥伴分享這些個人故事。我接著詢問愛蜜莉的父親，他對女兒的夢想是什麼。

「我希望她能努力工作，發揮她的潛力。」他說。

瑞秋的母親也附和：「她每天過得開開心心，我就開心了。」

在討論會結束之前，有位夥伴以普世認同的真理做出總結：「每位母親或父親都有他們自己愛孩子的方式。」

儘管我父親在一九八二年接獲預後不良的診斷，他又活了五年。雪莉和我在太平洋西北安頓新家的期間，我經常打電話給父母，而且盡可能飛回紐約。我在那些年的工作十分忙碌，而且不斷成長。我學到許多關於咖啡、零售及經營一家小公司的事。

就是在那段期間，我到米蘭出差，第一次體驗到義大利濃縮咖啡吧，並且離開星巴克去創立Il Giornale。事實上，在一九八六年，最後一次帶父親飛到西雅圖時，我帶他去西雅圖最高的辦公大樓，哥倫比亞中心的大廳，看看正在建造中的Il Giornale原創店。我站在蓋了一半的咖啡吧前面，驕傲地描述我的計畫，說我要打造幾百家咖啡店，讓人們能進來坐坐、參觀，而且喝到義大利式的飲料。

我不認為父親聽懂了。他看到的只是一家店。對他來說，咖啡是裝在罐子裡，而且應該用錫製滲濾壺去煮。幹麼搞這些高檔的義大利名稱呢？他聽著我的偉大計畫，臉上沒有流露出太多表情。

一九八七年，我父親的肺癌惡化了。呼吸道問題讓他的呼吸困難，咳個不停。他住在一家醫療中心，裡面有眷屬專用套房。在醫護人員照顧下，他度過了生命的最後幾週。母親辭掉櫃檯接待員的工作過來陪他，我弟弟經常去看他，我妹妹羅妮每天都會過去，代表我父母親固定和醫生商議。

就在新年過後幾天，母親打電話到西雅圖找我，讓我知道父親可能活不過四十八小時了。我搭機去紐約，在他過世的前一天晚上來到他的病榻旁。我坐在他身邊，把手放在他手上，試圖召喚一起去看棒球賽和丟美式足球的孩提時光。但是痛苦的場景強行介入。

在那一刻，我替他感到悲哀。然而，或許我不該為父親感到悲哀。他做出他的選擇，或許他有他的理由，或許戰爭或財務的折磨壓垮了他，或許他在人生中有更多的樂趣，我卻不容許自己看見。他擅長交際，在聚會時很受歡迎。有些人怕他，但他會逗其他人笑。我領悟到自己對這名男子或他的驅動力所知無幾，我所知道的都是我的推測：他不曾享受過工作可能帶來的尊嚴，或是在晚餐桌上和孩子談論他們的朋友、運動及學校的樂趣，不像我了解艾蒂及喬登那樣。他的內心也不曾對個人成就感到驕傲。我所知道的都是他帶給我的那些感受。

我當然也替自己感到悲哀。我不斷抱著一絲希望，想和他更親近一點。

一九八八年一月五日清晨五點，我父親與世長辭。他一走，任何修補父子關係的機會也一去不返。

他的喪禮是在一家禮儀社舉行，裡面擠滿了家人和他跟我母親認識的人，大部分是來自布魯克林。儘管我父親有他的缺點及暴躁脾氣，顯然還是有許多人喜歡有他的陪伴。其他的追悼者出席是為了向我母親致意，她支持守護他的一生，也陪他走過了最後幾年。

他的孩子都沒有在喪禮上說話。我個人還在設法描述他這一生，以及它對我有什麼意義。直到我的表哥艾倫從佛羅里達過來，我們擁抱打招呼時，我才忍不住哭了起來。艾倫是跟我最親近的親戚。他了解我和父親的複雜歷史，以及我父親的易怒性格。小時候，我表哥從他的阿姨身上感受到溫情，但他總是害怕他的姨丈。

我們大家一起去墓園。那是一個冰冷沁骨的冬日，我們齊聚在一塊為他預定的墳地前，在寒冷中打哆嗦。

我父親過世後不久，我看到我的老朋友及灣景的鄰居，比利。比利離家去念臨床心理學，當時住在德國，而且在一所大學任教。我去那邊出差，有天晚上，我們倆喝著啤酒，聊了好幾個小時。我跟他分享我的衝突情感：我鄙視父親的怠惰，沒有能力賺錢養家；但我也很氣他那些不曾露臉的雇主，從來沒有對弗瑞德．舒茲表現出一點人類的道德感，讓他的自尊不至於崩垮。我告訴比利，我設法將父親的暴怒行為，以及他對麥克．納道爾那樣的人展現的仁慈態度，調和在一起。我覺得有責任榮耀他，因為他是我父親。然而，我也希望我能有一個不那麼混亂的童年。

比利不像我，依然保有他的布魯克林口音。他鼓勵我找到平靜。「假如你父親功成名就的話，或許你就不會有這麼多動力了。」他告訴我。

我不確定他的話是否正確，說我的童年是我的動力來源，但那對於塑造我的動力絕對有幫助。我父母深受財務不安全的折磨，而我的童年在我身上烙印對這種不安全感的恐懼。黑暗的情感變成帶來光明的種子。

在我的一生中，我一直想為他人帶來機會，給他們我曾經需要的東西，讓他們展現最好的自我。這是我逃離那些陰影的途徑。無論我們是否出生在惡劣的環境，或是靠自己努力，或者兩者都是，我們都應該擁有機會，從黑暗走向光線與空氣。我的光線和空氣是朋友及鄰居、運動和下棋、大學、我的第一份工作，還有幾十年來，幫助我創立、拯救、改造一家企業的陌生人及夥伴。而且最重要的是，我的光線和空氣是我的家人：雪利、喬登和艾蒂。

這些因子幫助我對抗我父親的對立力量。

然而，他依然帶給我光線與空氣。

要是在一九八二年，父親被診斷出罹癌之後，不曾給我他的祝福，要我搬去西雅圖，要是他和母親要求或堅持我留在東岸，我會照著做。父親放手讓我走，讓我能嘗試成為更強大的自我。不只是母親，我父母都想要他們的兒子能擁有更好的人生。

二〇一六年的某個晚上，蕭夏琳在中國南方廣州的醫院裡，看著她母親承受由長期腎病所引發，痛苦不堪的併發症。有位醫生走進病房，手裡拿著一疊文件，問淚盈盈的夏琳是否有三萬人民幣，讓她母親住進加護病房。如果沒有這些保證金，她母親便無法接受可能會救她一命的治療。夏琳的父親在家。那年稍早，夏琳已經為了負擔先前的醫藥費而舉債了，她繳不出母親的保證金。這名年輕女子憂心如焚。

「身為獨生女，我有責任在父母生病時去照顧他們。」她說。她遭到親生父母棄養之後，她的養父母把她養大，視如己出。

夏琳在星巴克服務九年，現在擔任店長。那天晚上，醫生給她下了最後通牒，於是她打電話找區經理，艾德加。他趕去醫院，向夏琳保證她並不孤單。「他說星巴克是我的家人，而且會永遠支持我。」她說。接著艾德加幫她申請領取公司的C. U. P.基金。這是夥伴們集資的錢，在其他夥伴有需要時提供財務的協助。

在一週內，夏琳收到C. U. P.基金撥下來的五萬人民幣，還有其他的夥伴聽到她的情況，捐出的十三萬人民幣。有好幾週的時間，同事們陪夏琳去醫院看母親。不過在二〇一七年三月，夏琳和我在北京碰面前的一個月，她的母親過世了。

有一項針對二〇一〇到二〇一六年之間，在中國的C. U. P.基金申請分析，以及一份內部調查結果顯示，有數量驚人的中國夥伴，大約是百分之七十，會擔心或無力負擔他們父母的醫療需求。C. U. P.基金是協助的一個方式，不過靜瑛和她的團隊想出了一個更好的辦法。

從二〇一七年六月開始，星巴克中國提供重大疾病醫療保險給符合資格的夥伴父母。結果有一萬四千名在公司服務至少兩年的中國夥伴，符合某些醫療費用的保險資格。就我們所知，在中國沒有別的跨國公司為員工的父母提供這種福利，就連中國本地的公司也不多見。

有位來自中國政府發行的英文報紙，《中國日報》的記者問，一家公司為什麼要花錢幫助員工的父母。我有兩個答案。第一，星巴克做的決定不是每一個會有立即或顯著的經濟成效。這是什麼意思呢？父母的重大疾病保險是一項超乎員工預期的福利，尤其是在中國（在美國，年長者已經有美國醫療保險了）。當我們公司的作為超出了員工的期待，這會誘發忠誠度及驕傲感，激勵他們對顧客更好，以及繼續待在這家公司。我也告訴那名記者，這項家長津貼是我的個人想法。我提到我父親的那場意外，讓他裹著石膏，丟了飯碗，沒有任何財務支援。「我們都有塑造人生的兒時經驗。」我說。

靜瑛以另一種方式來解釋這項福利：「我們以這項新投資，重新定義跨國公司在中國的角色及責任。」我在三年前公開提出的問題：一個以營利為目的的公司之角色與責任為何？這問題不僅適用於美國，更是在所有星巴克開設有咖啡店的地方。靜瑛用她的方式回答這個問題，在一個星巴克原本掙扎求生存的國家。

星巴克在中國的漫長歷史讓我有這個機會，以獨特的觀點來看這個美麗又強大的國家。我透過和中國民眾的無數對話、學習它的歷史，以及和政府官員會面，來認識它的文化。

星巴克不顧許多人的勸告，在一九九九年進軍中國。那些人堅持飲茶文化的國家永遠不會接受咖啡，尤其是裝在紙杯裡。但是這些懷疑論者不明白的是，中國在經濟與社會改革之下，出現了更多受過教育的人民、較高薪的工作、新興的中產階級，民眾與彼此、甚至是國境之外的連結也逐漸增強，這也創造了利基，讓星巴克提供給顧客更豐富的體驗。在都會地區，像是上海、深圳和廣州，以及其他幾十個人口超過百萬的城市，高樓大廈林立。當新居民湧入，星巴克乾淨又舒適的環境自然成了這些都市居民住家及工作場所的延伸。對年輕人來說更是如此，因為他們的公寓及辦公室都相當小。就像在美國一樣，我們的咖啡店成為一個親切宜人又高檔的第三生活空間，適合聚會或獨處。但是和美國不同的是，美國人習慣在早上來杯咖啡，所以早上是店裡最忙碌的時段，但是在中國的星巴克咖啡店，最忙碌的是下午和晚上。

然而，我們在中國的營運有好幾年都沒獲利。我們當初進軍中國時，星巴克才正在學習如何成為全球化的企業。在一些像是中東的地區，我們授權給當地的零售業專家，監管我們的咖啡店。來到中國之後，我們授權某些店的營運，但是從西雅圖遙控其他的店，結果證明是一個錯誤。總部的人對中國的營運握有太多的權力，甚至規定在上海的辦公室如何設置電話系統，以及如何拼寫點餐板上的飲料名稱。這整個安排既沒效率，也耗資甚鉅。

我承受來自投資者及公司內部的壓力，要求結束中國的營運，因為根本無利可圖。但是我拒絕向他們的短期觀點低頭。我本能地知道，我們要找方法在中國成功，所以我對我們在該國的前景抱持樂觀態度。中國是全世界第二大經濟體，僅次於美國。等到二〇二〇年，中國預計會有超過六百萬人符合中產階級的資格。有了這許多潛在顧客，在當地的成功將會在未來提高星巴克的整體財務表現。假如我們從錯誤中學習，我們就會步上軌道。

二〇一一年，我親自投入中國的營運，讓大家看到我有多麼相信這個地區，並且強調這如何有助於我們公司的成功。我們分權管理星巴克中國，交由王靜瑛全權負責。王靜瑛在香港出生，到美國念中學及高中，然後在加拿大溫哥華就讀大學。取得商業學士學位及金融碩士學位的隔天，她便搬回香港，展開她的職場生涯，最後來到星巴克，負責監督管理這項一百二十億美元的事業。她了解中國市場，也能察覺中國夥伴及顧客要的是什麼。靜瑛和我有相同的價值，也了解她的工作是將星巴克打造成另一種公司，在獲利能力及她的祖國的社會意識之間取得平衡。我信任靜瑛，也確保她知道我對她的全力相挺。當她沒有尋求西雅圖總部的同意便做出決定，我承諾我會支持她。

中國營運的分權管理是一項具開拓性的決定。公司裡沒有其他的事業單位擁有自主權，許多人對這一點感到不安。不過這是必要的做法，讓我們在這個特別重要的市場得以成長。因為我和靜瑛共有的信任關係，我們才可能這麼做。

以一個基本上是自主性結構的獨立企業實體經營，讓靜瑛能放手去做重大決定。她和她的團隊在中國創辦一間設計工作室，負責打造在中國的咖啡店。他們指導夥伴的志工活動及慈善捐助，回應中國社區的需求，把焦點放在創業精神及環境上面。他們創辦星巴克大學，教導夥伴商業技能。他們和中國最大的社交網路合作，開辦一項計畫，讓顧客能透過社群媒體互贈星巴克禮券。他們也提供夥伴新福利，例如房屋津貼、休假，以及父母的重大疾病保險。靜瑛也透過這項計畫以及她對待夥伴的方式，打造出「第二個家」的氛圍，這成了艾蜜莉、瑞秋和其他人對我說的，他們待在這家公司的一個理由。

雖然靜瑛擁有悲天憫人的情懷，她不曾放棄她的高期待，或是害怕任何衝突，尤其是面對我。這些年來，我們開誠布公地交談，表達各自不同的看法，但總是保持彼此尊重的態度。

從二〇一〇到二〇一七年，星巴克在中國開設的咖啡店從四百零六家增加到三千家，營收從一億二千八百萬美元提升到十二億美元。到了二〇一七年，光是在中國大陸一百三十一個城市以上，每週就有超過八百萬名顧客來到我們的咖啡店消費。除了美國之外，中國是星巴克最大的市場，也是最快速成長的一個。我們每十五個小時就在中國開設一家新咖啡店，也就是說我們每年創造了一萬個新的就業機會。

中國政府多年來一直在觀察我們的進展。二〇一〇年，我去巡視星巴克為了協助種植咖啡，在雲南省全新打造的一個農民服務中心。在農場時，一位中國同事收到一封意外的電郵。「江澤民想和你在北京會面。」他在我耳邊低語。這位中國人民共和國前國家主席擔任中國政府最高領導人超過十年的時間。他帶領中國走過經濟改革，開放中國與世界接觸。

我們重新安排時間表，回頭取道一千二百哩，在這位前國家主席的私人辦公室和他會面。

我們來到一幢位在郊區、警戒森嚴的建築物，帶著高度好奇及一絲不安地等待著。我們還是不清楚他為什這麼急著想見我們。最後，我們被帶到一間大廳，裡面有兩張氣派的座椅並排，每張椅子的後方有一位口譯員。一張椅子是為我準備的，另一張是前國家主席的座椅。我的同事坐在大廳側邊，有人把我介紹給這位平易近人、臉型圓潤，戴著圓框大眼鏡的男士。江前主席和我坐了下來。

我注意到江主席的手上拿著東西。我仔細看，發現那是我的第一本書，《Starbucks 咖啡王國傳奇》中文版。他表示，他看過那本書，然後要求我把我的故事告訴他，就在現場用我自己的話敘述。

我在驚訝之餘，用一個笑話開場。「你要聽短的版本，還是長的那個？」「如你所見，」他回答：「我是個退休的老人，沒有事要忙。所以跟我說長的那個吧。」房間裡的人都笑了。我很樂意為這位前國家主席娓娓道來。

我不贊同中國在許多面向的治理哲學，尤其是在限制人權及箝制言論自由的方面，但是在中國經營企業並沒有讓星巴克降低對待當地人民的標準。假如我們在中國的數千名夥伴及數百萬顧客，不曾接受我們對任何膚色、性別、宗教、政治或背景的人都抱持包容、平等及尊重的原則，我們在當地不會這麼成功。

在星巴克經營事業的所有國家之中，除了美國以外，我都不認為我們有資格去積極影響當地的社會及政治變革。在美國或許能這麼做，因為身為美國企業在理論上容許我們如此嘗試。在其他國家，我們沒有這麼大的特權。然而，我們可以藉由帶領企業的方式來實踐我們的價值，並且把這價值觀和異地的領導人分享，讓他們看到我們能同時以營利與道德為中心。在星巴克中國宣布夥伴父母保險福利的隔天，靜瑛在寫給我的電郵裡說：「我們在中國的保險業及許多公司之間，掀起一場風暴。」其他企業的經營者打電話給她的工作人員，想進一步了解這項計畫。「我們替其他公司立下好榜樣，啟發他們為員工做得更多。」中國媒體報導強調星巴克的良知與價值。

在中國，我受邀到許多公司及大學演講，並且和政府官員建立關係。二〇一七年，我在中國頂尖的商學院，位於北京的清華大學經濟管理學院做了一場現場直播的演講，觀賞人數超過一千六百萬人。像這樣的時刻，以及像是與江澤民會面的親密交談，都是我們訴說星巴克故事的良機，也是喚起變革的方式之一。

有些人可能認為這樣還不夠，星巴克應該做得更多以推動中國改革，否則就該退出。但是正如同當我的同事希望我們退出中國，而我堅持留下的決定一樣，我也要主張，繼續在中國扎根，在此刻更加重要了。

我在二〇一七年四月的造訪期間，和其他政府領導人私下碰面，包括國務院副總理汪洋及中國人民政治協商會議副主席王家瑞，我們也談到了中國為了替外國公司打造一個更透明化及公平的環境所做的努力。這些領導人也向我詢問星巴克為夥伴的父母辦理的新保險計畫。

稍早在二〇一五年，中國國家主席習近平出訪西雅圖，我在一場美國商業領導人會議中和他同坐。我從這幾次及其他與中國官員接觸的感想是，他們很感激星巴克為他們國家提供的商品及服務，也很欣賞我們做生意的方式。因此中國政府讓我們以我們相信是對的方式，在他們的國家經營公司。

我也和經常被稱為中國亞馬遜的阿里巴巴集團創辦人及總裁，馬雲建立起友誼。阿里巴巴創立於一九九九年，星巴克也在同一年於中國開設第一家咖啡店。到了二〇一八年，阿里巴巴成為全球最有價值的公司之一，總值超過五千億美元。馬雲和我的創業經歷把我們拉攏在一起，建立起溫暖的友誼。當星巴克在上海開設一家三萬平方呎的豪華全新咖啡店，也是我們全球最大、最新穎的分店，裡面包括一間全功能咖啡烘焙廠，我邀請馬雲在開幕派對致詞。

「十八年前，沒人能想像你可以在中國像這樣賣咖啡，」他說。「我告訴我愛人，『我不喜歡咖啡，但是我喜歡星巴克。』」

星巴克在中國的接受度具有指標性，顯示這家公司為何能在超過七十七個國家生存。在每個新市場，我們必須每天服務顧客，而且我們在許多遙遠的地方這麼做，包括中東、東歐到南美，因為我們嘗試在咖啡店裡打造的體驗無論在何處都深具吸引力。正如馬雲所說，咖啡只是那種體驗的一部分，另外的部分是一種社群感。在每個國家，我們都嘗試用一種對當地社會具有意義的方式，傳遞我們的價值觀。

星巴克不只是要把喝咖啡的文化帶進中國，更要實踐我們的領導力品牌。

在我父親過世後的那些年，母親的健康狀況持續惡化。她罹患了失智症，變得更易怒，並且和家人疏離。我相信她經常表現出來的敵意是她持續存在的憂鬱症的體現。我無法改變她是什麼樣的人，或是她面對的經歷，所以在我成年後，我設法接受這個版本的母親。

當母親病得太重，無法照顧自己或是由家人來照顧時，一位朋友幫我聯絡了一家安養院，離我弟弟在東岸的家不太遠。在母親走到人生最後、也是最辛苦的那幾年時，麥克一肩挑起了照顧她的責任。我永遠感激他對她的這份付出。

有時在我們交談時，她會變得清醒，收起她的尖酸刻薄。「我已經盡力了。」她不只一次對我這麼說。

在我的生命中，有時候我會覺得我母親盡了全力，卻還是不夠好。她是否能夠，或者應該保護我，免得我遭受父親的情緒或肢體暴力？

我們和父母的關係通常很複雜。小時候，我們把他們當偶像崇拜，但是當我們逐漸長大，我們明白他們和我們一樣，都是不完美的人。因此，我們批判也原諒父母不可避免的缺點，而且經常是依這樣的先後次序。我真心如此相信。

由於母親的健康狀況極差，當她在二〇一三年六月辭世時，她的家人並未感到震驚。但是她的葬禮和我父親的截然不同。那是在一個溫暖又晴朗的日子舉行，只有少數家族成員出席，墓穴就在我父親的墓碑旁。我看著母親的棺木緩緩下降，放進了我們面前的鬆軟地底。

我不知該如何下筆寫她的悼詞。就像我對父親一樣，我在母親過世時，對她的感情依然充滿矛盾。我愛我的父母，也盡力去了解他們、敬重他們，而且對於他們提供我的基本需求滿懷感激。但是在我的成長過程中，我從沒把握他們會成為我的後盾。直到我愛上雪莉，我才不再感到自己在這世上無依無靠。光是寫下這些部分就帶來傷痛，因為即便在他們過世後，我還是渴望能和我的父母有不同的關係。我願意想像他們也是如此。但是我們沒人想得出來要怎樣才能做到。

輪到我在母親的墳前致悼詞時，我沒辦法把我寫的內容唸出來。那些話無法真實表達當下的感受。我想讚頌母親。而且我知道我要誠實，對自己和我的家人都是。傷痛與不安、愧疚和哀傷淹沒了我，我需要以我自己的方式道別。

我把拿在手裡的紙張摺起來，轉身背對我的家人，面對我母親。我端詳她的墓穴，看見她的棺木，現在深置於地底。淚水及猝不及防的思緒就這麼傾洩而出。我俯身向前，告訴我的母親，還有我父親，說我知道他們已經盡力了。然後我道歉。我說我很抱歉，非常抱歉，為了我的心裡居然會有別的想法。我多希望能在他們過世之前，對他們說出這些話。尤其是父親。但是我終於相信了。在那一刻，我明白他們都盡了全力。

在那個空洞的墓穴旁有一堆新鮮土壤和一把鏟子。我拿起鏟子，把它插入土堆中，挖起一抔土，然後把那些深色土塊拋進那個大洞裡。土壤落在母親的棺木上，發出了清楚的撞擊聲，在寂靜的墓園裡迴響。其他的家人走到我後面，他們一個接一個，拿起鏟子，重複做著猶太傳統中參加摯愛者的葬禮該做的事。

像這樣填滿墓穴是猶太葬禮最痛苦但也最療癒的部分之一。我只知道，隨著每一次斷斷續續的土壤撞擊聲，內心的失望之情流失殆盡，取而代之的是滿心遺憾。我就這樣站在母親的身旁，向她道別。

第二十三章

熱情友好的地方

在蒙大拿州密蘇拉，瑪麗・普爾（Mary Poole）坐在客廳的沙發上，一面哺餵兒子傑克，一面瀏覽著動態新聞，這時她的視線停留在一張照片上。一個小男孩身穿紅襯衫、藍短褲及棕鞋，雙臂張開，面朝下地躺在光滑潮濕的沙灘上。起初瑪麗以為這是男孩的度假照片，後來她仔細看了一下。

艾倫・柯迪（Alan Kurdi）是個三歲大的敘利亞男孩，他在家人設法逃離他們飽受內戰摧殘的國家時，在地中海溺斃了。這家人想前往希臘尋求庇護，但艾倫的哥哥及母親也因此送命。

瑪麗把兒子抱在懷裡，以為人母的眼光注視這張照片。她從自身的經驗得知，身為新手媽媽，即使你有個安全的住處，仍然可能帶來情緒上的負擔。她無法想像，當爸媽帶著這麼幼小的孩子要逃離家園時，會是什麼樣的感覺。

瑪麗看著艾倫，感受到一股絕望的刺痛。她也興起了想出手相助的渴望。她捐了二十美元給聯合國難民署（United Nations High Commissioner for Refugees），但是這樣根本不夠。

瑪麗對世界難民的處境、政策或政治所知不多。不過她很了解自己，而且很少有什麼能像那個溺斃的小男孩一樣觸動她的內心。

瑪麗並不孤單。這張悲慘的照片吸引全世界的人注意到，在敘利亞的內戰進入第五年時那些試圖逃離的難民潮。瑪麗跟一位朋友談到這件事，友人提議或許他們能為那些敘利亞家庭做些什麼，甚至是把他們帶來密蘇拉。瑪麗不是激進主義分子，她沒有非營利工作的背景，或是募款及組織志工服務的經驗。她甚至不清楚難民、移民或流離失所者的差別。但是她可以學。

她會趁兒子傑克小睡片刻的時候，上網開始學習有關難民的事。「難民」，她查出這是一個法律名詞，定義為由於戰爭、迫害或天災，被迫逃離自己國家的人。國際法認定難民有權受到他們尋求庇護的國家保護，而大部分的難民都會前往和自己國土相鄰的國家尋求庇護，因為那裡最容易抵達。在全世界最危險的衝突地區，例如敘利亞、緬甸、剛果民主共和國、伊拉克、阿富汗，周遭的國家似乎偏向貧窮或者正遭逢內亂，而願意接受難民的富裕國家日益減少了。美國在歐巴馬總統的執政下，從二〇一七年起把允許進入國內的難民人數上限訂為十一萬人，這對於全世界估計有二千一百萬人的難民潮來說只是微小的一部分。

艾倫・柯迪的照片讓人們真切地感受到這場危機，它也帶給瑪麗選擇：她可以感到悲傷，然後繼續過她的日子，或者她可以採取行動。

川普在二〇一七年宣誓就職美國總統的一週後，簽署行政命令，立即全面暫停接收難民，為期一百二十天。這項命令也限制來自以穆斯林為主的七個國家人民進入美國，包括無限期停止接收敘利亞難民。

聽到這個消息後，我心情沉重，同時也擔心這其中的含意。行政命令和實用性和安全無關。包括我在內的許多人都認為，這項命令無論在目的、書面或執行面來看，都既不人道又具歧視性。這是美國總統公然嘗試捍衛他在選舉時許下的承諾，誓言要施行「完全且徹底禁止穆斯林進入美國」。除了這份偏執，這項命令傳達的訊息也帶來隱憂，讓我們背棄以穆斯林人口為主的盟國。

這項命令不但受到執政當局的大力宣導，也讓某種不實說法不斷流傳：難民會對美國公民的安全造成威脅。事實上，在所有想要進入美國的人之中，難民是受審查最嚴格的一群。他們在進入美國之前的安全檢查以及包羅萬象的審查過程，可能要花上好幾年的時間。關於難民的事實真相也和充斥著恐懼的煽動性言詞相牴觸：一項大規模的研究結果顯示，在二〇〇六到二〇一五年間，重新安置最多難民的社區之中，每十個就有九個變得更安全。事實上，這些地方的暴力及財產犯罪率降低了。在麻州，唯一發生更多犯罪事件的城鎮是受到鴉片類藥物氾濫的摧殘，而不是和安置的難民有關。

當美國的外交政策成了打造或延續人道主義危機的推手，導致人們不得不離開自己的祖國時，美國就要負起道德義務來支持難民。認定難民具有危險性不僅是一種謬論，從我的觀點看來，也是非美國精神的表現。忽視我們的國家在他們的動盪生活中所扮演的角色，等同是背棄我們國家的責任。

我查閱艾瑪・拉薩洛斯（Emma Lazarus）的詩作〈新巨人〉（The New Colossus），那些詩句刻寫在自由女神像底座內部的匾牌上，迎接幾世代的歐洲移民來到美國：

不同於希臘有名的銅巨人
以勝者之姿跨立兩處大地
這位手持火炬的偉大女性

站在海浪沖刷的夕照大門
她的火焰是囚禁的閃電
她的名字是流亡者之母
高舉烽火的手向世界散發歡迎的光芒
溫柔的眼眸俯瞰雙城環抱的開闊海港
「舊世界啊，守著你的過往輝煌！」
她無聲地呼喊著
「把疲憊和貧困的人
渴望呼吸自由的芸芸眾生
遭到你的擁擠海岸無情拒絕的人們
那些無家可歸、飄盪不安的，全都交給我
我會在金色大門旁高舉我的燈火！」

這首詩蘊含的開放胸懷及寬容慷慨，在許多世代以來傳達出美國的獨特力量：我們是一個融合移民、難民、流放者、外來者、俘虜以及原住民，集結成一股全球力量的國家。難民禁令正好相反：它在國內激起毫無根據的恐懼，並且讓全世界知道，美國不是我們所聲稱的那個國度。

在蒙大拿，瑪麗・普爾忙個不停。她展開讓密蘇拉成為歡迎難民的城市計畫之後，需要拉攏當地人的支持。然後她才能申請難民安置機構在密蘇拉設立辦公室。這項程序開始後，該機構會要求國務院的許可。

她最先去見的人之一是該市市長，市長的祖父母是從挪威搭船移民過來，在北達科塔州定居。他相信美國夢不只是保留給在美國出生的人。他表示，密蘇拉的好市民有義務協助需要幫忙的人，即使那些人是來自這座城市以外。

在這段過程中，瑪麗成立一家非營利機構，叫做「軟著陸密蘇拉」（Soft Landing Missoula），目標是支持難民，打造一個支持歡迎的社區，讓難民茁壯成長。軟著陸的志工花了幾個月的時間，拜會市議會成員、社區組織、教會團體，以及監管住宅、教育及醫療照護的官員。大多數人都同意，他們應該協助難民家庭在這座城市定居。

當她的努力成果登上了當地報紙後，瑪麗接到許多支持的電話及信件，不過這個故事也引來反對者。「軟著陸密蘇拉」的臉書頁面出現惡意的貼文，機構也收到了死亡威脅的來電、電郵及信件。有一天，大約十來個人出現在法院外面，抗議在蒙大拿州安置難民。這時國內只有兩個州還沒有難民安置計畫，而蒙大拿是其中之一。抗議者主張，來自敘利亞及其他以穆斯林為主的國家的難民，會對國家造成威脅。有一名男子說這是由政府資助的侵略行動。

恐懼和憤怒並沒有阻撓瑪麗，她反而邀請了幾位抗議者，和她一起去一家本地的小啤酒廠喝杯啤酒。「每個人的聲音都應該被聽見。」她說。聽完了他們的顧慮後，她分享她所了解的一些事實。

「這不是要說服任何人衷心贊同我是對的，而他們是錯的，」她說。「我們的任務是在密蘇拉為難民打造一個熱情友善的社區。假如我們能做到讓大家都安心歡迎他人，無論他們在基本上及政治上是否相信安置難民這件事，那麼我們的任務就達成了。」

在喝著啤酒交談之餘，瑪麗和那些質疑她計畫的人發現他們有共同興趣，像是划獨木舟、音樂及戶外活動。瑪麗得知他們也相信「對鄰人抱持憐憫之心」。她沒有說服每一個人，但是他們都尊重彼此的看法。

國務院終於任命密蘇拉為主辦城市，第一批難民在二〇一六年抵達，那是一家六口，來自剛果民主共和國。剛果是一個動盪不安的國家，素有政治暴力及政府迫害的歷史。瑪麗記得帶他們去某個農夫市集，當他們沿著街道走，那位母親四下張望這個新環境。她還不會說英文，只說斯瓦希里語。「密蘇拉，密蘇拉。」她大聲地說。

「家。」瑪麗說。

那名女子綻露微笑。「密蘇拉，家。」

川普總統簽署行政命令，展開所謂的穆斯林禁令之後不到幾小時，民眾開始在網路上、親自現身、在法庭上，以及利用書面抗議。

我希望星巴克挺身而出，反映出我們的價值觀。我的同事和我提出的問題是，要如何有效表達出我們的異議。

星巴克擁有支持難民的歷史。二〇一五年九月，我們的慈善部門，星巴克基金會透過捐款給救助兒童會（Save the Children）以及兩個地區性歐洲慈善機構，提供財務救助給逃離內戰的家庭。近來，在中歐及西歐的難民危機加劇時，星巴克也加入白宮和公司聯盟，合作鼓勵它們的顧客支持美國紅十字會，協助難民及移民。

我找星巴克營運長凱文・強森（Kevin Johnson）商議。凱文加入星巴克董事會六年，在二〇一五年成為我們的營運長，協助我帶領公司。他擁有堅強的性格以及同情心。

凱文、韋威克、維吉妮雅、負責星巴克的社會影響力部分的約翰・凱利，再加上我，大家都同意公司需要做些更有持續性的事，不光是喚起意識或募款而已。我們決定加快一項現有的努力計畫，在難民尋求庇護或收容的國家，以及我們設有分店的地方雇用他們。我們還沒訂定出明確的計畫，不過那項具爭議性的命令已經吸引了國人的注意。現在是把一個正向訊息注入國內對話的好時機：當我們的國家關起大門，星巴克會說：「我們歡迎你！」不只是在美國，而是世界各地。正如約翰所形容，我們的用意是重新取得美國數十年來對難民所展現的人性，這和目前的行政部門所提出的做法恰恰相反。

二〇一七年一月二十九日，星巴克宣布在未來五年內，我們要在全球各地雇用一萬名難民。

我們預期會出現強烈反對，但沒料到會被指控為了幫助外來者，卻讓努力想找工作的美國退伍軍人付出代價。那些不知道公司正在進行雇用退伍軍人計畫的人們，拋出了不實陳述，說我們忽略軍人，而這種說法在社群媒體上越演越烈。我們透過那項計畫，已經雇用了超過八千八百位退伍軍人及軍人配偶，而且預計會提早達到計畫中一萬人的目標。

這項不實指控變成新聞後，尤其惹惱了那些已經在為我們工作的軍人。在我們的總部，來自軍人網的夥伴們聯合起來，寫了一封公開信說明流傳的錯誤消息：

> 我們尊重正當的辯論及表達的自由。我們有許多人從軍以保護這種權力，有些弟兄姊妹也為了保護它而壯烈犧牲。不過對於那些表示星巴克不曾用心聘僱退伍軍人的人，我們要在這裡說明：查證你的事實，星巴克早就這麼做了。

社群媒體如此容易曲解我們的公司，雖然有點無可避免，不過這也是我們自己的錯。在星巴克內部的人經常假設外面的人也和自己一樣了解我們。

這種負面反應只是暫時分散了注意。我們堅持到底，我們的夥伴採取了行動。瑪姬德・巴尼歐戴（Majd Baniodeh）是一名研究生，為了寫論文，這一年來在星巴克研究乳品業的道德採購。當她聽說了難民計畫，她告訴約翰・凱利，她也想參與。瑪姬德是巴勒斯坦人，十四歲那年，她為了逃離以巴衝突的致命暴力，從她在約旦河西岸的家鄉來到美國。美國國務院在九一一事件後打造了一項計畫，促進中東學生及美國家庭之間的對話及了解，瑪姬德參與了這項計畫而來到西雅圖。她搬進一個猶太家庭，很快就和接待她的這家人建立了感情，對方開始稱瑪姬德是他們的女兒和姊妹。

瑪姬德的生母是黑人，父親是阿拉伯人，她的丈夫是一半菲律賓人、一半高加索人。在她的家鄉和美國，她知道「不同」的感覺有多麼令人不安。她也有過一段過去，努力接受及愛那些和她不一樣的人。對瑪姬德來說，協助星巴克招募難民似乎是她的個人使命。這是她讓其他人感到受歡迎的大好機會。

當她開始負責星巴克在美國的難民招募計畫時，國內的政治環境紛爭不斷，難民安置及審查服務的資源也不斷縮減。國內目前沒有任何系統能把企業與尋求就業的難民連結在一起，大部分的人都被安排到只雇用一、二人的小型企業，而且通常是在倉儲、旅館及餐廳一些經常缺人的基層工作。當瑪姬德和安置機構聯絡，告訴他們星巴克正在積極招募員工時，有些職員喜極而泣。難得有企業來找他們，招聘承諾傳遞出一個訊息：難民值得擁有工作。

大多數前來美國的難民都受過高等教育，有些能說流利的英文，有些要學習這個語言。瑪姬德雇用土木工程師、牙醫和律師來當咖啡師及店長，以及在我們的烘焙廠工作。

到了二〇一八年夏天，星巴克在世界各地聘僱了超過一千名難民，這遠低於我們試圖解決難民面對的獨特挑戰而設定的目標。不過公司繼續和機構組織合作，為更多想尋求更好生活的人，加快就業的腳步。

我們在短時間內學到了很多。難民在應徵工作時，經常由於恐懼或羞愧，比較少自行表明身分。不過那些獲得面試機會的人，通常都做好了就業的準備。許多人必須把他們的單程機票錢還給代辦機構，然後賺錢養活自己。有些會回去念書，回到他們的專業崗位。許多人對美國生活做出重大的貢獻，科學家愛因斯坦、美國前國務卿瑪德蓮・歐布萊特（Madeleine Albright）、歌手葛洛麗雅・伊斯特芬（Gloria Estefan），以及Google共同創辦人謝爾蓋・布林（Sergey Brin），這些人都是難民。他們分別在一九三三年從德國、一九四八年從捷克、一九六〇年從古巴，以及一九七九年從俄國來到這裡。在美國持續聘僱難民的瑪姬德則是在二〇〇五年抵達。

當富有動力及才能的人選擇在我們國內從事工作，提升事業，以及當其他國家的人經常和我們做生意，購買我們的產品時，美國的文化及經濟便因此得利。星巴克只是一個範例，展現一個立足美國的全球公司需要吸引多樣化的員工及顧客，無論是在國內或海外。

二〇一八年，川普總統進一步刪減容許進入美國的難民人數，在二〇一九年時只有三萬人，創下歷史新低。

仇恨會暗中破壞民主，並且毀滅那些吐露仇恨及聽見它的人。但仇恨也會傷害我們的經濟，仇恨不能成為常態。

活動組織者把他們在維吉尼亞州沙洛斯維的抗議行動，宣傳成一種聯合白人民族主義者的群眾大會。我看到的畫面裡有裝飾納粹黨徽的紅色旗幟，人群高舉火炬，齊聲高喊：「我們的鮮血，我們的土地！」、「你們無法取代我們！」、「猶太人無法取代我們！」我驚恐又錯愕地觀看這一切，這群不戴帽兜遊行的白人至上主義者及反猶太主義者，邪惡可恥地高呼口號，真令我感到毛骨悚然。

在西雅圖，我在星巴克總部召開一場公開討論會。三樓的新會議中心聚集了超過六百位夥伴，大樓裡還有幾百位同事透過螢幕現場觀看討論會。我站在會議廳中間，身旁環繞著或坐或站的夥伴們。我拿著一塊約莫無花果大小，紅色的三角形石頭，請大家在會議廳裡傳看那塊石頭。

我對大家說，十七年前，我和一位友人去了奧斯威辛，那是德國政府所建造最大的集中營。我們造訪的那天寒冷又灰暗，走進營區，經過了成排的兩層樓磚造營房，成千上萬的囚犯被迫住在那些房間裡，擠到大家晚上必須側著身體睡覺。我們跨過長長的蜿蜒火車軌道，曾經有幾千輛無窗的運載牛隻車廂沿著鐵軌來到這裡，車廂裡塞滿了來自歐洲各地的人。他們來到這裡工作及受死，唯一的罪名是身為猶太人，或是同性戀，或是政治理念及種族不同於統治的納粹黨的民眾。

我們窺探那些空盪的房間，原先是為了集體屠殺所設計的毒氣室；我們抬頭注視屋頂，那些煙囪曾經升起燃燒人體遺骸的濃密黑煙。我無法理解在現在站立的這塊地上曾發生的不人道事蹟，超過一百一十萬名男女及孩童死於奧斯威辛集中營。等到戰爭結束，盟軍解放歐洲時，已經有超過六百萬名猶太人遇害了。在短短幾年內便摧毀了幾個世代。

我們待在奧斯威辛的那幾個小時，讓我看見了邪惡的可怕意象。*這種有系統的恐怖事件怎麼會發生在當今的年代？*我記得我心裡這麼想。*它是怎麼開始的？又是如何結束？*

在集中營外頭，我彎下腰，把手伸進泥沙裡。我撿的那塊石頭後來就一直擺在我的書桌上。

我把它放在那裡，不是為了讓我想起過去的恐怖事件，而是要提醒我對抗邪惡可能需要的意志與勇氣。

和大家分享了我那次的造訪及石頭的故事之後，我環顧會議廳。

「我是以美國人、猶太人、父親、祖父，以及在公司資歷近四十年的夥伴身分，來和各位說話，」我說。接著我談到我非常擔心，對年輕的孩子及未來的世代來說，沙洛斯維的事件可能代表什麼。「我們在他們的身上烙印了低於美國標準的行為與表現。」我說。

海蒂・派普（Heidi Peiper）是一位母親，在星巴克服務了十三年，負責撰寫星巴克的網頁內容。當那塊石頭傳到她那邊時，她停止在筆電上做筆記，伸手接過來。那塊石頭在她的手中感覺暖暖的。

「在會議廳裡傳遞的這塊石頭是我先人的遺物。」我說。

我是指猶太人。我的曾祖父在二戰前幾十年來到美國。

一八九二年，我父系那邊的曾祖父麥克斯（Max）當時二十四歲，從一個叫做貝爾茲（Belz）的小鎮移居到此。那個小鎮位於當時的奧匈帝國，現在的烏克蘭，距離波蘭國界只有幾哩路。麥克斯擁有一頭淺色金髮、灰色眼珠，身材矮胖。他是裁縫師，來到這裡時，口袋裡只有不到十塊錢。三年後，他的妻子蕾貝卡（Rebecca）帶著他們的三個兒子抵達紐約港，其中一個是我的祖父哈利（Harry），當時才兩歲。

至於我母親這邊，我的外曾祖父莫里斯・利德曼（Morris Lederman）和外曾祖母莉亞（Leah）

在俄羅斯出生，定居在英格蘭，在那裡生下他們的女兒艾瑟（Esther）、兒子沃夫（Woolf）及拉里爾（Lareal）。他們一家人住在東倫敦的單房公寓。莫里斯是木桶工匠，他和莉亞及三個孩子搭乘一艘有兩千八百多名乘客的船，在一九一九年來到美國。當時我的外祖父沃夫是個藍眼睛的九歲男孩。他長大的地方距離後來的灣景公共住宅區不遠，學校只念到八年級就沒再上學了。

我的家人在猶太移民潮時期來到這裡，那群人主要是來自東歐國家。美國歷史上自早期以來就有猶太移民，不過在一八八〇到一九二〇年之間，大量的猶太人為了逃離在俄羅斯統治下的國家多年來施行的迫害、種族隔離及政府資助的暴虐行為，於是紛紛來到美國。在二戰期間，我的曾祖父先前居住的小鎮貝爾茲還有一千五百名猶太人，全部被送往集中營，那些死者之中很可能有我的親戚在內。

我不曾在公開討論會談及家族歷史，不過我告訴這些夥伴們，我會召集大家提供一個安全又充滿愛的環境，分享我們的煩惱及感情。

有二十多位夥伴坦誠地發言，這和三年多前的種族公開討論會氛圍很類似。一位從印度移居過來的父親說，當女兒問及他們家為什麼選擇住在美國時，他不知道該怎麼回答。他想要給她希望，不過這些日子以來，他實在無話可說。

這是我們該好好思考的時刻。

美國是世上少數由世界各地的民族組合而成的國家。我個人相信，我們如此卓越的原因，不是因為我們是一個由移民組成的國家，而是為何會有移民。人們為什麼想來這裡？他們是為了一個理念而來。這個理念如此強大，如此深植於人性之中，以至於超越時間及地理的界線，這個理念是：所有的人都生而平等，而且有權享有人生、自由，以及對幸福的追求。

人生而平等不是〈獨立宣言〉的原意。當建國者寫下「人生而平等」時，他們排除了女性、黑奴及美國原住民。美國歷史上的每個世代都努力想界定這份宣言的涵義。對於它的定義，有些人會加以擴大，有些人則阻止它擴展，或者是粗暴地縮減。經過時間及試煉，這個定義變得更加寬廣及包容。然而，人生而平等依然是一個尚未付諸實踐的理念。每個世代必須繼續奮鬥，讓那些字句成真，履行那個存在了二百五十年卻持續引人注意的理想，因為它是如此深受世人的喜愛。

我是移民的產物。在先人的勇氣、運氣及汗水之下成就的產物。當然也包括了他們的錯誤、缺點及失敗。我也是美國精神的產物。

我可能帶了點浪漫的態度去看待歷史，但是我對現實也很務實。美國當然不能開放邊境。我們需要一種清楚又持續的移民政策，更加妥善管理那些不會造成威脅、而且對我們的經濟及文化能做出貢獻的人們。移民法規可以是合理的，但不至於打消那個吸引許多人來到這裡，而且驅使他們留下的理念。

「我們都帶著自己的抱負度過這一生，」我在公開討論會接近尾聲時對大家說。「美國是我心目中最渴望出生及回歸的地方，沒有哪個國家比得上它……我們每個人，以及我們的父母和祖父母，在這個國家的歷史上或許可以展現片刻的光芒，雖然這個國家令我們極度失望。然而，在這樣的時刻，我們依然有能力實踐它的理想、抱負及承諾。」

在沙洛斯維群眾大會舉行的前幾週，我造訪了賓州蓋茨堡。我不曾來過這處內戰戰場遺址，因此我請南希・柯恩（Nancy Koehn）教授與我同行。

南希是歷史學家、作家及哈佛商學院廣受歡迎的講師。她使用星巴克的個案研究當作教材，有許多研究都是著重在歷史領袖方面，特別是亞伯拉罕・林肯。南希很會說故事，她擁有罕見的能力，可以把歷史重新投射在現代的背景裡。即使在那些主要人物死後幾十年，她的洞察力依然正確合宜。

我在一九九〇年代中期認識了南希。二〇一三年，我邀請她在星巴克的年度股東大會上演說領袖的本質。

「把你對學生說的那些告訴我們就可以了。」我說。

她在講台上展開了她的招牌直率談話。「領袖不是以某種迷人又神奇的方式誕生，或者是從宙斯的肋骨變成的，」她說。她的嬌小個子在講台上走動。「他們是訓練出來的，他們也容許自己接受訓練，投入自己的訓練過程……你走的道路是你所能找到最好的教室。」

她表示，經驗是領袖塑造智慧的黏土。

在蓋茨堡，我需要有南希的智慧為伴。我們一面走，她一面敘述一八六三年的悶熱夏天，在我們四周的巨石和低緩山丘之間所發生的殺戮戰事。有超過四萬名的聯邦及聯盟國士兵，包括黑人及白人，在這裡陣亡或受傷。

南希斷言，蓋茨堡之戰及內戰是一種牽涉更廣的衝突縮影，在兩種美國認同的願景之間撕扯掙扎，蓄奴的議題讓這個國家分崩離析。林肯在總統任期之初不確定該如何處理蓄奴的問題，當時有將近四百萬非裔美國人是奴隸的身分。

「起初，他除了解救聯邦之外，沒有別的重大計畫。」南希說。在蓋茨堡之戰的重大傷亡後，林肯為了讓這個國家繼續向前走，發表了簡短卻精采的蓋茨堡演說，將〈獨立宣言〉重新打造為美國承諾的真正本質，也就是所有的人，無論膚色是黑是白，全部生而平等：

> 八十七年前，我們的前人在這塊土地上創建了一個新國家，懷抱自由的信念，致力主張人皆生而平等。
>
> 現在我們投入了一場重大的內戰，考驗這個國家，或是任何抱持這種信念及主張的國家，是否能永續長存……。
>
> 現在我們這些人要在這裡致力奉獻，完成在前人的努力奮鬥下，逐步成長至今的未竟志業。我們要在此投入眼前的這項艱鉅重任。

南希解讀林肯的演說，表示即使在最激烈的重大紛爭之後，社會依然有機會自我修正，成為一個更美好的版本。

在充滿仇恨的沙洛斯維群眾大會之後，我思索著南希說過的話。這個國家當然沒有發生內戰，但是我們正經歷一段超越不文明的分裂時期。我們該如何自我修正呢？公開發表意見是第一個以及必要的步驟。南希和我一起為《金融時報》（*Financial Times*）寫了一篇社論：

我們期待領導人譴責尖刻言詞及偏執狹隘……但是我們沒有足夠的公職人員出面，利用他們的聲音，以正當的力量及說服力來提升平等的理想。我們懇求所有公職人員能以更加肯定的態度，說出他們的道德良知。歷史顯示沉默是不可原諒的，因為它容許偏執。當懦弱的言詞偽裝成道德勇氣，它們會被視為漠然，讓最惡劣的人性有機會成長茁壯。

沙洛斯維遊行上厚顏無恥又毫無歉意的種族主義是無可否認的，總統的執行命令裡的歧視本質也是。「軟著陸密蘇拉」臉書頁面上的反難民貼文也同樣呈現出這種偏執。

二〇一七年十月，瑪麗・普爾的故事出現在星巴克的《挺身而出》系列影集第二季。在那段期間，有三十多個來自剛果、厄利垂亞、伊拉克及敘利亞的家庭在密蘇拉生活。超過六百位居民登記擔任軟著陸的志工，人數遠超過這個機構的需求。

當我前往密蘇拉去見瑪麗時，她的懷裡正抱著她的第二個孩子，一個女兒。她告訴我，有位年長的男士原本對難民來到密蘇拉心存疑慮，而且在網路上發表惡劣言論。當瑪麗在幾年前跟他碰面時，他提出了許多問題。難民會接受哪些審查？他們要如何學習英文？他們有就業能力嗎？現在，這位男士住在一個剛果家庭的隔壁。「這完全是巧合，」瑪麗說。「他們分享食物，交換禮物。他們成了好鄰居。」當那家人搬過去時，他的妻子烤了一條麵包送給他們。

高舉烽火的手向世界散發歡迎的光芒……。

在國內各地都有像瑪麗這樣的人正在援助難民。然而，穆斯林旅遊禁令、反對移民的言論以及仇恨群眾大會傳遞了另一個訊息給全世界：美國並非總是一個十分友好熱情的國家。

第二十四章

負責

一九六七年，約翰・麥肯（John McCain）的海軍飛機在越南遭到擊落，噴射力道撞斷了他的右腿及雙臂。他成了北越的俘虜，慘遭毒打及折磨。麥肯被俘虜不到一年後，他接獲一項令人震驚的提議：他們說他自由了，可以回去美國。這項提議是在他父親出任太平洋地區美軍指揮官不久後提出的。年輕的麥肯知道其他囚禁得比他久的人應該優先釋放，再加上他的提早釋放會成為北越的宣傳伎倆。他的獄友警告他，如果留下來的話，他會遭受更多的凌虐，而且很有可能送命。然而，他拒絕獲得自由。

當麥肯終於回家後，這位終身的共和黨人擔任兩屆美國眾議院議員，並且六度當選美國參議員。二〇一七年夏天，八十一歲的他被診斷出罹患腦癌，然而他依然不負他的綽號Maverick（譯註：意指持不同意見或特立獨行的人），在他終身追隨的共和黨行動和他的個人原則相牴觸時，一再提出異議。到了七月份，他在被診斷出腦癌幾週後，帶著腦部手術在左眼上方留下的傷疤，回到了國會大廈，反對要取消平價醫療法案的共和黨議案。九月份，身體虛弱的麥肯站在參議院議場，第二次反對撤銷該項法案。麥肯在一項聲明中表示，他無法「有良知地」支持共和黨的提案，它並未經過正式的兩黨議案草擬程序便通過國會，而且也因為它對美國人民產生的真正影響依舊是未知數。

「我相信共和黨人及民主黨人可以攜手做得更好，但我們還沒真正努力過。」他說。

不久之後，在一個宜人的秋天夜晚，麥肯參議員在費城和前副總統喬・拜登（Joe Biden）並肩坐在台上。那天晚上，前共和黨參議員拜登頒發自由勳章給他的多年老友，有時是政治對手的麥肯，感謝他多年來為國服務與犧牲。

我是受邀在典禮上演講的人之一。儘管我對華府的政治階級感到鄙夷，但麥肯參議員在我的心中是個例外。

雖然我並未贊同麥肯在政治生涯所提出的每項議題或決議，但對於他不只一次把原則置於黨派偏見之前，並且把國家置於個人利益之前的表現，我抱持著最高的敬意。

戶外舞台的燈光照亮了黑暗夜空。觀眾坐在費城國家憲法中心的草坪上，距離一七八七年美國憲法的簽署地點不遠。我站在他們面前，對他們說當天晚上發言給了我機會去回顧麥肯參議員的一生。這麼做也讓我更加體會到，深愛某種事物，正如他熱愛我們的國家一般，以及隨著這種愛而來的責任，究竟代表了什麼。

在我們後方的舞台上有一個大型螢幕，上面顯示著手寫的憲法序文：「我們美國人民，為了建立一個更完善的聯邦……。」

我在典禮之前重讀了那份文件。我讚嘆不已，作者是如此努力達到創意及實用性兼具，他們想像一個自由的國家能如何自我治理，履行它的立國承諾，包括對生命、自由及幸福的追求。雖然這份憲法持久不衰，當然也有其未盡之處，所以在美國不斷成長之際，它也持續改善修訂。

在閱讀憲法及回顧麥肯參議員的一生之際，我自問：現今為國服務的意義為何？

「我們的民主向來是一場偉大的試驗，」我在演說中表示。「我們所有的人都必須把自己視為這個國家的改革者，也是保護者。」

六個月後，我在各種因素下回到了費城，就在距離國家憲法中心不到兩哩處。一家星巴克咖啡店發生了一件在道德上令人無法接受的事，而且有那麼一刻，我認不得那個我深愛的公司。

二〇一八年四月的某個週四下午，兩名黑人男性，堂特・羅賓森（Donte Robinson）及拉申・尼爾森（Rashon Nelson）走進費城里頓豪斯廣場（Rittenhouse Square）附近的星巴克，要參加四點四十五分的會議，但是提早了十分鐘抵達。他們要和一位友人討論某個商機。其中一個在一張咖啡桌旁坐下，另一個走到櫃檯，跟店長說要使用洗手間。店長跟他說，洗手間是顧客專用，所以問他是否要點些什麼。他回答說不用了，然後跟他的朋友坐在一起。幾分鐘後，店長走到他們那一桌，問她是否能先替他們點飲料，他們拒絕了。

店長回到後面的辦公室，打電話報警。

「我的咖啡店裡有兩名男子，拒絕消費也不肯離開。」她告訴警局接線生。派遣員以無線電通知警方，某家星巴克發生一起「騷動」，和「一群男性拒絕離開」有關。幾分鐘內，八名警員抵達現場，和坐在桌旁的兩名男子說話，要求他們離開，接著以擅闖的罪名逮捕他們。這兩人都被上了手銬，在其他顧客不敢置信的目光中走出咖啡店。在這場不公平又毫無來由的非法逮捕過程中，這兩名男子一直都很冷靜。

一名黑人女性顧客拍下了整個過程，把影片傳給一名白人女性顧客。後者把整段影片上傳到網路，並且敘述她親眼看到的過程。這段影片在網路上瘋傳，瀏覽次數超過一千一百萬，並且引爆一波憤怒的社群媒體貼文，其中很多都標記#抵制星巴克。

當我看到了這段影片，有說不出的難受。這就像看著某個我深愛又信任的人犯下了可憎的罪行。我迫切地想和這兩名男子道歉，並且向在警察把上了手銬的兩人從咖啡店帶走時，抵達現場的那位友人，以及所有觀看影片的人，還有星巴克的每位顧客及夥伴，致上我最深的歉意。

我的內心充滿困惑及失望。我和許多觀看影片的人一樣，認為這意味著警察和星巴克公然表現種族歧視。我渴望得知細節，但是我也明白即將出現的問題遠比店裡的事件更重大。數百萬人觀看了那段影片，它不僅有可能逐漸摧毀公司和夥伴長久以來的努力成果及用心，也令我納悶有多少看過影片的黑人男女心裡會想，那個人有可能是我。

公司多年來努力帶動正向的改變，但費城的事件卻對我們造成重重一擊。我渴望能做點什麼，然而，我知道純粹感情用事的魯莽行動可能帶來的後果。我們必須花時間，帶著同情心和有教養的意圖，以正確的方式回應。我個人能做的很有限，我已經不是星巴克的執行長了。

我第一次離開執行長的崗位是在二〇〇〇年，在二〇〇八年回任，因為公司失去了和顧客之間的連結。

我們成功轉型之後，我經常思索接班人的事。星巴克的下一任執行長必須了解我們的價值觀。我想要的人不只是把領導地位當成一個頭銜，而是一種要努力掙得的特權。如果領導人少了這些核心特質，我相信星巴克會舉步維艱。

二〇一六年四月，我邀請凱文・強森到我家共進晚餐。我告訴他，我讓賢的時候到了，我請凱文考慮接任執行長。凱文自二〇〇九年加入星巴克董事會，然後擔任營運長一年。他散發出一種穩重的睿智，有他在場，大家便感到安心，傾聽他的建言。大家都知道他對音樂懷抱熱情，也喜歡彈吉他。

他的專業背景及專長對星巴克的未來也很重要：凱文在帶領微軟大型團隊以及後來擔任瞻博網路（Juniper Networks）執行長的那些年，管理複雜的全球化企業。他也明白科技促進公司成長的潛力，無論是在幕後或面對顧客而言皆是如此。

過了幾週，凱文說他感到榮幸能接下這個職務。

取代創辦人的位置要面對更嚴厲的公眾檢視，而且需要在勇於保存公司的傳承及打造全新的道路之間，努力保持平衡。凱文察覺到這些不可不免的壓力。然而，他告訴我，他深愛星巴克，想在我離開後看到它成長茁壯。

我們緩慢進行交接。在二〇一六年十二月宣布即將執行的異動，比正式公布日期提早四個月。我們的辦公室在隔壁，中間有一道門相連。我們每天都交談好幾次，一起商議做出許多決定。

二〇一七年三月二十二日的一大早，我在星巴克最古老的咖啡店，西雅圖派克市場分店開始這一天。這二十五年來，我養成一種習慣，在舉行年度股東大會的早上回到這裡。我通常一個人來，用自己的鑰匙開前門進來，花一點時間，在靜謐中沿著老舊的木造櫃檯撫摸，吸一口混合了海洋及烘焙咖啡氣味的空氣。我永遠不會忘掉星巴克的根基。

不過在這一天，我邀請凱文和我一起過來。進了店裡之後，我把咖啡店和公司的鑰匙，一併交給他。四月三日，凱文正式成為執行長，開始了每天的監督管理。

我成為了董事長。在我的新角色裡，我把時間一分為二，一方面進行星巴克目前正在推動的社會影響力工作，一方面監管公司在世界各地城市開辦的新級別咖啡店。

星巴克臻選咖啡烘焙工坊（Starbucks Reserve Roasteries）不只是較大型的咖啡店，更體現我懷抱超過十年以上的另一個夢想。在擁擠的咖啡市場，以及有更多人在網路而非實體零售店面消費的消費者文化中，星巴克必須想辦法把品牌及場所做出區別。咖啡烘焙工坊重新想像人們如何聚在一起喝咖啡，我把這些地方想像成全然沉浸其中的第三生活空間。我在一本日誌裡把它形容為「威利旺卡咖啡」，而且也對星巴克的首席設計師莉茲・穆勒（Liz Muller）這麼說。莉茲是個創意天才，她立刻聽懂了我對升級版咖啡店體驗的願景，以及這對品牌來說深具策略性。說到底，莉茲才是真實呈現咖啡烘焙工坊的策劃者。

二〇一四年，第一家星巴克咖啡烘焙工坊在西雅圖開幕，座落於一棟前身是汽車經銷商的二十世紀建築。這家寬廣的多層樓烘焙工坊是一座全功能咖啡烘焙廠，包括一座碩大的銅製倉筒。來自衣索比亞、印尼、哥斯大黎加及其他偏遠地區的稀有咖啡豆裝在粗麻布袋裡運送過來。訪客能看到咖啡豆接受專業的烘焙、冷卻，然後經由從地板蜿蜒延伸到天花板的透明氣送管輸送。這些香氣迷人的豆子從漏斗注入包裝線，準備運往世界各地，或是送到濃縮咖啡吧。在那裡，咖啡豆被一杓杓地舀起、研磨，然後煮成飲品。在吧檯後方，咖啡師利用各式的沖泡方式展現調製手藝，並且和顧客分享他們對咖啡產地的知識。烘焙工坊也有品鑑菜單，提供咖啡試飲組合，還有一個散裝區，可以論磅購買新鮮烘焙的咖啡豆。

就像我小時候的自動販賣店，烘焙工坊是為了傳遞一種奇幻的感覺而設計。但是店裡沒有牆面遮擋咖啡豆從麻布袋到咖啡杯的過程，一切都透明公開，讓大家能清楚觀賞。

二〇一七年，第二家烘焙工坊在上海開幕。

二〇一八年九月，星巴克的故事和我自己的故事兜了一圈之後，回到了原點。多年來，我一直抗拒在義大利開設咖啡店的誘惑。在那裡，我第一次認識了濃縮咖啡吧，在心中撒下了夢想的種子，想像著星巴克的未來，還有我自己的未來。然而，即便已在全球幾十個國家開設咖啡店，我還是夢想能夠做好準備，將星巴克呈現在義大利人面前，心存敬意地展現公司的義大利靈感來源，同時以星巴克特有的風格來提升咖啡及設計。

直到我走進西雅圖的咖啡工坊才終於明白，在我的內心深處，回到原點的時機已經到了。

有幾個月的時間，有人帶我去看過米蘭的幾十個可能開店地點，但是我都拒絕了。我們需要一個適當的都會地點。最後，在二〇一七年，在一個意外的時刻，就像我在一九八三年發現第一家義大利咖啡店一樣，我走路經過米蘭市中心，望向對街時，看到了郵政宮（Palazzo delle Poste），它擁有引人注目的弧形外觀，以及歷史悠久的宏偉圓柱。這簡直太驚人了。我知道我們找到地方了。

這棟具有歷史意義的郵政大樓坐落在知名的科爾杜西奧廣場（Piazzo Cordusio），距離具代表性的米蘭大教堂只有幾條街之遙。令人驚訝的是，這棟建築當時處於閒置狀態。不到一年，莉茲・穆勒、她的團隊以及當地藝術家運用義大利材料及設計元素，將二萬五千平方呎的高天花板內部裝潢改成了向咖啡致敬的華麗建築。店裡的中央有一座大型的全功能訂製斯可拉里（Scolari）咖啡烘焙機，製造地就在市中心以外數哩處。

盛大開幕的前夕，九月六日，對我來說是夢想成真的時刻。我的身旁圍繞著家人、朋友及同事，就算豪雨也無法澆熄我的滿腔喜悅。

當我們首度宣布星巴克將在義大利展店時，我公開表示，我們不是要來教育義大利人關於咖啡的事，而是要分享我們對咖啡的詮釋。懷疑的聲浪四起，然而在開幕之後，義大利評論者讚美烘焙工坊深具原創性的體驗、咖啡師的專業，以及咖啡的品質。

在我的職業生涯中，沒什麼比得上回到米蘭的深刻意義及喜悅之情，尤其是在開幕當天，我經過蜿蜒到大樓轉角的人龍時，為了他們的到來向他們致謝。對我而言，這就像是抵達巔峰，以及回家的感覺。當天的場合意義非凡，因為雪莉和我們的孩子陪在我身旁。

在接下來的幾個月，我們安排在東京、紐約及芝加哥開設烘焙工坊。在曼哈頓的開設地點距離我高中時期下了火車的出口，只有幾個街區。當時我會進城去毛皮工廠打工，賺個幾塊錢。但是沒什麼比得上回到米蘭的意義。

這趟旅程到了這個時刻，在許多方面都已經超出了我原本的計畫。在星巴克尋求重新想像咖啡體驗的過程中，從未停止重新想像我們在社區能扮演的角色。透過嘗試、錯誤，以及個人的成功，公司對我在二〇一三年首度提出的問題，提供了一個不斷擴充的答案：公司在社會的角色及責任是嘗試改善社區，成為正向的聲音、合作者、召集人、聆聽者、同理者、教育者、志工、分享者，以及改革者。

星巴克的成就非凡。不過成功是一種不穩定的現象。它必須靠長期的努力來掙得，而且可能瞬間便失去。

堂特・羅賓森及拉申・尼爾森在我們的店裡遭到逮捕後，我很擔心星巴克過去的貢獻會在那一刻分崩瓦解。星巴克可能為了一個並未反映出我們的歷史或意圖的可怕舉動，很快就被定義成那樣的公司。然而，公司過去的經驗和意圖絕對塑造出我們回應這一刻所抱持的態度。

到了週六早上，凱文寫了一封信給夥伴及顧客。在信中，他正確地認為這起事件是應該譴責的，而且承諾要改變公司的做法，預防這種事再度發生。星巴克堅定反對歧視及種族歸納的立場，他寫著。

「你可以也應該對我們有更高的期望，我們會從這起事件中學習，而且變得更好。」

凱文也拍了一段影片，親自向這兩位年輕人道歉。他希望當他去費城時，可以和他們見面。國內部分地區出現壞天氣，讓前往費城的旅程更加艱辛。但是到了週日晚上，凱文和星巴克營運長羅莎琳・布魯爾在市中心的一間飯店客房舉辦一場會議，出席的還有負責星巴克美國零售營運的總裁，蘿珊・威廉斯（Rossann Williams），訴訟部門主管，薩賓娜・詹金斯（Zabrina Jenkins），以及韋威克。我在西雅圖為夥伴們主持一場公開討論會。

韋威克尤其委屈。他和我一起經歷過許多風風雨雨，他明白這次危機的嚴重性。他以他特有的臨危不亂態度來處理這次事件的餘波。他拒絕受到當時的壓力影響，他有信心公司能蛻變得更強大。

蘿珊擔任營運長不到一年的時間。她首次看到那段影片時，是和她指導的兩位非裔美籍年輕人坐在某家星巴克咖啡店。她驚駭地看著影片，心中浮現千頭萬緒。蘿珊無論在星巴克內部或外部，都是受人尊敬的黑人女性決策者。她覺得自己有一份特別的責任，要在不斷增強的譴責聲浪中，協助指導公司做出回應。蘿珊也想到她的兒子，他當時二十三歲，週六早上經常待在布魯克林的星巴克咖啡店。費城那兩名上了手銬、身穿運動褲的男子，其中之一很有可能是她的孩子。她正要去一場家庭聚會看他。「別管聚會了，」他傳簡訊給他母親。「你要想辦法彌補這件事。」她兒子催促她去費城。「盡你的力量做到最好。」

當我們查明了事情真相，每個人都想採取快速又明智的行動。當公司內部及外部的緊張情勢不斷升高，我們必須做對的事，而不光是做出回應，或者選擇最簡單又最不複雜的路來走。

週一一大早，凱文在《早安美國》（*Good Morning America*）露臉，回答棘手的問題，以星巴克執行長的身分接受問責。在現場直播訪問結束後，他、蘿珊及韋威克和費城市長、警察局長及市議會議員見面。官員迫不及待想知道星巴克要如何協助他們的社區復原。凱文並未採取防禦姿態。他表示他們是來傾聽，進一步了解這座城市的種族隔閡，而且替公司的不足之處負起全責。

這時，在史普斯街及第十八街轉角的星巴克咖啡店前面，聚集了上百名抗議群眾。這個嘈雜又混亂的場景被記者記錄了下來。我們決定繼續營業而非關店，讓我們的領導者能和提出疑問的顧客談話，社區的人也能透過他們想要的傳播平台，我們的咖啡店，讓他們的聲音被聽見。

然而，員工受到了逮捕事件餘波的震撼。鄰近地區的兩名店長及兩位值班主任自願在抗議期間來第十八街及史普斯街的咖啡店工作，蘿珊及中大西洋地區的區副總裁卡蜜兒・海姆斯（Camille Hymes）也來幫忙。

卡蜜兒管理五個州的六百五十家店。她帶領一萬兩千名夥伴，對於我們在費城工作的人特別關切保護。他們有許多人站在最前線，在我們的店裡，平息分散各處零星爆發的民眾怒氣。卡門・威廉斯，也就是那位把她的故事告訴雪莉的年輕黑人女子，說她小時候遭到遺棄，在街頭生活，後來找到了YouthBuild，而且念完高中，現在她管理費城的一家星巴克，而且在念大學。

在費城，星巴克和三家當地組織，包括YouthBuild，擁有正式的關係。許多夥伴擔任社區志工，協助減輕像是無家可歸的問題，以及身為非裔美國人的卡蜜兒所說，這座城市的「機會落差」。卡蜜兒認為公眾對星巴克的指控並未真實反映出許多同事心中的悲憫情懷。

在咖啡店裡，整個早上都擠滿了來自各種民權團體的社運分子。有一度，抗議者輪流拿著擴音器，提出一連串不只和費城有關的問題：資金不足的公立學校、藥物及幫派暴力、懷有偏見的警政、貧窮地區的人缺乏高薪就業機會、無力負擔的住宅計畫、成效不彰的政府機關。正如一名男子告訴一位電視台記者，人們表達憤怒的對象是「體制」，而不只是某座城市的狀態，或是某家店裡的事件。然而，這些問題的本質都是一樣的，而且在第三生活空間逐一被攤開檢視。

凱文和蘿珊和堂特及拉申見面，代表公司親自向他們道歉，他們認真傾聽這兩位男士對於他們在店裡發生的事有何看法。凱文詢問他們的個人背景，知道他們是老友，也是創業家。大家都很想找到一個正向又具有建設性的解決方式，對在場的人及公司來說都是如此。那天早上，星巴克同意和對方的律師展開調解，後來在同一週，雙方達成一項保密和解。

堂特和拉申在週四的《早安美國》露臉，主播蘿蘋・羅伯特（Robin Roberts）問道，他們想看到這起事件帶來什麼影響，他們希望不會再發生同樣的事。我在當週稍早共同主持的公開討論會中，也聽到夥伴說出相同的話。當時在我面前的是上千名失望、難堪又困惑的夥伴，迫切想聽到公司做出令他們滿意的回應。那是我參加過砲火最猛烈的討論會。夥伴們希望我們負起責任，達到我們的價值標準。

一位非裔美籍夥伴說，她在費城的友人猛烈批判星巴克。那天她在上班的路上，打電話給她父親。她父親試著向她保證，許多人明白發生的那件事不代表公司。他告訴他女兒，過一個禮拜，事情就會煙消雲散了。

「拜託，」她在討論會上當著所有人的面對我說：「不要讓這件事在一週後就煙消雲散。我認為比起其他遇到相同情況的公司，我們有機會做出更多、更不一樣的努力。」

三年前，我召集夥伴來討論美國的種族關係。現在我們在這裡，在星巴克討論這個議題。

我在CBS《今晨》（*This Morning*）接受蓋兒‧金（Gayle King）的現場訪談，她問我是否相信這起事件是種族歸納的案例。

在我出席訪談時，就預期會有這個問題，而且也想做出最真實的回答。為了做到這點，我藉由布萊恩‧史蒂文森的洞察力點滴學習。他是公益律師，撰寫的作品《不完美的正義》曾在我們的店裡販售。種族歸納之所以存在是因為種族歧視真實存在，這確實是某種形式的種族歧視。它無法被徹底抹滅，除非我們正視自己，還有我們的歷史。所以當蓋兒問我，發生在星巴克的事件是否為種族歸納的案例，我相信她也是在問，種族歧視是否無心又無意地存在於人們的心中。我必須回答是的。我太了解人性中無意識偏見的必然性，無法宣稱我們對它免疫。

「我心中毫無疑問地相信，報警的原因是那兩名男子是非裔美國人。」我為此深感羞愧，而且願意負起全責。

星巴克是一個有機體，在一個理念下成長，其實應該說是理想。顧客能結伴來我們的店裡喝咖啡，我們的公司得以成長，和夥伴及服務的社區共享成功繁榮。我們想為股東努力工作，表現出色。我長久以來都說，我們的企業需要追求「人性表現導向」。

但是人性並不完美。在我們的個人和及集體的同情心、同理心及慷慨作為的潛能加總之下，人類依然步履蹣跚。儘管有時是出自好意，而有時則是刻意，人們以及他們打造的體系依舊極度不完美。我們都有缺點。我們想要打造更完美的生活、更完美的家庭、更完美的公司，以及更完美的聯盟。我們達不到目標、犯錯，有時傷害彼此，甚至是我們所愛的人。渴望的目標更高，例如人皆生而平等，我們就摔得越重，但是成長的潛能也變得更大了。

「或許上帝有意讓這件事在星巴克發生。」

週三，有位女子在費城說出了這樣的看法。我們兩人和POWER的數十位成員圍坐成一個大圓圈。POWER是一個宗教聯合組織，由超過五十個宗教團體組成，他們的成員在兩家星巴克店內舉辦和平靜坐。

POWER代表來到伯特利非洲衛理公會教堂（Mother Bethel African Methodist Episcopal Church）的禮堂，和凱文、韋威克、蘿珊、卡蜜兒、其他星巴克同仁與我見面。我在當天得知，那是國內始終屬於非裔美國人的最古老教會。

我們的會議在當地本堂牧師的動人詩歌獨白下拉開序幕。她的平穩圓潤嗓音敘述著一段種族不平等的美國歷史，這段敘述以蓄奴開始，以及兩名無辜的黑人在星巴克遭到逮捕作結。這是一個不斷上演的殘忍故事，發生在黑人與白人的性命不平等的前提下所建立的國家。這段歷史裡有私刑處死、克姆克勞法、在公共空間的種族隔離及歧視、大規模監禁、警察暴行、種族歸納，以及那些貧困的公共住宅區，孤立及壓抑的程度大到居民情願燒毀商店，吸引大家注意到他們有多絕望。

本堂牧師的抒發讓我想起了布萊恩‧史蒂文森曾經說過：假如我們不明白我們的種族不平等歷史，就無法明白國內許多議題及政策的破壞性本質。

我們在禮堂四處向大家介紹自己。我提到我在布魯克林長大的過去，以及星巴克在三年前想處理種族議題的錯誤嘗試。

「我們沒有道德權力去這麼做。」我說，並且反省種族團結運動，以及梅樂蒂‧霍布森在當時對我說的話。身為美國人，我相信我有道德義務去坦率談論種族問題，甚至去面對它。但是當時我沒有必要的知識，公司在這項議題上也沒有贏得大眾的信任，無法有效及負責任地組織一場公眾對話。權威需要努力贏得。然而，往後的許多年裡，我透過教育及更廣泛地探索，正視錯綜複雜的歷史、政策以及社會互動，因為在這些層面的影響下，種族及經濟不平等成為美國要克服的最複雜及必要的挑戰。這是我早該努力的部分，不過現在我來了，盡力參與、了解及學習。

在教會禮堂的兩小時裡，POWER的黑人及白人成員談起他們城市的不公義，呼應了在我們店裡透過擴音器大聲傳遞的訊息。POWER成員的口吻從指控變成抱持希望。我傾聽著，有時感到有些防衛，因為公司素來設法行有益之事。

「我們向來努力打造並成為不一樣的公司，」我說：「週四發生的事不是我們會做的事，也不是我們想做的事。」我對他們說，假如他們去看星巴克較罕為人知的一面，希望他們能看到我們也努力想成為能替社會增添價值的企業公民，即使我們的想法並非每次都能實現。

在聚會接近尾聲時，坐在圓圈對面的一位女子發言了。「或許上帝有意讓這件事在星巴克發生。」大家似乎停頓了下來。我試圖內化從圓圈那端飄過來的字句。她繼續說下去。這件事可能在另一家零售商店發生，她說，然後她提出了幾個名字。這可能發生在某家公司，它們的成立目標不是為了成為不一樣的雇主，或是好的企業公民，或是一個熱情友好的地方。

她說在三年前，星巴克或許沒有道德權力去跟顧客談論種族議題，不過她似乎暗示我們現在擁有這種權力了。我們也有一個契機，我們能做的不只是道歉，還要利用這起事件來誘發一些正向的改變。

三天前，在週日早上，我發了一封電郵給凱文。

「回想二〇〇八年，我們為了進行咖啡訓練，讓所有的分店暫停營業。我們來把所有的咖啡店關閉一個下午，進行種族平等及有意識和無意識偏見的訓練。我們要利用它作為一個重大的教育時刻，讓國人知道我們對於從錯誤中學習有多認真。」這不是為了作秀，而是因為這或許是唯一的方式，讓我們去完成非做不可的事，也就是鞏固我們的核心價值，讓大家看見我們是如何經營企業。

我打電話給梅樂蒂，詢問她的看法。梅樂蒂立刻明白費城的狀況有多糟，包括遭到逮捕的男子，觀看影片的黑人，以及對公司可能造成的衍生後果。當我詢問她對於關閉數千家分店的看法，她停頓了一下。她擔心大規模關閉會被當成是公關宣傳的把戲。「讓我今晚想一下。」她說。

隔天早上，梅樂蒂打給我。

「霍華，告訴我，你為什麼要關閉所有咖啡店？」

「因為公司需要這麼做。」我說。

「那就這麼做吧。」

第二十五章

更好的我們

我從未把第三生活空間想像成一個實體環境。對我而言，第三生活空間向來是依感覺而定的。一種情緒、一種渴望，讓所有人能聚在一起，因為有了歸屬感而振奮精神。雖然這是我們企業的基石，不過「歸屬感」也是一種基本人權，社會裡的每位成員都應該享有。

由於打造歸屬感是星巴克故事的中心，公司不得不帶著嚴肅的自我反省及要旨，回應費城的事件。我們不只道歉，還要檢視公司內部以及國內的偏見，探索各種方式來對抗它。

這些重大議題不是我們有能力自行說明的。

幸運的是，我和我的同事已經認識多位受人尊敬的民權及黑人族群領袖。

艾力克・侯德（Eric Holder）是美國第八十二任司法部長，也是美國全國有色人種促進會（National Association for the Advancement of Colored People，NAACP）董事會成員。他先前建議凱文不要倉促回應公眾壓力，提出即時的回答，而是要花時間去了解那天的事發細節，並且用心規劃我們接下來的行動。

梅樂蒂繼續提供更寬廣的視野以及諮詢。一年前，她介紹我認識雪若琳・艾菲爾（Sherrilyn Ifill），NAACP法律辯護與教育基金會（Legal Defense and Educational Fund，LDF）的董事長及理事顧問。LDF從民權運動時期到現在，一直都是打擊種族歧視政策的主要鬥士。二〇一七年十一月，我有幸獲頒LDF的全國平等正義獎（National Equal Justice Award）。費城事件發生後，雪若琳打給我，答應提供協助。致力推動經濟及政治平權的公共政策組織，Demos的會長海瑟・麥基（Heather McGhee）也是。《挺身而出》第二季也收錄了海瑟試圖彌合種族分裂的事蹟。

雪若琳及海瑟都有心協助我們打造一種模式，教導企業如何處理偏見及潛在的歧視，以實質及承諾帶來長期的政策改變。他們告訴我們，他們會要我們負起全責，達到他們的標準。

當我打電話給布萊恩・史蒂文森，他表示他相信關店是非常重要的表態，而且偏見訓練有舉辦的必要。雖然他也說了，一天的訓練絕對不夠。

樂手及民權社運分子，凡夫俗子曾經在芝加哥的就業博覽會上對求職者說話。當我和他聯絡時，他同意為我發聲。女演員安娜・迪佛・史密斯（Anna Deavere Smith）也是。

SYPartners的山下凱斯（Keith Yamashita）打電話給我們。凱斯是商業策略家、哲學家及詩人，在我回任執行長之後便不斷為我和星巴克提供諮詢。他自願提供SYPartners的專業來協助我們，策畫適當的回應。

「公司是建立在咖啡店的重要傳統上，」他寫信給我。「排外主義是第三生活空間的最大威脅之一。」

當我們一開始宣布計畫，要關閉八千家咖啡店進行種族偏見教育時，正如梅樂蒂所擔心的，星巴克遭到指控說我們在玩高調公共關係的把戲。大家也想起星巴克在多年前試圖強調種族議題，發起種族團結運動。然而，現在我們承諾要以更深入的感情、專業、誠實及研究的態度，處理目前的問題。

有些人在未有實證之前，先假定我們無罪。《華盛頓郵報》的某位專欄作家承認，星巴克當然無法在一個下午克服種族偏見，不過「在美國的日常生活中即便擁有最不完整的種族問題對話，還是勝過將這些議題再次推到一旁」。

韋威克和SYPartners的尖兵之一，珍・藍道（Jen Randle）帶領一支團隊，開始採取行動。珍是非裔美國人，督促我們以我們的方式展現勇氣與誠懇。她和她的小組接下來的一個月都待在西雅圖，進駐了一間大型活動室，就在我和凱文的辦公室旁。

現有的課程都不適用於我們的人數規模或是企業本質。所以我們沿用打造就業機會運動及星巴克大學圓夢計畫的方式，打造全新的課程。

這個團隊的工作會議是以自我反省、重複檢視及蘇格拉底式的方式進行。

首先，我們自問：現在的我們是誰，以及我們想當什麼樣的公司？

自從我們在一九八七年創業以來，發生了許多變化。當時星巴克擁有六家分店，以及不到一百位夥伴。我們販售商品、採購更多咖啡，每天服務數百萬人，以及聘僱更多人。今天，星巴克的顧客及夥伴是美國的縮影。幾乎每個族群都會跨進我們的門檻，或者在我們的櫃檯後方工作，也就是說星巴克的店裡反映出國內與日俱增又不可避免的多樣性。我們服務及聘僱的對象，不分膚色、背景、族裔、收入、宗教、性取向，以及年齡。

每一天，人們的喜悅、日常慣例，甚至創傷，都會在店裡發生：年輕及年長者會來店裡慶生。他們在店裡和親朋好友見面，或上網聊天。他們在上班前、課堂間以及上完教堂後會過來一趟。他們的初次約會就在店裡，或是在排隊等候時接吻。他們會打開筆電，上網瀏覽、購物、付帳單，以及做功課。他們閱讀《紐約時報》，收看福斯新聞。他們安靜地哭、大聲地笑，或是生氣。他們戴上耳機聽嘻哈樂、交響樂、播客，以及閱讀書籍。他們爭辯政治話題。他們吸引注意，或是安靜獨處。他們進行商業交易，安撫嬰兒。失業的人在店裡坐上幾個小時，因為他們沒別的地方去。無家可歸的人睡在店裡的椅子上。那些深受精神疾病之苦的人會失落地四處走動。藥物濫用者在店裡的洗手間注射及吸食，有些人因此致死。有人持槍搶劫我們的收銀櫃檯，也有人抗議，造成其他人以各種可見與不可見的方式覺得不自在。所有在美國發生的事，在星巴克店裡都看得見。

我們也自問：現在的星巴克如何服務群眾？

星巴克夥伴不只是咖啡師及店長，他們也是店內環境的打造者及保護者。他們透過自身生活經驗的視角去執行工作，而且也受到彼此有意識及無意識的合作所帶來的影響。我們的企業是奠基在與數百萬人的互動上，因此星巴克有責任協助夥伴探索人際互動的細微差異，包括理解並設法減少偏見。

我們要如何帶領這麼多夥伴，盡快地踏上這趟旅程呢？

在六週內，我們和幾萬名美國的夥伴在他們舒適的店內碰面，身旁環繞著熟悉的同事，提供工具來促進對話、教育及自我反省。只有一天和一項勇敢的行動，當然還不夠。

所以我們要如何確保持續的改變呢？

星巴克必須轉變。我們要正視自己，自問是否真的達成我們的用意，實踐我們的核心價值。

我們要持續努力，成為更好的召集人，更好的合作者，更好的聆聽者及同理者，更好的教育者、志工、分享者及革新者，在我們自己的夥伴之間，以及我們之外的顧客、鄰居及社群。

總的來說，這次的工作過程反映出星巴克過去的倡議宗旨及學習。

「打造就業機會」的創新迫切行動。

「大家一起來」訴求的目的導向情誼。

退伍軍人及難民聘僱倡議的道德命令及情感份量。

「星巴克大學圓夢計畫」的合作精神。

這項訓練著重在投入、參與及個人的層面，就像是機會青年博覽會及討論會。

我們想以穩定又精確的方式處理種族歧視的議題，和種族團結運動有所不同。工作小組檢視令人憂心的人性、神經科學、社會行為、美國歷史、法律，以及個人生活經驗的交叉點。我們考慮到許多層面，例如將近半數是有色人種的夥伴們會如何溝通及吸收這些理念。我們的目標是教導，不是說教。

這其中也有風險。每家店的訓練不會由專業引導員來主持，我們不可能這麼快就找到並整合八千位專家。訓練內容是有可能引發衝突的風險，但我們信任我們的夥伴。我們也預期高調的訓練及關店可能引來更多抗議者，我們擬好計畫去處理最糟的情況。

星巴克又一次嘗試在第三生活空間走上第三軌道。

二〇一八年五月二十九日下午，我們在美國的數千家店都暫停營業。門上貼了一張告示，告訴顧客隔天繼續營業：

在星巴克，我們很驕傲能成為第三生活空間，一個在家和工作之間，每個人都能找到歸屬感的地方。

今天我們的咖啡店團隊要和我們的使命及彼此重新連結。我們要分享理念，如何能讓星巴克成為一個更加熱情友好的地方。

在店內，夥伴分成小組，聚集在討論手冊及iPad旁，每位夥伴都拿到空白記事本和筆。我們剛採購了二萬二千七百台iPad，數量多到蘋果公司要為了我們的訂單趕貨。這些iPad裡已經上傳了影片，在當天不斷播放，內容包括數位星巴克領導人及外來專家預先錄製的訊息。

美國零售營運部門的主管蘿珊為這場訓練定下基調，鼓勵夥伴以尊重的態度傾聽，說出真心話，並且尊重其他人的真心話。凱文的影片為訓練訂定目的：「我們要讓星巴克成為一個人人都感覺受歡迎的地方。」梅樂蒂坐在桌前錄製影片，和一位店長及兩名專家談論顯性及隱性偏見的事實與衍生後果。夥伴回想他們如何處理棘手的顧客狀況。我們委託獲獎的黑人紀錄片導演，史丹利・尼爾森（Stanley Nelson）拍攝一部添加歷史背景元素的原創短片。這部七分鐘的短片《使用權利的故事》（*The Story of Access*）由安娜・迪佛・史密斯錄製旁白，坦誠檢視為了讓人們能獲得使用美國的街道及公園、泳池及戲院、商店及餐館的平等權利，這幾十年來的奮鬥史。在公共空間獲得尊重的權利是民權運動的重心，這部震撼人心的短片明確表達出和這個時刻息息相關的真相：雖然一九六四年的民權法案禁止公共空間的種族歧視，但是被允許進入不等於感覺受歡迎。

在訓練課程的其他部分，蘿珊概述店內的新政策。「夥伴們，」她說：「進門的都是顧客。」而不光是消費的人而已。

但是顧客也有責任，維護第三生活空間的完整性是來到店內的人能幫助我們達成的目標。顧客擁有權利，但我們也能恭敬地請求他們適當地使用這個空間，舉止符合道德倫理，以尊重的態度溝通，並且考慮到他人。

在這四個小時裡，我們的美國分店及五十州的辦公室，一共約十七萬五千名夥伴，一起思考如何看待世人，什麼是歸屬感，以及美國的歸屬感歷史。

沒有抗議群眾。

偏見訓練的整個過程放在網路上，任何人都能觀看。暫停營業進行訓練一共耗費約五千萬美元，包括研發課程內容、銷售損失、給付工作人員薪資等。

對公司來說，這只是第一步。我們開始打造一項十二個單元的課程，成為我們訓練新進及現有夥伴的一部分。凱文開始全面檢視我們的政策，確保夥伴在面臨困難決定時知道該怎麼做。所有 **iPad** 都留在店裡，固定會有全新訓練資料上傳。我們也打算舉辦全公司的領袖高峰會，焦點則放在多元與共融。

我也參加訓練計畫。這幫助我更明白在人生的十字路口如何應對、檢視過去，以及我受到自己無意識偏見的影響。我得到的深刻理解是，在使用的權利遭到拒絕時，例如洗手間、餐廳餐檯、醫療照護、教育、工作，以及安全的避風港，人性尊嚴是如何遭受磨損。

在關店的前一天晚上，MSNBC現場轉播一場名為「美國的日常種族歧視」的交流座談會。活動在費城的王子劇院（Prince Theater）舉行，討論的主題是種族偏見。座談會一開始播放網路瘋傳的費城星巴克逮捕事件影片，接下來的一小時由記者、美國傑出黑人、民權專家、現場及影片裡的觀眾，一同分享看法及軼聞。

一對黑人伴侶回憶他們開車離開度假屋之後，被警察攔了下來。鄰居有人報警，聲稱黑人在偷行李。

一名年輕的黑人男子在搬進紐約市的新公寓時，遭到警方質問，因為另一名房客告訴警察，那棟大樓有人在闖空門。

觀眾區的一位黑人女子站起來，說明她老是覺得遭到商店裡的售貨員忽視，他們讓她感到無足輕重，彷彿和白人顧客比起來，她的錢不值錢。

我看著這場座談會，聽到許多聲音，讓我想起星巴克的種族議題公開討論會。這個，我心想，就是我一直夢想的全國性對話。

雪若琳・艾菲爾也是MSNBC的與會者之一，她對美國的自由史做了出色的觀察。「重要的是，我們要根據午餐櫃檯靜坐及自由乘車運動的發生理由，為我們自己打下基礎。」她說，意指那場民權運動。自由及平等不只關乎安撫情緒及恢復尊嚴，「而是關乎一個擁有所有福利的完整公民是什麼意思。」再加上所有特權。我明白她的意思，種族歧視傷人感情，令人心碎。但是不只如此：它阻擋真正的機會，讓我們在這片土地上實現它的承諾，也就是我們能成為最好的自我，並且活出最豐富的人生的機會。

我們可以形容美國夢是一個承諾，承諾生命、自由和追求幸福的權利。我相信，隨著這項追求而來的是能夠取得機會，例如教育和好工作、醫療照護及所有權、家人及朋友的支持，以及陌生人的慷慨。機會以運氣的方式出現，不過它也深植在我們的社會、政府及企業的結構裡。

在我這些年來的旅行和認識的人之中，我看到許多原因，顯示美國夢對許多人來說為何如此難以實現。對他們而言，取得機會的管道不存在，或者遭到阻擋。

對退伍軍人來說，戰爭的負面效應、崩壞的政府機構，以及不曾服役的冷漠人民阻礙他們轉型接受新工作及健康生活。

對學生來說，高學費、債務，以及缺乏個人支持，以至於難以完成大學學業。

對機會青年來說，偏遠的地理位置及缺乏阻礙他們找到第一份工作，進入勞動市場。

對小鎮居民來說，例如洛干及東利物浦，廢棄工廠、貪婪的煤礦公司、醫生影響下的鴉片類藥物成癮，以及妥協的政治人物打造出某種環境，企圖讓辛苦工作的人無法照顧家庭、運用他們的技能、學習新技能，以及賺錢過好生活。

對難民來說，不實消息、恐嚇戰術以及刻板印象，讓他們無法重建受戰火及暴行摧毀的生活。對有色人種來說，通往真正平等的阻礙和偏執一樣醜陋，和無意識偏見一樣明顯可見。

多年來，星巴克設法為更多人鋪設通往機會的道路，而部分的努力已經超乎我的原本預期。然而，在二〇一八年，當我觀察全國各地正在發生的狀況時，感到萬分痛心。總體經濟趨勢顯示某個經濟體正在成長，某個股市正在蓬勃發展。然而這不是故事的全貌。我在眾人之間聽過事實真相，許多人依然生活在陰影之下，尊嚴受損，機會渺茫。我越來越疑惑，我是否能夠或應該在身為公司董事長或總裁的角色之外，設法帶來更多正向的改變。

想找出答案，只有一個方法。

公司的偏見訓練結束後一個月，在六月底，我從西雅圖總部走出來，走進了一片綠海。停車場的車都淨空了，大約有三千名來自分店及辦公室的夥伴肩並著肩，站在夏日的豔陽下。他們是來道別的。我們大家都穿著綠圍裙。

經過了三十六年，我要離開星巴克了。

我帶著平靜離開。公司交由凱文和他能力出眾的團隊負責。我的信心滿滿，因為凱文充分勝任他的角色，擔任星巴克的品牌及價值觀的新守護者。他是明智、穩重又深思熟慮的領導人。這些特質讓他在費城逮捕事件發生後處理得宜，他也明白一個許多上市公司執行長不明白的真理：

對長期成長來說，短期財務受創經常是必要的。這是公司的基礎之一。星巴克想要往前邁進，需要的就是像凱文這樣的領導人。

我也帶著不確定感離開。我沒有明確的計畫，只有一種不變的渴望，想為這個給了我這麼多的國家多付出一些。我不知道未來會如何。但是當我離開卡納西，前往北密西根州時，以及當我帶著雪莉一起前往西雅圖時，我也都有這種感受。無論那時或現在，我都確信我應該拋下過往，以開放的心靈及胸懷追求更多知識，擁抱一個不同的未來。

然而，我首先必須道別。那個六月天，我站在星巴克總部前，淚水盈眶，為了我眼前看到的這些人，也為了那些我無法見到的人。那天稍早，韋威克告訴我，公司創立四十七年以來，約有三百萬人在這裡服務過。許多人的生活以我不得而知的方式改變了。

「在我們的人生旅途上都有星巴克，」凱文對聚集的人群說。「很少有人有機會能成為某個遠大目標的一部分。」

當他把麥克風交給我，我對時光的流逝心存敬畏。

我發自真心地說話。「在星巴克將近五十年的旅程中，我們面對及克服許多挑戰及障礙，外界懷疑公司的相關性，以及我們走過艱難時刻的能力，」我說。「我們的韌性就是我們所知的品牌資產。」我表示，這份品牌資產向來就是第三生活空間經驗的親密性，以及在我們和顧客及夥伴之間打造的信任感。

在過去幾週來，星巴克的誠信受到猛烈抨擊。我們度過這個不幸的時刻，因為熱愛這家公司以及對它感到失望的人以謙恭的態度攜手合作，真誠渴望能讓大家向上提升。集體重新構想第三生活空間的理念在我心中萌芽、拯救並塑造我自己的人生，而這是我所收到最有意義的離職禮物。

在一個灰暗的週末，我們下了環城公路（Belt Parkway），大約距離曼哈頓二十五哩。出口匝道把我帶回到卡納西。我成年後回來過幾次，但是有十四年不曾涉足這裡了。

我和兩位友人一起過來，我們決定要在商店區吃午餐。街道上擠滿了人群在走動、辦事、聚會，或是等朋友。大部分都是黑人，但並非全部。這個地區比以前更貧窮了。我們停好車，走進一家披薩店，對街是一間家庭式居家用品店以及一家沃爾格林藥局。我點了一塊披薩，送上來時還熱騰騰的，而且味道好極了。後來，我們走進一個L線地鐵站。一個白、藍、紅三色的金屬標誌以螺栓鎖在混凝土牆上，上面寫著「歡迎來到卡納西：一個充滿關懷的社區」。

我買了一張地鐵票，通過十字轉門來到月台上，只是想四下看看。軌道上到處都是亂丟的空玻璃瓶、開過的食品紙盒，還有髒兮兮的紙張。在高中時期，我會站在這裡等地鐵帶我前往曼哈頓。一列外表有凹痕的銀色地鐵列車抵達了。車廂門滑開，人們一湧而出。在車窗上方，電子螢幕上的黃色文字顯示這輛列車目前的位置：終點站。

我們回到車上，開車前往我的灣景舊家，在一棟長形的三層樓淺黃色磚造建築前停好車。前面的一個標誌歡迎我們來到P.S.272國小。

我今天沒打算造訪國小母校，但是現在我來到這裡，滿心的期待。一扇前門打開了，我們緩慢地走進去，一名坐在桌前的警衛立刻和我們打招呼。校內沒有孩童的聲音，非常安靜。一定是已經開始放暑假了，或者大家都在上課。我向警衛說明，我大概「一百年前」念過這所學校。

「現在這裡有多少個學生？」她說大約五百個，大部分是來自公共住宅區。

「這裡的犯罪率高嗎？」也不會，她告訴我，一切都在控制中。

我想起體育館是左邊那扇門。

「我可以去看看體育館嗎？」警衛陪我一起過去。

這裡的狀況很糟。骯髒的塑膠地板四處剝落彎曲，籃框沒有籃網。

「校長在嗎？」警衛指向通往行政辦公室的走廊。我一走進去，幾位女士便看著我。

「嗨，我小時候念過這所學校，我住在公共住宅區。我今天回到這裡，帶著一點懷舊的心情。」我自己都沒想到這番話會脫口而出。不過這是真的。我在這間學校的感覺很好，我小時候很喜歡這裡。

「你來自星巴克嗎？」有人問。

「是的。」

「那你怎麼不早說！」

我們被帶到校長辦公室，一名身穿黑白裙裝、腳踩高跟鞋、頭編長髮辮的黑人女士從辦公桌後面快步走過來，帶著大大的笑容自我介紹，堅定地和我握手。達珂塔・凱斯（Dakota Keyes）

的辦公室有種老奶奶起居室的溫暖風格。牆上及架上空間擺滿了照片、童書、卡片、圖畫、勵志名言，還有紀念品。一個壁櫥的門上布滿了以各種顏色、大小及裝飾拼成不同版本的「相信」二字。這是一間充滿愛的辦公室。

「學校還好嗎？」我問。達珂塔的辦公人員聚集在門口，嬉鬧著聽我們聊天。

「我們曾有過艱難的時光，但是現在沒問題了。」她迫不及待地分享。達珂塔擔任校長職務十一年。她剛來的時候，許多孩子都沒辦法把那個已經退縮了好幾回的四年級孩子推上前，而現在他身高六呎二吋了。自助餐廳幾乎每天都會發生食物大戰。紐約市教育局把P.S.272的表現評為不佳的F級。

「我們必須相信我們會達到目標，然後在一年內，我們從F變成A。」她說。聽她說話，我知道這項大躍進並非意外，是這位女士的決心促成的。

孩子們的照片和圖畫處處可見。她說很多學生來自單親家庭，帶著情緒包袱上學，但是沒有鉛筆。「我們無法進入孩子的腦袋，直到我們能進入他們的內心。」有時候她會洩氣。「不是因為孩子們，也不是老師的問題，是這個體系。這個體系一點道理也沒有。」我點頭認同。這體系需要改變。

除了擔任P.S.272的校長之外，達珂塔告訴我們，她也是福特漢姆大學（Fordham University）的博士生，進行領導方面的研究。「她是挺身而出的人。」我心想。

「有哪樣東西是學校需要，但是你沒有的？」我問。

四周響起笑聲，彷彿沒人知道該從何開始。但是達珂塔的腦子裡列了一份清單。「我想要一座新體育館。那地方該整修了。有舒適襯墊的木地板，因為上次有水災。」自助餐廳需要空調設備，許多教室門的鉸鏈都鬆脫了。我把我的私人電郵和電話號碼給了達珂塔，並且承諾會完成這些部分。

達珂塔的學生很幸運能有她當校長。她是他們的依靠，就像麥可・克洛是他的學生的依靠，蕾貝嘉是那些寶寶的依靠，布蘭登是西維吉尼亞工人的依靠。

我們擁抱道別。

從學校走一小段路，就會來到我家的舊公寓，第一〇二街東一〇五六號，這是我走了幾千遍的路。我慢慢走。六個小孩在打籃球，我曾在同一處混凝土球場上，花了好多時間要證明我自己。除了他們的聲音，這裡安靜得聽得見鳥鳴。一名年長婦人坐在長椅上。在我眼中，灣景不像是紐約市犯罪率最高的地方之一。

當我走近我們的大樓，我看得到七樓的廚房窗口，我母親以前會從那裡扔三明治下來，我也是在那個窗口看著救護車把她載走。在我離開後，這附近的樹已經長得又高又壯了。假如在我小時候，它們就是這麼高大的話，我們就能在樹蔭底下玩史卡利。

大樓入口的褐紅色小標誌寫著「歡迎蒞臨灣景住宅區，紐約市房管局產業」。我推開厚重的玻璃門。在裡面，還是一樣的淺藍綠色混凝土牆壁，電梯也依舊是那個帶給人幽閉恐懼症的狹小空間，緩慢地升上七樓。我走出電梯，往右轉，在日光燈照亮的狹窄走廊盡頭就是7G公寓的深紅色大門。那只是一扇門。

我們敲了門，但是沒人應門。我找到樓梯間，往上走一段階梯，來到八樓及通往屋頂的最後一段階梯之間的小平台。這就是我逃離家中混亂的避難所，我會坐在那裡傾聽、擔憂，有時哭泣。但我也會夢想著米奇・曼托，還有卡納西之外的世界。

現在我要對那個小男孩說什麼呢？我會擁抱他。我會牽起他的手。我會告訴他，他擁有毅力、復原力、進取心，能度過一天、一週，無論他在任何一扇門的另一邊找到了什麼。我會告訴他，他無論現在或任何時候都不孤單。他有比利・布拉克和麥克・納道爾，還有他的表哥艾倫。有一天，他會擁有雪莉和兩個很棒的孩子，以及無數的忠實友人。他的身旁會圍繞著熱情又聰明的人，他的抱負會成為他們的，一如他們的抱負也會成為他的。他也會有天使不時現身守護他，也就是支持並分享他夢想的人。

我也會提醒他，他還有爸爸和媽媽。他的父母不會總是以他期望的方式，甚至是他需要的方式出現，不過他們會在能力所及的範圍下盡力做到最好。最後，他會接受他們的不完美，而且他從父母身上學到的經驗會驅使他過著一種超乎他的父母或他所能想像的人生。他會實現美國夢，而且他會把它傳承下去。

我看著空盪盪的樓梯間。即使在陰天裡，光線還是從窗口透了進來。

後記

我們的攀登

雪莉和我站在法國北部的平坦沙岸上，眺望英吉利海峽的深色海水。一九四四年六月六日破曉，在這段崎嶇海岸，數千名盟軍部隊衝破冰冷的海水，在槍林彈雨下，解放在納粹德國手中的西歐。在部隊中，有兩百多名陸軍遊騎兵登岸，攀爬百呎懸崖的陡峭壁面，想要奪取高地。在陡峭的攀登過程，有人送了命。成功攀爬上去，翻過邊緣，抵達一處樞紐點，雷根總統曾形容那是孤單又起風的地方，「空氣中瀰漫煙霧，還有人的哭喊……。」隔年春天，納粹德國投降了。

諾曼第登陸行動被稱為二戰結束的開始。不過對數千名年輕人而言，這是他們生命的終點。雪莉和我前往諾曼第美軍紀念墓園，向當天在那裡的許多人致敬。墓園裡有似乎無止盡的一排排狀態良好的白色墓碑，面朝西，朝向家鄉，永遠停駐在修剪整齊的如茵綠地。在那次侵略行動中陣亡的九千三百多名軍人在此長眠，包括四十五對兄弟、四名女性、某一任美國總統的兩個小孩，以及至少有一對父子。

我們的導遊描述發生在七十多年前的那場浴血戰役，我們設法理解這種人類犧牲及損失的暴行，以及萬一盟軍任務無法推翻納粹，自由世界可能會承受的可怕後果。

二〇一七年十月，我來到諾曼第，想更深入了解美國的過去與現在的連結，同時也思索未來。我們造訪諾曼第的那段時期，美國出現種種仇恨演說、種族歧視以及白人至上主義者的吶喊，但是少了譴責的聲音，尤其是來自美國的總統，唐諾・川普。在刺骨海風及人造紀念遺址的靜寂中，我求助雪莉：「我們想要我們的子孫在哪種國家長大呢？」我們站在墓園裡，我這麼問。在周遭長眠的是那些奮戰犧牲的烈士，所以我們其他人才能有這樣的選擇。

我想要我的子孫生活的國家，是數百萬人有機會擁有安全及負擔得起的住宅、食物，以及給自己和家人的教育。我想要他們生活在沒有威脅與暴力的國家，無論是境內或境外。除此之外，我要他們住在一個人人有公平機會去提升自我環境的國家，因為他們有權利取得真正的機會，去學習、去工作，完成他們自己定義的成功，像是當卡門・威廉斯發現YouthBuild，瑪凱勒・柯玲—賀比森獲得亞利桑那州州立大學錄取，以及當薩維爾・麥克伊拉斯—貝在星巴克找到工作。

雪莉和我要上車離開諾曼第時，我聽見了美國人說話的聲音。一對男女剛抵達墓園。我走過去打招呼，對他們說我們來自西雅圖。他們是來自巴爾的摩。她是護理師，他是律師。他們對我說，他們是到巴黎度假。

「你們怎麼會來諾曼第呢？」我問。這一趟路要開大約三小時。

那名女子沒多想便立刻回答。

「我們來這裡緬懷我們的偉大過往。」

她的話像一把匕首刺進我的心臟。我們的偉大過往。

我聽得出她話中的悲哀假設，因為我也一度這麼想。但那都過去了。因為從我在過去這幾年看到的，尤其是我在這本書裡試圖描述的經驗，我相信我們的國家不輸從前。

美國從來就不是一個完美的聯邦，但我們之中總有些人擁有那位巴爾的摩護理師所尋求的特質。想想里洛伊・佩崔的勇氣和寬容，希德瑞克・金的力量和魄力，或是比爾・克里索夫醫生的責任心。

一個國家的特性是由像里洛伊、希德瑞克和比爾這樣的公民所組成。這些人每天守護他們的價值觀，無論在公開或私下的時刻都是如此。

我們有許多人都渴望找回對國家的集體驕傲感，我們擁有這麼做的條件。然而，許多人變得麻木，甚至接受有時從鄰人或領袖口中聽到的驚人又殘酷的浮誇言詞。但是別忘了，開口反對不包容的美國人多過表態支持的人。因為憤怒和恐懼比仁慈和樂觀更喧擾，不見得代表它們就占上風，或者代表美國的新身分。媒體及動態消息充斥的負面觀點是不實——或者至少不完整——的敘述。每次遇到惡劣的推文占滿新聞週期，我們就提醒自己蒙大拿州瑪麗・普爾的同理心，或是西維吉尼亞州蕾貝嘉・克洛德的憐憫之心，或是布萊恩・史蒂文森堅定號召司法正義。數不清的高尚舉動在離線的世界展開，遠離人群的注意，而這些都重要無比。

我們已經擁有必要條件，能超越分歧及少數心存不滿的人所說的尖刻話語，帶領國家走向一個甚至更美好的未來。這不是為了我們就可以再度偉大，而是能成為更強大、更安全、更平等，以及繁榮又全面包容的我們。

有些人擁護常識問題解決法，但我們還有許多人渴望繼續修補、重新創造以及加強改善。在這本書裡，我藉由敘述一些例子，例如馬克・平斯基的合作精神、麥可・克洛的創意急轉彎、布蘭登・丹尼森的創業進取心，以及達珂塔・凱斯對年輕學子以及她自己的堅定信念，企圖增強我們現有的潛力來消泯失能。他們的例子提醒我們，川普總統和他的執政團隊錯置的優先順序，不代表大多數美國人的優先順序。雖然有擔任公職的英雄，然而兩黨成員，民主黨人及共和黨人共謀破壞存在我們的政治體系多年的信任。事實上，我相信美國全體人民比目前的政治階級來得更優秀。

身為企業領導人，我的角色是在這個時代為星巴克的價值賦予新生命，藉此彰顯我們過去的價值。為了做到這點，我嘗試自我學習，並鼓勵他人找出方法來突顯迫切的社會問題。透過失誤及成就的時刻，我知道成功從來就不是一項資格而已。同樣的道理也適用在美國人信守的生活方式。我們的自由必須努力贏取。

這些日子以來，我問我自己和他人，怎樣才叫做贏取自由，以及彰顯我們前人的犧牲，無論是自願或被迫遠離家園的祖先，或是自願或被徵召保家衛國的軍人，我們都有責任要協助美國的新世代設法完成夢想嗎？是的，我們有這份責任。現在我們要如何負起作戰的義務以及讓國家成長茁壯？

我們身為公民的新角色及責任是什麼？

我所確知的是，真實存在的偏見、不平等及崩壞體系既不正當又危險。身為美國人，這些部分讓我們許多人既憤怒又深感可恥。我個人而言，當社會爆發衝突，我無法坐在沙發上看新聞、經營公司，或是進入某種型態的退休，默不作聲。我們大都數人都不願袖手旁觀。我們的目光必須超越眼前的景象。我們必須重新構想美國的承諾。怎麼做呢？運用同理心去試圖了解，揚聲譴責暗黑行為，投票選擇我們希望能和後代子孫一起成長的領導人。但是也要利用我們的硬技能和資源，為我們自己、我們的鄰人，以及和我們共享這塊土地的人，打造一個更好的環境。我們可以抗議，但是也要規劃。找出真相，和大眾分享。聆聽其他人，融合各種理念。可以批評，但也要有建設性。

是該承擔更多共享責任的時候了，包括對鄰人及陌生人，還有自我。美國人永遠會有差異性，因為這是我們共同創建的共和國本質。但是我們要給下一代一個分歧更小的美國，正如我們許多人的父母為了將他們所傳承的國家縮減分歧而奮鬥。

攀登的時候到了，我們要再次取回高地。

為了這麼做，我們要做出選擇，一個我們曾經做過的選擇。我們要選擇重建或衰退。我們的國家擁有面臨衰退時刻而重建的歷史，但我們也知道，重建國家的榮耀不是一項已經放棄的結論。未來不會只因為我們是美國人，就轉彎朝我們而來。我們要親自扭轉它、推進它、移動它。

在每個轉彎處，讓我們選擇以善良取代惡意、寬大取代狹隘、愛心取代仇恨、和解取代僵局、創意解決取代抱怨。身為一個國家，我們要強悍但不是犧牲彼此。所以讓我們也擁護讚頌那些具有堅強性格的人，在我們周遭的挺身而出者，因為有許多人的日常用心和行動都呼應了過去的英雄主義。他們在現代為了公正奮鬥，重新建構美國承諾，而且在未來的日子裡會繼續努力。

最重要的是，讓我們選擇相信彼此，因為現在和未來，我們都要同舟共濟。

感謝詞

《平地而起：星巴克與綠圍裙背後的承諾》是我所寫過最個人的書，而且有鑑於我們生活在這個時期的本質和需求，它也是最重要的一部。我要感謝許多人的才能、參與及支持。

首先我要感謝我的妻子雪莉、我的孩子和他們的另一半，喬登及布里安娜，艾蒂森及塔爾。他們不斷在我的生命中注入愛、學習和喜悅。因為有你們，我的每一刻都更有意義。

感謝我的妹妹羅妮和弟弟麥克：我們擁有平行的歷史，不過擁有各自的生命旅程。感謝你們尊重我選擇分享的旅程。

最重要的還有一個人，為了你們閱讀的這些內容，他應該得到我的滿懷感激：我的才華出眾的寫作夥伴，瓊安・戈登（Joanne Gordon）。她陪著我走過這項企劃的每一個階段。她擁有罕見的能力，能設身處地去思考，她也帶給我信心，讓我能分享從來都不為人知的個人故事。她也協助我想辦法將我過去和現在的故事，不落痕跡地交織描述。我非常感謝她的耐心合作及真誠友誼。

瓊安和我特別要向拉吉夫表達最深的謝意。他的睿智建議、高標準、誠信，以及堅定承諾要協助我們敘述一個強大的故事，在這一路上的每個轉折點都重要無比。

我長期以來的作家經紀人，William-Morris Endeavor的Jennifer Rudolph Walsh是我準備要敘述的這個故事最早期也是最熱心的擁護者。

藍燈書屋（Random House）總裁Gina Centrello從一開始便欣然擁抱我們的願景。我們很幸運能有優秀的編輯Christopher Jackson協力合作。他的坦率又富洞察力的指導，讓我們及這本書的每一頁都變得更好。我還要感謝他的辛苦編輯助理，Cecilia Flores，還有藍燈書屋的設計、編輯和行銷團隊，他們催生了這本書。

許多人看過本書的草稿，包括雪莉、Alexa Albert、Faiza Saeed、Jennifer Butte-Dahl、Ian McCormick、Richard Yarmuth、Anna Kakos及Zabrina Jenkins。要感謝的還有許多人，他們的集體反饋價值非凡。

Heidi Peiper和Chris Gorley居功厥偉，他們確保包括我個人、星巴克及美國在內的歷史部分，能在細節與準確性兼具之下呈現。

我們也萬分感謝一百多位訪談對象，還有慷慨貢獻個人回憶及專業的人。

星巴克的工作人員也是我的家人，對於約莫三百萬名夥伴幾十年來穿著綠圍裙為顧客及公司服務，我懷抱至高無上的敬意。能和各位一起服務是我的榮幸。我也有幸和擁有各種背景、理念及才能的領導人共事。這份名單很長，包括過去和現在的星巴克資深領導人團隊成員，以及董事會，尤其是Mike Ullman、梅樂蒂・霍布森、Bill Bradley、Olden Lee、Jamie Shennan及奎格・威瑟普。

我要特別感謝凱文・強森的友誼及對公司的奉獻，還有韋威克・沃瑪以價值為基礎的領導，以及多年來的坦率建言。

我要誠摯感謝南西・肯特、Tim Donlan、吉娜・伍茲、Carol Sharp、Moana Stolz、Jaime Riley、Colleen Davis、Terry Davenport、David Glickman及Josh Trujillo，他們對星巴克及本書的貢獻重要無比。

這些年來，許多優秀的同事及朋友讓我的人生及工作都更加美好。除了在本書提到的人之外，我不會錯過感謝他們的機會：Mohammed Alshaya、Plácido Arango 及Ana Maria van Pallandt、Carlos Benitez、Tim Brosnan、John Carlin、Michael Corbat、Brunello Cucinelli、Nicole David、Jean-Charles及Natacha Decaux、Ric Elias、Billy Etkin、Joe及Sherry Felson、Jim Fingeroth、Steve及Patty Fleischmann、Jeff Fox、Ron Graves、Jonathan Gray、Giampaolo Grossi、Wanda Herndon、Jeffrey及Carol Hoffeld、Loren Hostek、Steve Kersch、Len及Nancy Kersch、Jason Kintzer、Nancy Koehn、Tony La Russa、Jane Lee、Dan及Stacey Levitan、Eric Liedtke、Doron及Kai Linz、June、Menchu及Noey Lopez、Betsy及Brian Losh、Jack Ma、Luis Marin、Panos Marinopoulos、退休將軍Stanley McChrystal、Matt McCutchen、Angelo Moratti、Max Mutchnick及Eric Hyman、Estuardo Porras、Rocco Princi、Jen Quotson、Jack及Nancy Rodgers、Ginni Rometty、Joe Roth、Angela Rudig、Renee Ryan、Michael Sacks、Dan及Jackie Safier、Jerry Schaft、Jim Sinegal、David Solomon、Robert Stilin、Steve Stoute、Suzanne Sullivan、Sara

Taylor、Alberto Torrado、Wim Vanderspek、David Vobora及Jake Wood。

瓊安・戈登：

我要感謝我最棒的兒子，Theo；他把他的善良、冷靜、機智和智慧帶到我的生命中。謝謝我的父母，David和Virginia；他們啟發我對學習和寫作的終身熱情。感謝我的姊妹Susan、外甥Alex和外甥女Zachary；他們的愛堅定不移。感謝我的摯友們，無論遠近，你們都是我的家人。我也要表達我對霍華・舒茲先生的無比敬意，多年來信任地把他的聲音及故事交給我，而且繼續啟發我們許多人成為最好的自己。

照片來源

早年

1. 舒茲家族提供
2. Brooklyn Daily Eagle Photographs，Brooklyn Public Library，Brooklyn Collection 提供

3–8. 舒茲家族提供

前進西雅圖

1–2. 舒茲家族提供

3. 星巴克提供

4–5. 舒茲家族提供

6–11. 星巴克提供

創意公民參與

1. John Harrington／星巴克提供

2–3. 星巴克提供

4. John Harrington／星巴克提供
5. Joshua Jerome 提供
6. Jeff Swensen／《紐約時報》／Redux 提供
7. 星巴克提供

向英雄致敬

8. 星巴克提供
9. 舒茲家族基金會／Michel du Cille 提供
10. 陸軍部／第七十五遊騎兵團提供
11. Joshua Trujillo／星巴克提供
12. Kevin Roche／Kevin Roche Photography 提供
13. Joshua Trujillo／星巴克提供

通往大學之路

1. Laura Segall／亞利桑那州州立大學提供
2. Markelle Cullom-Herbison 提供
3. Scott Eklund／星巴克提供
4. Ken Henderson／亞利桑那州州立大學提供

5.　Joshua Trujillo／星巴克提供

嚴肅的對話

6.　Peter Wintersteller／星巴克提供
7–8.　星巴克提供
9.　Michael Thomas／星巴克提供
10.　星巴克提供

人人有機會

1–5.　Joshua Trujillo／星巴克提供

攜手團結

6.　Joshua Trujillo／星巴克提供
7.　Lindsey Wasson／星巴克提供
8.　Joshua Trujillo／星巴克提供
9.　舒茲家族基金會提供
10.　Ian McCormick 提供
11–12.　Joshua Trujillo／星巴克提供

挺身而出

1. Joshua Trujillo／星巴克提供
2. Rajiv Chandrasekaran 提供
3. Joshua Trujillo／星巴克提供
4. 星巴克提供
5. Jamie Coughlin／SideXSide Studios 提供
6. Rajiv Chandrasekaran 提供

咖啡在中國

7–8. 星巴克提供
9. Joshua Trujillo／星巴克提供
10. Joshua Trujillo／星巴克提供
11. 星巴克提供

更完美的聯邦

1–2. Peter Van Beever／國家憲法中心提供
3–5. Joshua Trujillo／星巴克提供

新篇章

6–10. Joshua Trujillo／星巴克提供

家庭

1–4. 舒茲家族提供

5. 舒茲家族基金會提供

6. 舒茲家族提供

回到過去

7. Rajiv Chandrasekaran 提供

8–9. Rainer Hosch／藍燈書屋提供

10–11. Rajiv Chandrasekaran 提供

1–2. Rajiv Chandrasekaran 提供

（credit with Penguin Random House LLC）

關於作者

霍華・舒茲是星巴克咖啡公司前董事長及執行長。他在布魯克林的公共住宅區長大，是家中第一個大學畢業生。他創立一家小咖啡館事業之後，買下了星巴克，從十一家咖啡店成長為旗下有超過兩萬八千人的企業。二〇一八年，星巴克登上《財富雜誌》的全球最受尊崇企業排行榜第五名。舒茲和他的妻子雪莉共同領導舒茲家族基金會。他的著作包括《Starbucks咖啡王國傳奇》、《勇往直前：我如何拯救星巴克》、《愛國之心》（暫譯）。舒茲將他的熱情投入強化社區，獲頒甘迺迪人權希望漣漪獎、何瑞修・艾爾吉傑出美國人獎，以及聖母大學門多薩商學院企業倫理獎。

他和雪莉住在西雅圖，育有兩名子女。

瓊安・戈登從事寫作超過二十五年，作品涵蓋工作、企業及領導力方面。她先前創作及合寫過八本著作，包括二〇一一年和霍華・舒茲合作的《勇往直前：我如何拯救星巴克》。瓊安曾任《富比世》（*Forbes*）雜誌記者，擁有西北大學麥迪爾新聞學院碩士學位。

企業傳奇22

平地而起：星巴克與綠圍裙背後的承諾

2020年6月初版　　定價：新臺幣490元

有著作權・翻印必究
Printed in Taiwan.

著　　者	Howard Schultz Joanne Gordon
譯　　者	簡秀如
叢書編輯	陳冠豪
特約編輯	蔡宜真
封面設計	許晉維

出版者	聯經出版事業股份有限公司
地址	新北市汐止區大同路一段369號1樓
叢書編輯電話	(02)86925588轉5315
台北聯經書房	台北市新生南路三段94號
電話	(02)23620308
台中分公司	台中市北區崇德路一段198號
暨門市電話	(04)22312023
台中電子信箱	e-mail：linking2@ms42.hinet.net
郵政劃撥帳戶	第0100559-3號
郵撥電話	(02)23620308
印刷者	文聯彩色製版印刷有限公司
總經銷	聯合發行股份有限公司
發行所	新北市新店區寶橋路235巷6弄6號2樓
電話	(02)29178022

副總編輯	陳逸華
總經理	陳芝宇
社長	羅國俊
發行人	林載爵

行政院新聞局出版事業登記證局版臺業字第0130號

本書如有缺頁，破損，倒裝請寄回台北聯經書房更換。　　ISBN 978-957-08-5521-0 (平裝)
聯經網址：www.linkingbooks.com.tw
電子信箱：linking@udngroup.com

Copyright © 2019 by Howard Schultz
This edition is published by arrangement with William Morris Endeavor Entertainment, LLC.
through Andrew Nurnberg Associates International Limited.

國家圖書館出版品預行編目資料

平地而起：星巴克與綠圍裙背後的承諾/ Howard Schultz、
Joanne Gordon著．初版．新北市．聯經．2020年6月．448面＋16面彩色．
14.8×21公分（企業傳奇：22）
ISBN 978-957-08-5521-0（平裝）

1.星巴克咖啡公司（Starbucks Coffee Company） 2.企業領導
3.傳記 4.企業社會學

494.21 109004714